U0294622

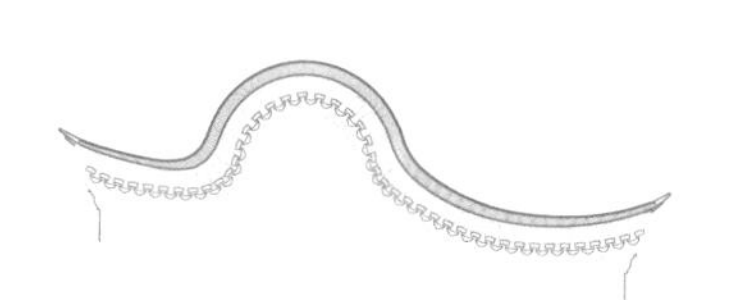

浦东
传统民居研究

曹永康 著

中国建筑工业出版社

图书在版编目（CIP）数据

浦东传统民居研究 / 曹永康著. — 北京：中国建筑工业出版社, 2019.11
ISBN 978-7-112-21671-0

Ⅰ. ①浦… Ⅱ. ①曹… Ⅲ. ①民居－建筑艺术－研究－浦东新区 Ⅳ. ①TU241.5

中国版本图书馆CIP数据核字（2019）第264515号

责任编辑：柳　冉　刘　川
责任校对：焦　乐　张惠雯

浦东传统民居研究
曹永康　著
*
中国建筑工业出版社出版、发行（北京海淀三里河路9号）
各地新华书店、建筑书店经销
北京富诚彩色印刷有限公司印刷
*
开本：787×1092毫米　1/12　印张：25　字数：435千字
2019年11月第一版　2019年11月第一次印刷
定价：298.00元
ISBN 978-7-112-21671-0
（35103）

序

自20世纪80年代起，传统民居的研究在中国建筑界一直都称为“显学”。而在西方，虽然可以追溯到19世纪以来人类学家对民居与传统社会的研究，但建筑师和建筑历史学家对民居的兴趣和研究态度一直都较为暧昧，维持着若即若离的关系。中国的民居研究者多为建筑师和受过建筑教育而摇身变成的建筑史家，其研究的关注点多是建筑形式。如此潮流，应是受到了20世纪80年代以来西方社会对现代建筑“放之四海而皆准”单一性的批判。

勒·柯布西耶（Le Corbusier）的《东方游记》和伯纳德·鲁道夫斯基（Bernard Rudofsky）的《没有建筑师的建筑》，试图为现代建筑师开辟一条从传统民居中寻求“异域”形式美的途径。现代建筑师们从形式出发，感到民居在文化地域上的多样丰富，在视觉上有原创冲击力，如同画境般的童话世界。换言之，这是一种视觉兴趣。

而人类学家则不然，以路易斯·亨利·摩尔根（Lewis Henry Morgan）在1881年出版的名著《美洲土著的房屋和家庭生活》，目的是将所谓“原始共产主义”的社会结构与房屋的尺度和形式联系起来，可谓“意同于形”也！虽不成为“显学”，西方人类学家和文化地理学家，秉承摩尔根的传统，将民居的社会文化内涵与民居村落和房屋形式做整合分析，产生了一批颇有力度的著作，如阿摩斯·拉普卜特（Amos Rapoport）（此人虽是学建筑出身，但大有人类学家风范）在1969年出版的《房屋形式与文化》，罗克萨娜·沃森特（Roxana Waterson）1990年版的《活住屋》及那仲良1999年版的《中国活住屋》。

20世纪80年代以来，由中国建筑工业出版社出版发行的民居系列研究，是中国民居研究在20世纪的高潮。资料价值功不可没，但基本上属于鲁道夫斯基般的形式“鉴赏”。虽然都是学建筑出身，陈志华先生以及常青、杨昌鸣等新一代学者，将历史、文化与社会揉入形式研究，把中国的民居研究提高到对人的生活和社会的关注，为民居研究的初衷和价值正名。

曹永康教授的《浦东传统民居研究》是一部特色之作。虽称“传统民居”，书中涵盖的案例多是开埠后所建。洋风东渐，浦东虽滞后于浦西，书中的民居已是华洋杂处年代的“产品”，“传统”早已开始与时俱进。传统民居，无论何时何地，绝非一成不变。该书细描浦东民居的多样丰富，有助于加深我们对传统本质的理解，即传统的延续取决于传统本身的创新与再生。

不同于前述的大多民居研究，《浦东传统民居研究》是一部“手艺”之作。曹永康教授常年坚守建筑保护与维修的第一线，对浦东近代民居的研究皆始于“抢救”。在浦东大兴土木的高速进程中，曹教授及团队首先测绘，同时诊断，然后从技术和人文的角度进行修缮和再利用。民居研究于是变成了以上“手艺活”的附属产品，技术和人文无缝结合，难能可贵。

《浦东传统民居研究》还是一部“传记”之作，曹教授为每幢房屋梳理作传，于是我们得知房主蔡啸松去安徽购米，蔡氏民宅由徽州工匠营建，有徽派民居的精美；陶桂松承建了大上海国际饭店等名楼，游历欧洲，于是亲自设计并建造了中西合璧的“陶氏精舍”。如果《浦东传统民居研究》因此而成为一部微观史，每幢浦东民居的“传记”最终表明的是“意馀于形”，这或许就是传统民居研究的真正意义所在吧。

阮昕

上海交通大学设计学院院长、光启讲席教授

2019 年 11 月 4 日记于浦西

目录

05 浦东传统民居的现存实例

绪论

在中华民族源远流长的传统文化中，传统民居是一个重要部分。它是由本地人们参与的、适应当地环境和基本功能的营造，包含住宅以及由其延伸的居住环境，具有本土化和自发性的特点。

传统民居在既有的历史建筑类型中占据绝对量的优势，直接地展现和表达着中华民族在特定区域和空间中的居住生活，这是真正意义上的日常和乡土的生活世界，传承着中华民族的历史记忆、生产生活智慧、文化艺术结晶和民族地域特色，是中国传统文化的根脉之一。

相比于古代官式建筑之规模宏大、形制规范、制度完备，传统民居建筑则是尺度近人、地域鲜明、遵从风土。因此，传统民居的研究需从地方和小处立足，唯其小，才能见其实。也因此，作一个地方的传统民居研究难有丰富史料支撑，也没有系统成果可学习，一直以来都是门庭冷落。直到20世纪40年代，建筑史学家刘敦桢教授等筚路蓝缕，将中国民居建筑列为一种建筑类型，才开创了中国传统民居研究的先河。历经半个多世纪的发展，传统民居研究已取得了长足的发展，在民居历史、各省区民居特征等各方面均有了新的开拓。

上海传统民居因为特殊的历史原因和发展现状，与我国其他地区传统民居的特征、定义和范围都不同——上海因近代化、经济发展迅速等原因，虽然郊区尚有较多传统江南民居建筑类型遗存，但是开埠、通商、文化交流等多方面原因使得上海传统民居受到了较多外来建筑文化的影响，带有近代化的典型特征。

在上海传统民居中，浦东传统民居又与浦西不同，它的演变过程和表现有着自己的特色。伍江先生在《上海建筑百年史》一书中谈到近代上海地方建筑特征时，总结道："上海的近代建筑有着强烈的地方特征……它建立在上海悠久的历史中形成的地方文化传统的基础之上，更与近代一百年里上海特殊的城市经历密不可分，它与近代上海人的社会心态、生活方式、行为准则和价值观念紧密相关。”浦东传统民居的发展和特征，正是由于近代浦东特殊的社会历史条件、当地居民的社会心态和价值观念共同作用的结果——在近代浦东这样小农经济模式的社会（近代化边缘地区），传统本土文化占主导地位的情况下，外来建筑文化如何被当地居民接纳，从而在浦东地区交流融合，形成独特的新旧杂陈、华洋杂烩、五方汇聚的建筑特点。

因此，在浦东传统民居中，既有不受外来建筑文化影响、保持原来传统江南民居风格的民居，也有受到了近代外来建筑文化影响的民居，尽管这种影响有多有少。据此，可将浦东传统民居分为两大类别：传统在地民居和近代化民居。这是因近代历史原因而促成的建筑学现象，能够真实地反映出浦东地区的实际民居情况。

浦东是上海改革开放的窗口，城市化速度非常快，大量还没来得及纳入保护名单的民居建筑被拆除。今天得以保存下来的传统民居多属于保护建筑，正因为如此，它们的保留实属不易，对它们的研究也显得十分重要。

目前，许多传统民居已破败不堪，其破坏的原因包括诸多自然因素和人为因素。自然因素主要是受南方雨水多、气候潮湿、虫蚁灾害影响严重，容易发生木材腐朽、砖石风化。人为因素则主要是战争和政治因素。日本侵华战争爆发后，上海南市沦陷，许多民营事业受到很大的打击，迫于生计，有很多人把原来由家人居住的宅院只留几间自住外，大部分用于出租。到了 1958 年社会主义改造中，出租的房屋收归房产科管理经租。在当时住房非常紧张，宅内入住房客较多，加之任意搭建和疏于维修，原有建筑物不堪重负，遭受了较大的破坏和损伤。近些年，随着市政建设的发展，浦东各镇拓宽道路，修整河道，大批传统民居被推倒拆除，只有少量建筑规模较大、文物价值较高的民居建筑被保留了下来，但也因年久失修而急需整修，传统民居保护现状令人堪忧。近年来，随着社会各界对文化遗产的重视，保护传统民居的意识也不断增强，浦东新区组织开展了很多相关工作，抢救、修缮了一批具有较高价值的传统民居，这是传承文化根脉、延续历史记忆的基础。

笔者在近 20 年的时间里一直从事历史建筑的保护实践和理论研究工作，带领上海交通大学建筑文化遗产保护国际研究中心团队，完成了 300 多处历史建筑修复工程，其中包括 70 多个浦东传统民居修复项目，还指导了研究生的相关调查研究，因此，对于浦东传统民居的保护状况具有较为全面和深入的了解。

从整个上海来看，清末民初的近代民居庭院建筑日渐减少，这一类建筑目前较多地集中在浦东等郊区，完好地保存这类民居，用科学的观点进行全面的分析、研究，可以填补上海建筑史研究的一个断层，意义非常重大。但相比浦西传统民居已有较多的文献资料和理论总结，浦东传统民居的相关资料十分匮乏，已有的资料也多是对建造者生活经历的文献记载或简单的建筑外观描述，对建筑本身的研究更是少之又少，这更凸显了对其进行调查整理、深入研究的重要性。

当前对于传统民居的研究需要侧重于几个方面：
一是要重视传统民居实例遗存的调查和考察，建立在遗存实例、营造经验、建筑形制基础上的研究成果，才能有助于较为真切地把握传统民居的基本特征，才具有客观性、科学性和具体性。

二是要重视传统民居营造思想的阐释与分析，不同的经济条件、个人经历和审美取向，造成了对不同建筑风格和特征的采用，比如高桥的蔡氏民宅，是安徽工匠营建的徽式风格的民居建筑，因为主人蔡啸松常去安徽收购米粮，深知徽派建筑的精美，因此，所建住宅才模仿徽派式样。了解这些，就能深入理解传统民居建筑“是什么”背后的“怎么样”“为什么”。

三是要重视图纸的价值与图像的视觉功能，测绘图纸对于传统民居非常重要，能够保留重要的专业资料，摄影图像等能提供直观的认知，也蕴涵着某种有意识的选择和设计，在“传既往之踪”方面，有时比文字更有效，“记传所以叙其事，不能载其容；赞颂有以咏其美，不能备其象；图画之制，所以兼之也”。

因此，笔者在对浦东传统民居的发展背景、沿革特征、保存现状进行研究的基础上，从负责修缮设计和调查测绘过的浦东传统民居项目中，择取了48个具有重要价值和代表性的民居建筑，其中包括浦东新区唯一一处全国重点文物保护单位——张闻天故居，以及黄炎培故居、陈桂春住宅等上海市文物保护单位等。一方面对这48处传统民居的历史沿革、布局方式、功能形制、结构建造、装饰风格等建筑要素进行调查、考察和实录，另一方面还分析其构造与设计特征及这些特征产生的背后原因，同时每处传统民居都配以测绘图纸和精美图片，使本书能够为近代上海建筑史尤其是民居研究提供一些有益的资料，供后来的研究者与保护者参考。

01 浦东传统民居的历史沿革

对于浦东传统民居的探究，无疑需要以历史和文化的脉络为背景。在历史发展中，由于自然条件、经济技术、社会文化习俗的差异，传统民居所在的环境中总会有一些特有的符号和排列方式，形成这一区域所特有的地域文化和建筑式样，也就形成了其独有的民居形制。

有关浦东传统民居历史沿革的资料较少，从现有的民居案例来看，既有不受外来建筑文化影响、保持原来江南传统风格的民居，也有较多或较少受到了近代外来西方建筑文化影响的民居，如绪论中所言，我们分别将其归类为传统在地民居和近代化民居。

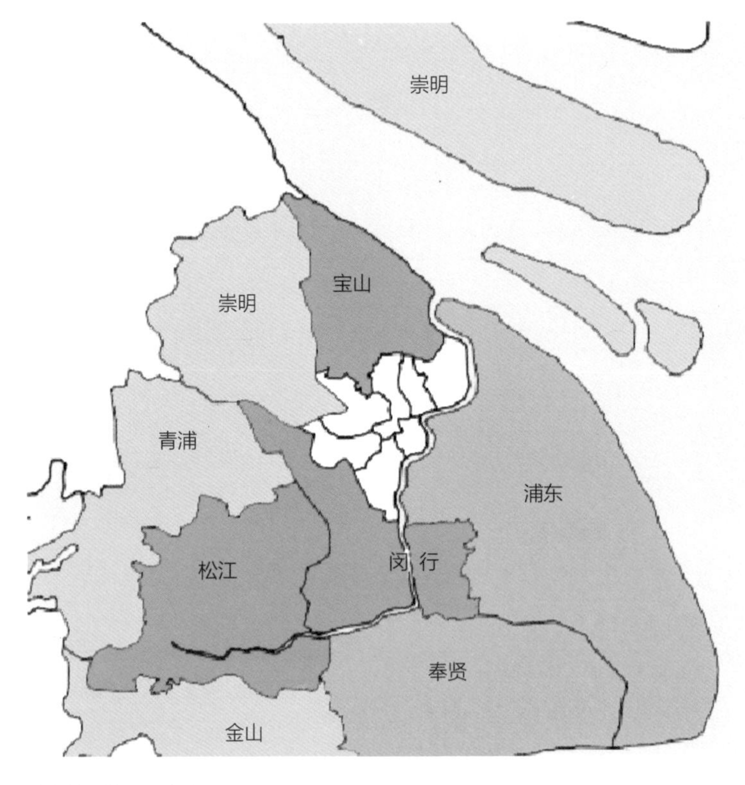

浦东地理位置示意图

1.1 历史沿革的动力和途径

浦东地区是指上海市位于黄浦江以东、长江口以西的一块三角形地区，地处我国海岸线中点和长江入海口的交汇处，因为位于上海市东大门，“浦东”之名由此得来。

一般史学家认为浦东大规模有人居住是在宋代，这和浦东成陆较晚有关，例如川沙、高桥、新场三个古镇有记载的历史都在北宋前后，南宋乾道海塘的修筑则奠定了浦东主要城镇的地理位置。

浦东地处上海古海岸线“冈身”以东，这里土壤和水质含盐量较高，对农作物生长不利，以棉代粮的生产方式较多，同时海岸线附近则引入海水晒盐煮盐，因此，明清时期棉纺织业非常发达，新的盐商集镇也不断兴起。为了管理沿海岸线分布的大量盐场，产生了新的专业机构：团和灶，此即新场、大团、六灶等地名的由来。[①]

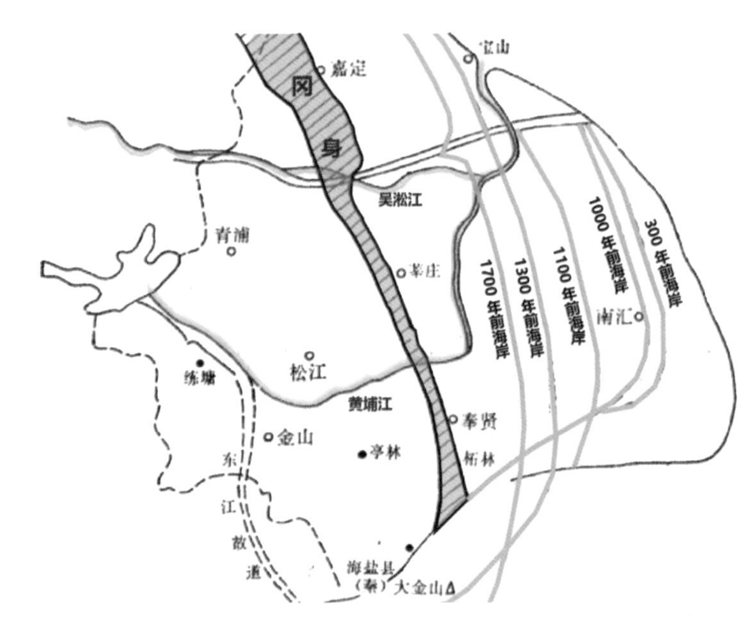

上海地区海岸线变迁示意图

① 上海市规划和国土资源管理局 . 上海江南水乡传统建筑元素普查和提炼研究 [Z]. 内部研究资料，2018.

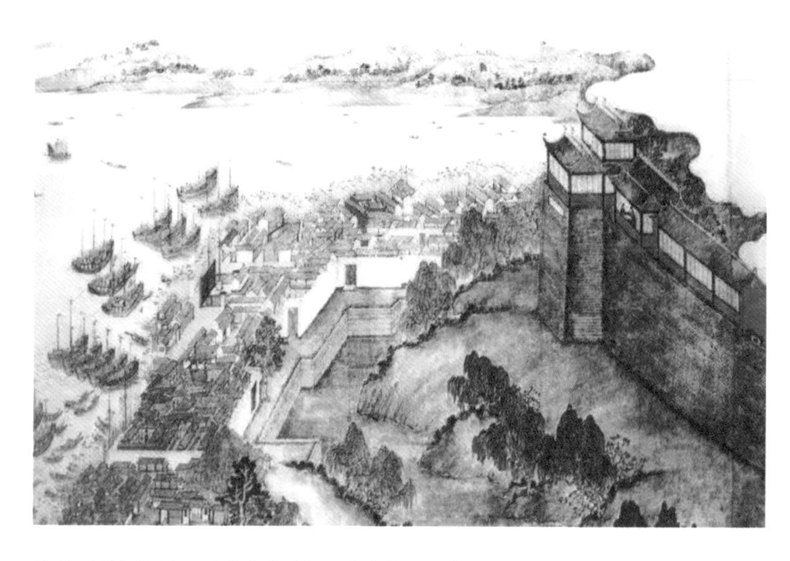

清《三姑嬉弈图》，左边为黄浦江，右边为上海城墙，从中可见开埠前上海热闹的商业景象（原图藏上海市历史博物馆）

高行杨氏民宅门厅的梁架结构及木雕艺术

从历史上来看，浦东和浦西地区虽然隔着一条黄浦江，但因为黄浦江水势平稳，江面不宽，所以两岸的交往并无险阻。除了地缘上的紧密联系外，从行政建制上看，浦东和浦西之间辖治历来大体相同。虽然浦东作为区域名称，在各个历史时期具有不同的内涵，但总的来讲，这一地区的绝大部分和浦西老上海地区一直同属于江苏省治，且大部分时间与老上海所属郡治亦相同，因此，历史上两岸的人、物沟通来往频繁密切，语言风俗一致，同属于吴地文化圈。

在上海开埠之前，浦东和浦西一样，同为小规模的、自给自足的农业经济为主的社会结构模式，这种传统的社会结构模式，一般以家庭为单位组织生产，生产规模小而且封闭、分散和区域固定，这使得传统的社会结构具有稳定性。在这种社会经济结构模式下，浦东和浦西的建筑发展水平接近，民居从布局、形式、结构以及材料到施工工艺都基本相同，属于吴地水乡的江南传统民居风格。

不过自明朝“江浦合流”后，黄浦江成为上海内外航运的主要航道，至鸦片战争前期，上海县城已经发展为江上帆樯林立、陆上商贾云集的东南大都会。此时的浦西老上海地区已经不同于一般的农业社会，地方文化已具备商业性和兼容性的特质。这种地方文化传播到浦东之后，使得开埠前浦东居民的心态和价值观念带有极强的适应性和积极寻求改变的特点，即注重功利、追求时尚以及对外来文化的主动接纳。这一点不同于传统小农经济模式下保守以及对外来事物排斥的心态，是浦东传统民居革新求变的心理动力。

到了1843年开埠以后，西方建筑文化随着资本主义经济的强势输入，浦西地区人口和经济迅速发展，开始出现商品化的房地产。尤其是1853年，太平天国起义，小刀会攻进上海县城后，大量江浙一带的地主、豪绅、富商、官僚以及城乡居民逃到上海英美租界躲避战乱，导致租界人口激增，据《上海百年建筑史》书中统计，“1865 年租界人口已近 15 万人，占上海总人口的21.5%，此后上海的人口，主要是租界的人口扶摇直上，最终成为中国人口最多的城市”[①]。为了解决人口激增带来的住房问题，浦西地区的近代房地产行业迅速兴起，推动了浦西民居的近代化进程。

此时浦东虽然没有受到西方建筑文化的直接作用，但是由于与浦西仅一江之隔，所以由上海本土文化和西方殖民文化融合而成的近代建筑文化，也伴随着新经济强势传播到浦东，其中作为浦西上海新兴城市生活象征的近代建筑文化是传播的主要内容，带来了浦东传统民居的近代化沿革。

近代建筑文化往浦东传播的途径主要有三种：一是外来人群直接在浦东进行的营造活动，包括兴建教堂、码头、仓库、工厂、公共建筑等，把新的建筑文化直接带进浦东。但由于浦东开发较晚，并且规模极其有限，所以这类建设活动是少量的，而且很少涉及民居。二是随着浦西经济水平的大幅领先，吸引了浦东地区众多人到浦西寻找机会，其中以经商和从事建筑手工业者为多，据上海建工局（民国）统计，“仅川沙县蔡路乡在1918年到上海当建筑工人的就有1318人，占全乡男性人口的20%”[②]。这些在浦西从事经商和建筑营造活动的从业者，部分通过参与自己或亲戚朋友家住房建筑的营造活动，把浦西新的建筑文化带回浦东，尤其是那些获得成功的人，会有意把“大上海”新的建筑形式作为可资炫耀的东西，按自己的理解在故乡建造。三是当地居民受到那些在浦西从业者在家乡的建造活动的影响，通过模仿进行的营造活动。

洋泾街道李氏民宅，中西合璧式的建筑山墙，显示着浦东传统民居的近代化发展

与浦西殖民地性质的社会结构下人们被动性地接纳方式不同，近代浦东的社会历史条件决定了人们可以带有自身的目的、喜好和价值观，有选择性地接受外来事物。因此，比较而言，这三种传播途径，后两种都是主动的，带有选择性，其文化内涵是：像浦东这样依然以小农业经济为主导的社会是如何理解和接纳新的建筑文化的。尤其是第二种方式，是浦东民居近代化的主要推动力。

近代化的浦东民居数量分布和布局特点也证明了这一点：和近代化的浦西民居相比，近代化的浦东民居数量较少且分布相对集中，多集中在浦东几个大的集镇，如陆家嘴、高桥、高行、川沙等处，而且越是沿江区域，近代化的程度越是较为彻底。

这一方面因为浦东传统民居的近代化是一种自主营造、私人开发的传统模式，虽然那些来自于浦东的浦西建筑从业

① 伍江.上海百年建筑史：1840-1949[M].上海：同济大学出版社，1997:36.

② 李晓华.鲁班的兄弟们[M] // 上海建筑施工志编委会编.东方“巴黎”：近代上海建筑史话[M].上海：上海文化出版社，1991：201.

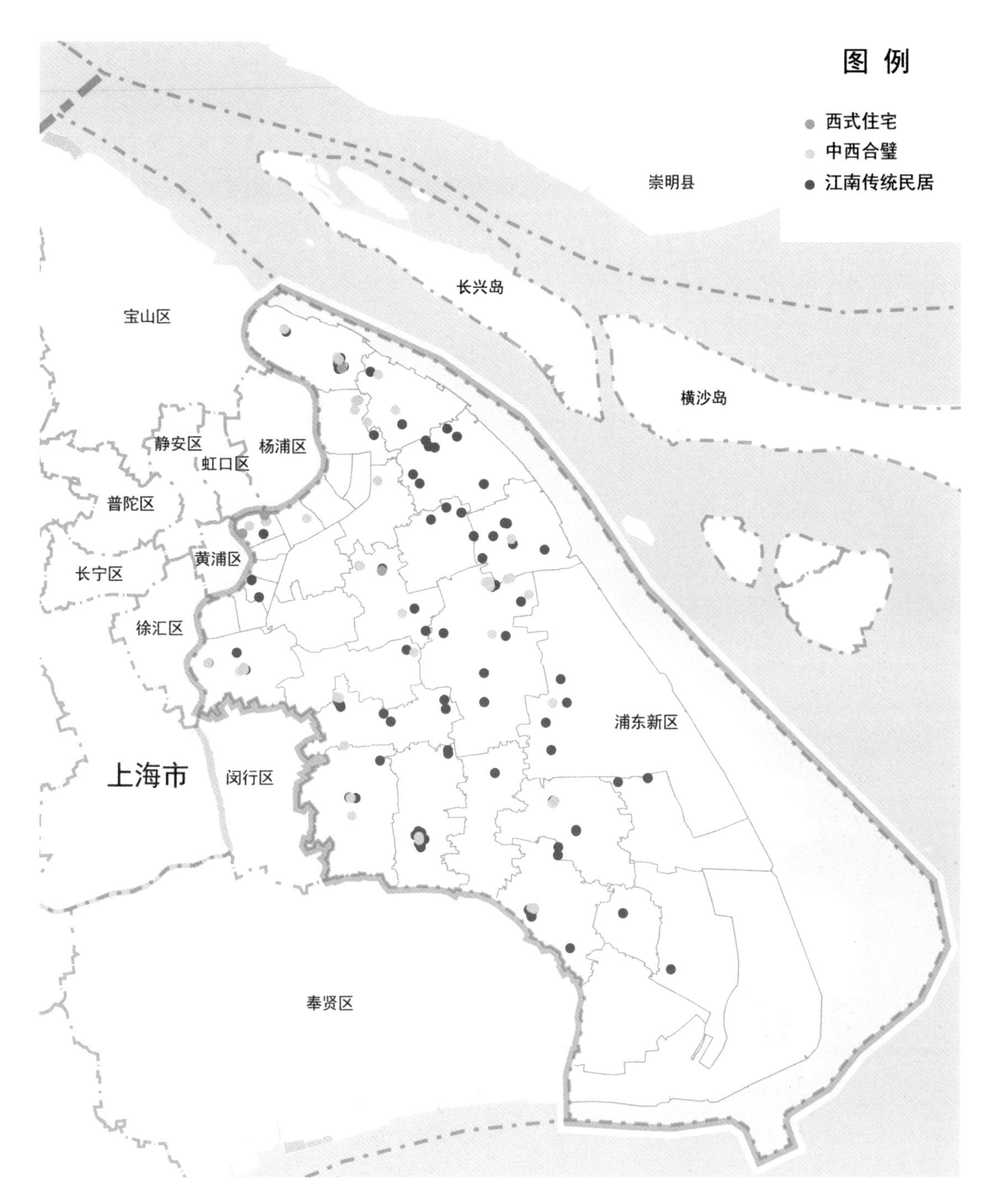

浦东传统民居建筑风格分析图

者数量众多，但是在家乡从事住房营造的却不太多，而那些受到其营造活动影响的当地居民也较少。另一方面，靠近黄浦江的地方与浦西的城市生活接近，那里的从业者们来回浦西和浦东较为方便，他们很容易看到浦西民居不断出现的新变化而为我所用。此外，外来人员也往往将离浦西近的浦东沿江地区作为自己营造仓库、码头的首选地，所以近代化的浦东民居中带有独立式花园洋房布局特色的也呈沿江分布，例如江海北关验货场其昌栈的大班别墅（俗称“小洋居”），因为这些民居的业主大多为外籍人员，他们不受当地传统文化的影响，采取的是近代的城市生活模式。

其昌栈花园住宅，大班居住的欧式花园别墅

1.2 历史沿革

浦东传统民居建筑中最早出现近代建筑元素的年代无法准确知道，但在现存的建筑案例当中，以民国初年（20世纪10年代后期）为最早。20世纪10年代到抗日战争爆发前，为浦东传统民居近代化进程的主要发展时期，这一时期又可按照20年代末30年代初为界分为早期和后期两段。抗战爆发后直到上海解放，和浦西的民居一样，由于受到战争的影响，整个社会凋敝，几乎没有建设活动，浦东民居的近代化进程也几乎停滞不前。中华人民共和国成立后，整个上海地区进入社会主义现代化的大建设时期，受殖民文化影响的浦东民居的近代化进程也就基本结束了。据此，我们可以将浦东传统民居的历史沿革大致分为三个时期。

高桥凌氏民宅，建于1918年，浦东最早出现近代建筑元素的传统民居之一

1.2.1 开埠前（20世纪10年代以前）

历史上浦东和浦西同属于吴文化地区，其传统民居具有典型的吴地水乡建筑风格：①建筑选址一般一侧临河，另一侧通向街市道路；房屋布局一般由一到多进院落组成。②院落空间为三合院或四合院，由外向内，一般是大门、正厅（楼厅）、后屋，院子两侧是厢房（厢楼）。③建筑大门多做成形式庄重考究的砖雕仪门，有时起高大的门墙，墙头做成屏风墙或观音兜的形式。④结构上建筑大木采取立贴木构架，厅堂明间为了加大空间，局部减柱抬梁，形式灵活多样，房间南北墙面设木槅扇。⑤屋面铺小青瓦，起瓦脊，脊端置吻头。⑥院落地坪为席纹砖或方砖，也有用当地所产青石铺作的。⑦细部比例和装饰手法上采用石作、木作、砖作和瓦作的传统工艺，建筑材料运用花岗石、青砖、杉木等传统材料。

前街后河的新场古镇民居，具有典型的吴地水乡建筑风格

浦东地区这种传统的民居形式均为一家一户，无论在乡

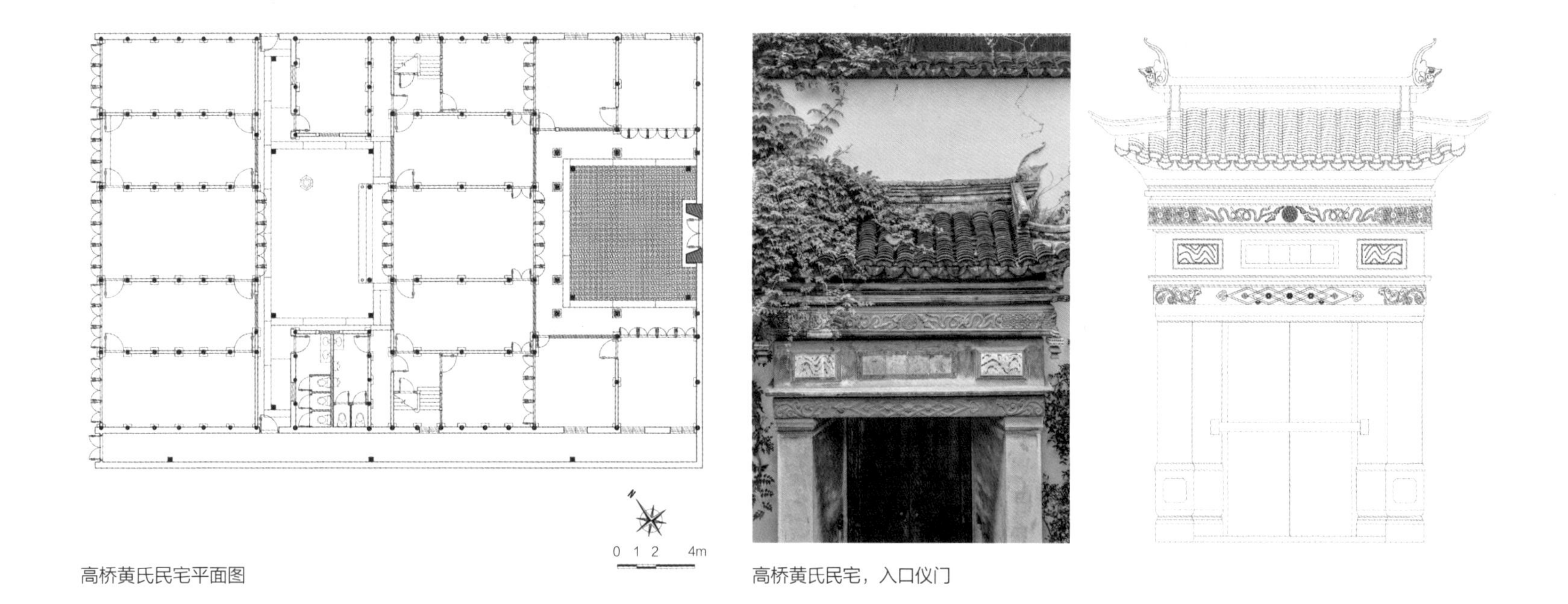

高桥黄氏民宅平面图

高桥黄氏民宅，入口仪门

村还是在集镇上都广为分布。这种形式的建筑在当地延续了千百年，体现出较强的文化稳定性，是与自给自足的小农经济社会以及浦东的自然条件相协调的传统建筑类型，可以视为浦东地区传统民居的基本型。

不过浦东的传统在地民居，按照所在市镇和乡村的不同，其布局形式还是有区别的。市镇因为人口稠密，地价贵，所以用地集约，建筑布局紧凑，多数建造成两层，同时为了降低密集布局带来的火灾隐患，户与户之间用高出屋面的山墙相隔，所以建筑多数用硬山屋顶，厢房也因此多做成单坡顶。而乡村则地广，屋宇之间相隔较远，所以建筑多造一层，且院落宽大，正屋两头做成歇山屋顶，可以与厢房的双坡顶环通，被称为“绞圈房”。

绞圈房以前在上海县老城厢以外的郊区广泛分布，是上海独具乡土建筑特色的民居，由于城市化的发展，很多绞圈房子都被拆除，现在浦东还保留着较多这种类型的房子，如张江镇艾氏民宅，即是留存至今的清代浦东地区典型的绞圈住宅。

绞圈房子为较为宽大的四合院，其梁架体系因厢房正堂相连交圈而得名。其前埭有五间房子，居中一间叫墙门间，左右各连一间“次间”，次间左右又各连一间“落檐”（即屋顶为歇山）。后埭也平列五间房子，中间一间叫做“客堂”。前后落檐之间有厢房相连，在墙门间和客堂之间有庭心（天井）。它具有四大建筑特点：一是四面有房，内院檐口等高，一圈围合，屋面有四条45°瓦沟；二是左右对称布局，庭心居中；三是四面出檐（歇山），骨架是全木结构，且都用榫卯衔接，所以有很强的抗震性；四是其建筑构件也表现出鲜明的本地特色，如支摘窗、矮挞等。

艾氏民宅由东西两个四合院组成，当地称为双绞圈房子，东、西庭心占地较大，空间宽敞，中间为过道。双绞圈房屋布局使得屋面连为一个整体，多雨的季节里，人穿梭于檐下而不被雨淋，极具实用性。

新场叶氏花行，马头墙与观音兜

艾氏民宅航拍图，双绞圈房子布局形式

绞圈房子是极富上海特色的代表性民居，展示着这里人们的生活方式、习俗情趣，绞圈房子的朴实、实用、省材、适应气候特征等，建立在当地温润的地理环境和殷实的经济基础之上，是追求平和、精细、实效、节约的地域文化的体现。

1.2.2 近代化时期（20 世纪 10 年代后期至抗战爆发前）

大约 20 世纪 10 年代后期，浦东开始出现带有近代风格特征的民居，此后直到抗战爆发前，时间跨度大约为 20 年，这一阶段是浦东民居近代化的主要时期。浦西民居的近代化历程为 19 世纪下半叶至 20 世纪中叶（约 1853 年～1945 年），与其相比，浦东民居的近代化开始时间要晚得多，时间跨度也短得多，相对集中在短短 20 年左右的时间内，这使浦东传统民居的近代化具有不同于浦西的独特之处。

这一时期的浦东民居在建造过程中，大量借鉴或者使用了近代的材料和施工工艺，在建筑的外观形式和细部装饰等方面都出现了不同于当地传统民居的变化，有一些甚至出现了浦西老式石库门的平面布局或花园洋房的形式，与传统平面布局形式大不相同。大致可以将其分为三个阶段。

1. 初步兴起（20 世纪 10 年代后期）

从现存浦东传统民居案例来看，浦东最早出现的受近代化影响的“新式”房子，主要分布在大的集镇上，如川沙城厢、三林、高桥、高行、陆家嘴等，其他乡村虽有，但数量很少。

近代化初期的浦东民居在平面布局、院落空间、构造等尺度和大的组合元素上仍然是传统建筑模式，近代化特征更多地集中体现在大门、山墙、外窗等外观形式变化和新装饰手法的使用上，而且都是局部变化，看上去虽然新颖热闹，但是总体上来看还是非常简单的模仿，显得有些粗糙和没有秩序。

如1917年在陆家嘴落成的陈桂春宅（又称“颍川小筑”），主要采用中国传统做法，中国传统四合院的典型布局，大门采用传统落地木槅扇形式，建筑采用穿斗结构，正厅更是使用了一般民居中少见的一斗九升斗栱，然而山墙立面、檐口线条处处呈现出西方色彩，墙头造型模仿古典阶梯形山花，墙头装饰采用西式浮雕，老爷房采用了石膏线脚装饰的抹灰屋顶，体现了民国初年浦东民居所受西方建筑的影响。

另外，如民国初年建于三林镇的汤氏民宅，整体为中国传统建筑风格特征，同时也融入了西洋的一些建筑特色，山墙墙头、山花等部位有较为细致的红砖线脚，二层木廊柱有爱奥尼式雕花柱头，栏杆则采用卷草纹铁花形式，外挑西式露台则为花式水泥栏杆，廊下撑脚也采用西式外观形式。

此时这些近代化建筑特征还是作为一种时尚和时髦的东西被接受和效仿的，只是局部变化和使用，处于简单模仿阶段。

2. 流行时期（20世纪20年代至30年代初）

早期的浦东近代民居仍然是传统的空间组合秩序，近代化特征主要表现在以下几个方面：①建筑入口仪门甚至有些侧面边门采用了石库门的样式；②山墙装饰花式出现了西式特征；③新的建筑材料用于建筑的某些部位，如水泥勒脚、地坪、花式地砖、铁制门枢等。这些特点可以从众多的实例中体现出来。

如位于浦东高行镇的杨氏民宅，建造于20世纪20年代初，是浦东民居近代化发展早期的典型代表。

（1）布局

传统的两进院落布局。第一进院落空间宽敞，五开间的正厅三间露明。第二进院落空间狭小，正厅后面有一个孝堂，将二进院落分为两个小院子，后进厅在这里被取消，缩小为一个杂间，同时孝堂、杂间和二进厢房连成一体，做成平屋顶接正厅后檐，平屋顶可以上人。

（2）结构

除二进院落的孝堂、杂间和厢房是砖混结构外，其他部分单体建筑均为传统木结构，梁架采用立贴式，除了八角亭有抬梁外，正厅和侧厅的明间梁架仍然采用穿斗做法，明间枋间置一斗三升或一斗六升斗栱，正厅明间斗栱上还置蝴蝶木和官翅木，其余开间均采用草架。

（3）外观形式

入口大门和山花墙大量采取西式构图，有变形的爱奥尼壁柱，门头上则有镜面花饰，是上海浦西地区石库门的流行形式。四个外立面围墙下部有勒脚，压顶线条简洁，取代了传统的瓦檐做法，亦带有老式石库门的风格特点。山墙虽然还是观音兜的形式，但是在尺度上比传统的显得更加大而缓，比例也有不同，尤其局部侧面还装饰了类似西式建筑浮雕的砖雕构图。

（4）新材料和新装饰工艺

外墙采用水泥抹灰，朝向院子的墙体均用青砖清水做法，勾缝为外凸圆缝，为近代砖砌工艺的典型做法。每个院子有水泥楼梯上下，是典型的近代结构、材料和施工工艺。还有混凝土栏杆、抹灰和地坪，门窗上大量的铜制五金铰链和插销，窗户上的彩色压花玻璃，石膏线脚吊顶以及铁质排水天沟和落水管等近代特色鲜明的材料和工艺的使用，无不体现了这个时期浦东民居的近代化特征。

这一时期浦东民居外观上的变化已经不仅是简单模仿，主人在建设时已经有意识地将外来的建筑形式为我所用，带有一定的目的性，对于近代材料的性质和施工工艺虽然看上去还没有熟练掌握和使用，但已经尝试在建筑中使用。

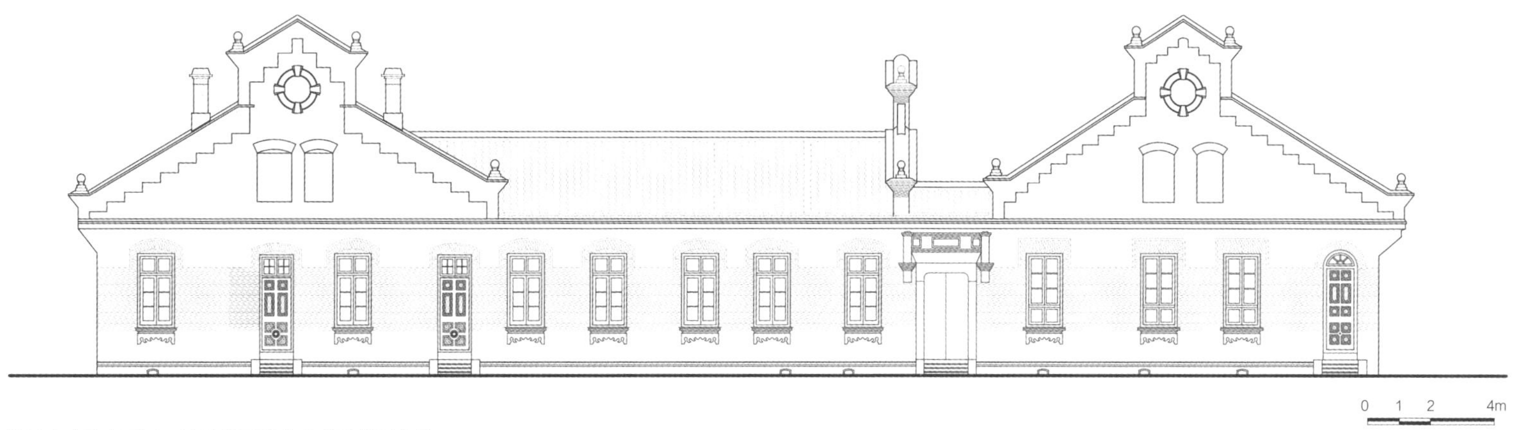

陈桂春宅外立面图，墙头造型模仿古典阶梯形山花

三林汤氏民宅，整体为中国传统建筑风格，山墙、山花、走廊、露台等具有西式建筑特色

3. 发展后期（20 世纪 30 年代初至抗战爆发前）

后期的浦东近代民居出现了一些新的变化形式：①在平面布局、院落空间上出现了浦西老式石库门的特点，特别是在市镇上，出现了不强调纵向多进院落布局，而是一进带亭子间的做法，不同于传统民居的多进和大面积，这些建筑具有了紧凑、上下层叠加错落的特点，这也意味着浦西的生活方式已经被浦东人接受，传统家庭原有的伦理秩序也在被打破，例如川沙的以道堂、以德堂，高桥的仰贤堂、成德堂等；有一些直接采用花园洋房的布局形式，例如陆家嘴的其昌栈花园住宅，这也是区别浦东民居近代化早期和后期的重要依据。②在建筑结构上，不再是唯一的传统木结构，砖墙、混凝土结构也已经使用，这些结构形式除了混合使用之外，还出现了单独的砖墙或者混凝土结构。③在外观形式和细部比例上，西式的山墙门头替代了传统的马头墙、观音兜，外墙出现了西式的水泥窗套，外墙的墙头和基础还作了带有西式建筑比例的线脚处理。④建筑材料和装饰手法上，这个时期的民居大量运用了水泥、彩色玻璃、铜制五金构件等新式材料和水洗石、石膏等新施工工艺，同时在新材料的运用上更加得心应手，新施工工艺水平也更加高超。

高行杨氏民宅，山墙的西式灰塑装饰

1933 年竣工的高桥仰贤堂是这一阶段的典型实例。这座房屋的主人是当地人沈晋福，经营“五洋店”出身，店铺开在当时上海的南市公义码头，致富之后在家乡购地置屋，而担任这座房子的设计建造者为沈晋福的亲家蔡少祺，此人木匠出身，后在法租界经营营造厂。房屋的主人和承建人都在上海市从业，对当时上海出现的近代建筑都有亲身的体验和认知，这一点对仰贤堂的近代建筑特征有着决定性的影响。

（1）老式石库门布局

仰贤堂的主体部分采用的是典型的上海老式石库门厅厢格局，主体是五开间，三明两暗。其实，在 20 世纪 20 年代，

高行杨氏民宅，彩色压花玻璃的使用

航头镇朱家潭子，梁架结构及木槅扇上简化的几何形近代花格

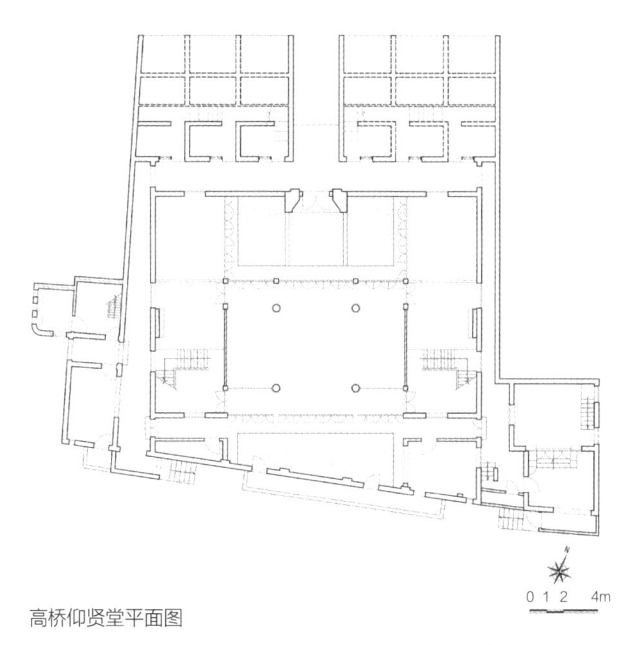

高桥仰贤堂平面图

上海市区逐步停止了占地较大，并且不适应新的生活方式，如卫生要求的石库门里弄民居的建设，转而兴起以西方近代联排式住宅为蓝本的“新式里弄”住宅的开发。而仰贤堂并没有依此而为，其深层原因是当时的高桥镇依然是农村社会，虽然是集镇，但并没有城市化，土地不紧张，同时当地人们依然过着传统的生活方式，所以在求新的同时，其建筑必然会较多地保持传统特征：如门面房、院落、厅堂、厢房等主导生活秩序的系列空间的保留，而石库门样式恰恰满足了这样的需要，它是受外来文化影响下的中国本土建筑，特点是集中节地，是针对城市发展带来的土地紧张而形成的，作为农村社会，高桥镇当时不存在土地紧张的问题，所以仰贤堂采取石库门建筑形式，既满足了农业结构社会下的生活需要，又满足了对城市流行建筑时尚的追求。

（2）新式的建筑结构与材料

仰贤堂为三层混合结构，承重结构为砖墙、混凝土梁柱，以及木檩柱的混合，反映了近代建筑结构形式传入高桥时的早期特征，由于没有完整掌握新的结构施工技术，所以还保留了一些传统木结构技术。该建筑承重砖墙厚为37cm，混凝土柱尺寸为23cm × 23cm。屋顶采用木屋架、木檩条和砖制望板、青瓦坡屋面，支撑在钢筋混凝土框架上，楼板用木隔栅和木楼板做法。

其门头、围墙等处墙面粉刷采用水洗石（上海方言叫“汰石子”）的施工工艺，既考虑到材料良好的耐雨水侵蚀性能，更是对新材料、新工艺的展示。另外，整个建筑的室外地坪均采用预制水泥砖铺地或浇筑花格水泥地坪，而没有采用青砖、石等传统常见材料，这也反映了在那个时代“洋灰”这种新材料代表着时髦。其他如杨松木地板、门窗玻璃、顶棚石膏线脚、混凝土花式栏杆、西式灯具、铜质插销等近代出现的建筑材料在建筑中随处可见，表现出了那个时代的新材料和新时尚。

（3）西方建筑风格

仰贤堂一方面保持内部生活空间的传统特征不变，另一方面却在外观形式上求新求变，如：东西配房均采用上人平屋顶，女儿墙做有线脚；改变传统硬山山墙的形式，顶部处理成圆形线条，并在侧面装饰玫瑰形浮雕；而屋顶上出现了数个烟囱，丰富屋顶的构图；建筑有朝南的水泥阳台，其栏杆是塑模成型的西洋样式；所有的外墙窗户用水泥做出装饰窗套；特别是建筑的石库门以及联系主体与街面房的两个侧门，均采用水洗石的古典门头，而且做工精细，比例准确。

仰贤堂建筑反映出普通百姓对于近代建筑的一种外化追求，也就是在不影响生活内核的前提下，人们对于新的建筑外观形式报有很高的热情，他们用肯定的态度去对待建筑外观的改变。这种对时尚的追求，也是浦东民居近代化的动力所在。

这个时期浦东民居和早期相比，中西合璧、兼容并蓄的特色已经得到了充分的体现。近代的材料运用成熟，施工工艺也更为高超。

1.2.3 停滞期（抗战爆发后至中华人民共和国成立前）

这一时期受到战争的影响，社会动荡，经济凋敝，浦东地区的建设活动几乎停滞，此阶段的重点民居案例仅有两栋：高桥镇建于 20 世纪 40 年代的李云庆住宅和孙增奎住宅。

李云庆住宅为典型的老式石库门建筑平面，院落空间为三合院布局，入口大门为石库门形式，造型较为简洁。结构为混凝土柱梁以及木材混合结构形式，门窗为传统木槅扇形式。山墙墙头、烟囱和基座等处有一定的水泥线脚，天井阳台外挑构件设计体现西式手法。

孙增奎住宅平面由六间矩形单体平面组成，个个单元独立，没有院落空间。砖混结构，入口带有近代住宅特色。仅在山墙基座等处有简单的砖砌线脚，门窗为近代式样。这两处住宅山墙都采用清水砖墙外包水磨石工艺，外形上体现了西式设计手法，大量使用了水泥等近代材料和工艺。

此后一直到中华人民共和国成立后，整个上海社会进入社会主义大建筑时期，浦东民居的近代化进程也就此停止。

高桥仰贤堂临河立面

屋顶烟囱与圆形山墙细部

高桥仰贤堂北立面图，可见屋顶烟囱与圆形山墙

1.3 浦东民居的近代化特征

通过对浦东现存的、有近代化特征的民居建筑进行现场和文献调查，可以总结出浦东民居近代化的三个特征：①户院有别；②择善而从；③浅层外化。下面将分别进行论述。

1.3.1 户院有别

在平行发展模式被打破后，浦西地区由于人口激增，出现了大规模的地产开发建设行为。早在小刀会起义时期，由于大批华人涌入租界，出现了由外国商人大量建造西方联排式木板房的开发行为，是为中国房地产业商品化的开端。到了大约19世纪70年代，出现了早期石库门里弄式民居住宅的开发建设。到20世纪20年代，逐步停止了占地较大且不适应新生活方式的石库门里弄民居的建设，转而兴建以西方近代联排式住宅为蓝本的新式里弄住宅。

相比而言，同时期浦东的社会发展水平决定了它的建设规模是非常有限的。与浦西的都市移民型人口结构不同，浦东人口以原住民为主，虽然开埠以后也有外地移民，但是数量很少，所以不存在浦西那样“统一投资，成批建造，分户出售”的地产开发市场。其建设活动基本上是私人个体模式，投资规模小，建设周期长，产生的社会影响也较小。在浦东地名里，冠以“里”“弄”“坊”字眼的极少，正是因为浦东没有出现大规模、高密度的里弄居住模式。偶尔出现这类名字，也是有名而无实，如高桥镇的成德堂，在家门口的小路上模仿浦西的弄口也设一扇砖砌拱券大门，上书“瑞和坊”，其实“坊”内仅其一户人家。而川沙城厢镇的连城别墅，虽是同时建造了两座一样的石库门建筑，却不共墙，中间还专门做了一条3m左右的过道。

这说明，在当时的浦东，“一家一户”的观念根深蒂固，那种把生活空间延伸到公共弄堂里去的生活场景在这里不会出现，因为家居空间足够大，还是保持着各自独立、互不相干的传统生活场景。

1.3.2 择善而从

浦东的近代民居虽源于浦西，但并非随之亦步亦趋，而是一直以自己的社会生活需要为建筑文化的内核，对浦西的近代建筑模式有选择性地为己所用。

在浦西历史上，分布最广、数量最大的民居建筑类型主要有石库门里弄民居，新式里弄住宅，多、高层公寓住宅等，其中石库门又可以根据开间数和占地大小等基本特征，分为早期和后期。早期石库门占地大，平均每户建筑面积是后期的 4 倍左右；早期多为三间两厢户型，后期多为单开间户型。而在浦东模仿浦西的石库门民居中，都具有早期石库门建筑的特点：占地较大，户型都是三间两厢甚至五间两厢。

在浦西 20 世纪初大批建造新式石库门，二三十年代大批建造新式里弄的时候，浦东并没有出现后期石库门和新式里弄住宅以及多、高层公寓的案例，这意味着浦东民居在类型上的近代化没有随浦西走下去。其内在的原因是：其时浦东地区虽然有众多的集镇，但并没有都市化，其乡村社会的本质没有变，传统封建社会的内核依然稳定；而挑战传统社会结构的新因素，如人口结构、生产关系、土地供应等，还没有形成颠覆的力量；当地人的生活方式依然是传统的，浦西的新式都市生活离他们还有一段距离，家庭伦理秩序、日常生活习俗都还是原来的，这也意味着作为生活舞台的建筑不会有大的变化。但在另一方面，求变是人之常情，是表现自己社会价值和地位的需要，所以脱胎于江南民居的旧式石库门解决了这个矛盾，“石库门……其平面形式与建筑艺术处理手法则是在江南民居建筑的基础上演变而成”。[①]

从本质上看，石库门是受外来文化影响下的中国本土建筑，不同于后来的、直接引自国外的新式里弄、公寓住宅和

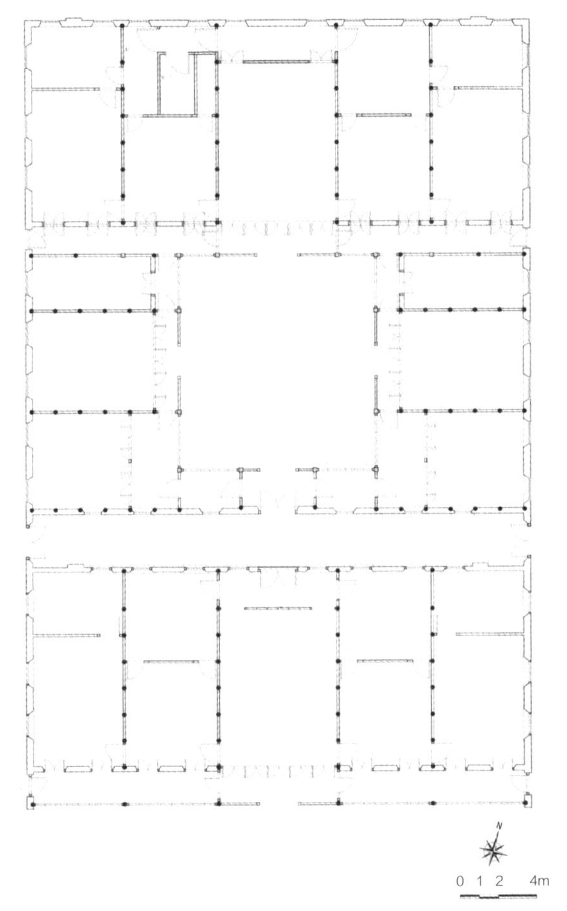

陆家嘴陈桂春宅一层平面图，具有早期石库门平面布局特征

① 杨秉德 . 中国近代中西建筑文化交融史 [M]. 武汉：湖北教育出版社，2003.

花园洋房，是本土建筑的派生。所以，旧式石库门理所当然地与旧式传统生活一脉相承，其独门独户、厅厢格局、较大的院落等特点在满足浦东人乡村生活的同时，其形式、装饰则又是新鲜的。而后期石库门以及新式里弄显然走得太远。

从这点来看，普通百姓并不唯新是从，而是根据现实需要择善而从，这也显示了近代上海建筑注重功利的特征。“注重功利是商品经济社会中人们社会价值观的一个重要表现……近代上海社会的各个方面都表现出一种以‘利益第一’的社会价值观代替中国传统‘重义轻利’社会价值观的取向。‘利，时之大义矣’成为一种社会共识”[①]。注重功利的心态反映在建筑营造中，就是一切从满足生活需要的实际出发，讲究实惠。

陆家嘴陈桂春宅大门，带有石库门建筑艺术处理手法

1.3.3 浅层外化

伍江先生在《上海百年建筑史：1840-1949》中总结，“追求时尚是近代上海发达的商品经济社会中一种突出的社会心态”，这种带有炫耀性色彩的时尚风气，是缘于在一个竞争激烈的商品社会里，必须不断地推陈出新，否则会有随时被社会淘汰的危险。[②] 因此，在建筑上，无论是业主还是设计者，都把追求时尚看成是事业能够继续发展的保证。虽然浦东远不及浦西商品经济程度高，不过两岸交往日久，风气东渐，必然影响到一部分集镇里的新建筑。但因为前述的原因，这种变化触及不到乡村生活的内核，只能是浅层的、表面的。

旧式石库门最早的开发商是英国人，所以受到西方联排式建筑的影响，采用了共用山墙成排建造的方式，结构仍然是立贴式木结构，而门户也采用江南民居大门“石库门”的形式。从这个意义上讲，浦东人所接受的早期石库门其实还是他们熟知的传统民居的简单“变形”，并且在浦东由于根本不存在大规模开发和节约土地的城市约束，他们的石库门民居连共墙的特点也不存在了。由此可见，对于选择石库门建筑的那些浦东人而言，他们选择的是这个“新建筑”外在的、

① 伍江．上海百年建筑史：1840-1949[M]. 上海：同济大学出版社，1997:188.

② 伍江．上海百年建筑史：1840-1949[M]. 上海：同济大学出版社，1997:188.

吴家祠堂高超的水泥材料施工工艺

高行喻氏民宅，入口大门采用西式构图，为科林斯式的柱式

物化的变形，这些变形意味着大都市的时髦，根本不会影响到他们延续千年的生活方式。

所以，浦东建筑的近代化关注的是外在的建筑形式、风格以及新的建筑材料，这个特点可以从众多的实例中看出来。

浦东外高桥保税区的吴家祠堂，布局为传统的三进四合院院落，初看其形式，与一般当地木结构没什么不同，其实外檐柱和廊步梁架采用了钢筋混凝土材料，并完全模仿木结构形式，包括枫拱和拱垫板在内的装饰构件均用混凝土预制装配，连榫卯也被模仿，并按木结构的搭接方式组装。另外，勒脚、部分外墙面粉刷用水洗石（上海方言叫“汰石子”）的施工工艺。在不改变传统祠堂祭祀空间形式的前提下，他们把这座建筑建造成展示新材料、新工艺的标本，炫耀之意显而易见。当然，用水泥材料做散水、勒脚和檐柱，类似于以往用石材来建造这些部位，本身还是考虑到材料良好的耐雨水侵蚀性能。

对于改变外观形式，浦东近代居民的积极性很高，始终抱着一种肯定的态度。比如川沙城厢的连城别墅主人在不大了解当时浦西流行的石库门建筑装饰风格的情况下对其进行模仿，结果入口大门虽然模仿浦西石库门的式样，但在外形、比例、细部等方面却十分简陋粗糙：大门做成了去掉砖雕装饰的形式，显得不伦不类，两边山墙上的小阳台也是线条粗陋。尽管如此，那种对新样式追求、模仿的心态已显露无遗。

浦东的近代民居一方面保持内部生活空间的传统特征不变，另一方面却在外观形式上求新求变，像大门、门墙、山墙、外立面门窗等都成了做文章的地方，虽然业主和工匠对“新样式”的认识水平不同，最后的效果也参差不齐。但是，以新为美、标新立异的审美取向成为浦东建筑近代化的主要动力。从这个意义上讲，运用新材料、新工艺也是这种心态的反映。

总之，由于与浦西特殊的地缘关系，浦东的近代建筑发展受殖民文化的影响相对较弱，苏浙的地方建筑文化在近代历史上依然起着内核的作用。其近代建筑产生于小农经济模式的村镇社会里，发展是缓慢而渐进的，“新”建筑的出现不是根植在真正的生活需要上，而是对城市居住时尚的模仿，反映出主人强烈的自我选择意识。我们从浦东建筑近代化过程的特点，可以看出地方文化在接受外来文化时，其社会结构作为核心主体，决定着地方和外来建筑文化结合的角度和深度。

02

浦东传统民居的建筑特征

对浦东地区传统民居进行史料整理、调研测绘、修缮设计等研究和工程实践工作后，可以发现，浦东民居整体仍以泛江南区域的传统水乡民居风格为主体，但由于自身地域环境及经济社会发展的特点，以及受到外来建筑文化的辐射作用，兼容并蓄，融合各地建筑元素，形成了杂糅的风格特色，在平面布局、构造方式、立面样式、匠作细节等方面都呈现出丰富多样的变化。

可以从七个方面深入解析浦东传统民居：①建筑模数；②平面布局；③建筑结构；④形式和构造；⑤细部和装饰；⑥建筑材料；⑦营造匠人和常用工具。通过对传统民居建筑元素的描述，既可以看出不同时期浦东民居的建筑特征变化，也能够对现存民居实例在布局、空间、风格、结构、细部等方面具有整体把握和认识，为进一步深入研究打好基础。

2.1 建筑模数

浦东传统民居的开间模数是椽档间距，匠人方言里称“橃（fa）”，距离多为220mm，但在实测中，220mm ~ 240mm之间都有，再大就影响到受力了。关于“橃”这个单位，笔者推测是手掌张开后，大拇指和中指指尖的长度，这也是方便匠人简单量测的方法，有一定的可信度。这种叫法和模数，在上海其他地区也常见到。

民居的开间大小是以奇数倍的“橃”来确定的，比如明间一般为19橃 ~ 25橃，大约在4180mm ~ 5060mm之间，这对于用材尺寸比较小的民居建筑来说，开间跨度是比较合适的。

浦东民居的开间形式，大洪村康家宅

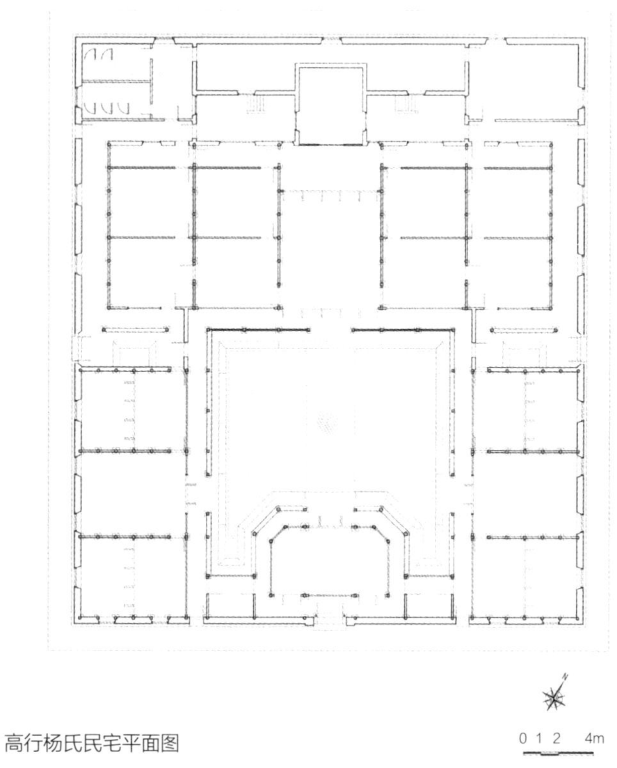

高行杨氏民宅平面图

2.2 平面布局

除了少量的花园洋房，浦东民居为院落式的平面布局，既有单层形成内廊布局的，也有单层无内廊的；有两层形成走马楼回廊的，也有两层无回廊布局的；既有正厅三开间两厢的，也有正厅五开间两厢的，有些院落二层还形成阳台。

虽然看上去形式多变，但是院落空间布局基本形式只有两种：一种是三合院，正厅居中，两边为厢房，前面为高墙，墙上开门；还有一种是四合院，即在院落进来处有房屋，这种做法较少，例如高行的杨氏民宅，从仪门进来后，是较宽的廊庑，除了和厢房的廊子相通，还因为较宽，所以设了一道屏门，屏门后可以作为唱戏用。三合院和四合院空间较为宽敞，都是传统院落的内院形式，居中为正厅，供家庭聚会、待客以及长辈居住，两边为厢房，为小辈或者佣人居住，体现的是长幼有序、尊卑分明的传统大家庭生活模式，所以在院落空间上，浦东传统民居仍然是三合或者四合院，体现的是主次有序的院落空间。

总结各个时期的平面布局特点可以看到，浦东传统民居可以分为四种平面布局类型：市镇传统院落布局、乡村传统院落布局、老式石库门布局和花园洋房布局。

2.2.1 市镇传统院落布局

开埠前、近代化早期的浦东民居在平面布局上仍然是传统的进深院落布局，但市镇和乡村又存在着不同，市镇的传统民居较为集约，通面阔不大，多建两层，且第一进多为租售给做生意的门面房。平面由一进或者多进院落组成，纵向轴线上依次由门面房（入口）－天井－正楼厅－后楼等部分组成，布局等级层次较为显著，横向轴线上厢房－正厅－厢房展开，一般讲究左右对称，而且有些四周或者某侧还有夹弄，外设高墙。由于平面以水平方向布局为主，所以显得占地面积较大。

2.2.2 乡村传统院落布局

不同于集镇里的土地比较集约，房子多建成两层。浦东的乡村传统民居都为一层，建筑开间多为五间甚至更多，且院子比较宽大，与此同时，厢房往往进深也比集镇里略大一些，正方和厢房多设前廊兜通，下雨天行走方便。

农村地区建房，自然考虑到节约材料，一层木立贴用于柱和枋的木料可以很小，因为户与户之间离得远，所以根本不用建户与户之间的封火硬山墙，并且在布局上，正房和厢房连成一体，在它们的相交处不做小天井，而是直接用正房尽间的歇山顶覆盖，所以这里又省去了砌外墙用的砖。这样的做法，空间非常实用，而且造价低廉，虽然在形式上不是那么考究。

前文曾经谈到过的“绞圈房子”，其正屋、厢房、墙门间四排房屋的屋面首尾相连形成回字形，这是地方木工的名词。“绞”即当地对该种屋面结构做法的称呼，“绞圈”即将屋面形成一个圈，严格的“绞圈房子”形制在墙门间内还有雕花仪门。此类建筑多为二进或三进四合院落，因在此一般为多个“绞圈房子”的同类型交接，它们也被称为“双绞圈”“三绞圈”。

“绞圈房子”在建筑专业内尚未有正式资料记载，也并未被证明仅出现在上海地区，但它代表了沪地乡野民居一种较为成熟稳定的类型，值得被合理保存，或作为代表性民居类历史建筑遗产加以利用展示。

周浦顾家老宅绞圈房航拍图

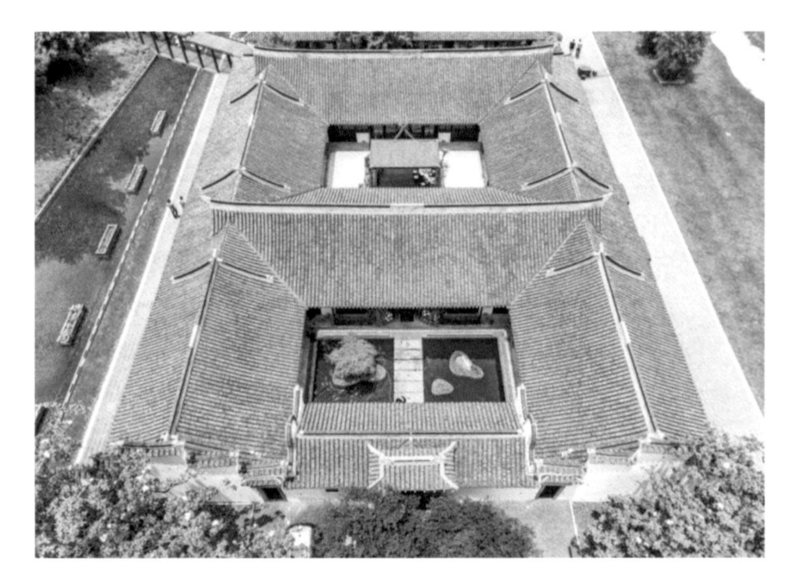

川沙陶长青宅俯视图，典型的纵向二进四合院（双绞圈）

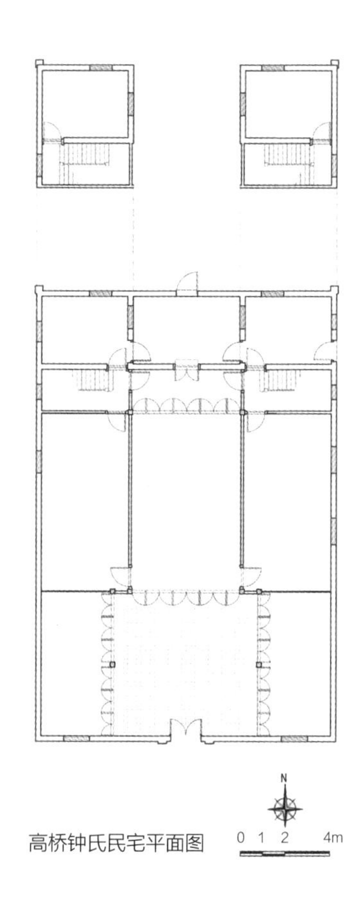

高桥钟氏民宅平面图

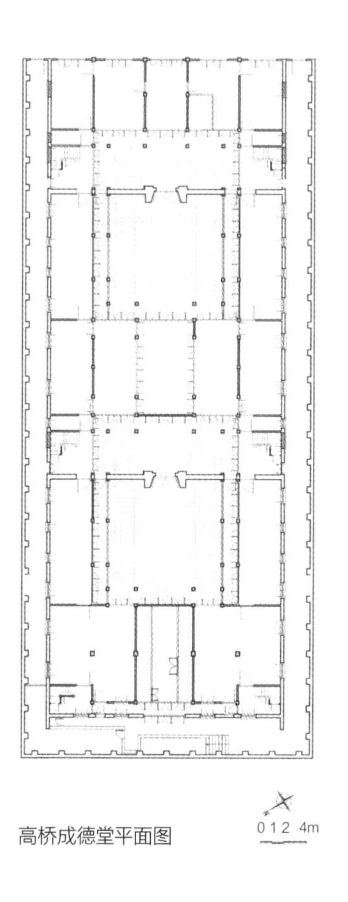

高桥成德堂平面图

2.2.3 老式石库门布局

近代化后期的大部分浦东民居则体现了浦西老式石库门的特点，主要特点是纵向轴线短，不再有多进的房屋，纵向轴线上由门面房（入口）－天井－正楼厅－后院（后天井）组成，横向上也是左右对称。除去主体之外也有附属用房、夹弄、围墙等部分，布局较传统院落紧凑，所以占地面积也较大。

2.2.4 花园洋房布局

仅在后期出现了这种类型。平面为单座矩形点状布置，独门独户，占地面积不大，而且数量极少，如其昌栈花园住宅、由隆花园住宅、杜月笙藏书楼等。由于所占比例少，因此可以认为近代化后期浦东民居平面布局以老式石库门为主。

以高桥钟氏民宅（近代化早期）、高桥成德堂（近代化后期）为例比较这两种类型的平面布局：传统院落布局和老式石库门平面主体都讲究轴线对称，等级层次上秩序明显，构成平面的各个要素也是依次按照主次顺序布置展开，而且两者都是独门独户、厅厢格局且占地面积较大。如前所述，这是因为从本质上来说，这种老式石库门平面布局正是受外来建筑文化影响的、脱胎于传统的江南民居的布局形式，它和传统的院落布局一样体现的是传统的生活空间和秩序。因此，在平面布局上，浦东传统民居并没有发生根本变化。

2.3 建筑结构

2.3.1 传统木立贴结构

开埠前的浦东传统民居大木大部分是传统的立贴木构架，又称为“穿斗式”，其构架特点是沿房屋的进深方向按檩数立柱，有时柱子数量和檩相同，更多做法是在中柱和金柱之间会有不落地的瓜柱，架在穿枋上，檩上布椽，屋面荷载直接由檩传至柱，不用大梁，柱子之间为穿枋，起联系和支撑瓜柱的作用。这种结构的优点是能够用较少的材料建造较大的屋子，而且由于柱、穿、檩形成较多数量的节点，结构牢固，抗风性能好，所以在当地传统民居中被广泛地运用。

这种木立贴结构除了能用于双坡屋顶，也出现在歇山屋顶中，在乡村的绞圈房里，正屋会做成歇山屋顶，但其木结构并没有采取官式歇山顶的抬梁做法，因为尽间的高度更加低矮，多作为灶间等辅助功能，所以会让山面的柱子直接落地，因此做法也简单了很多。

2.3.2 砖混结构

近代化早期的浦东民居结构上呈现出了不同的变化：一部分民居依然采用传统的立贴木构架，如高桥凌宅、黄宅、敬业堂、陆家嘴陈桂春住宅等；有些则采用了主体结构以立贴木为主，附属结构则采用近代的砖混结构，屋面有了钢骨混凝土，例如高桥的仰贤堂辅房以及高行的杨氏民宅的亭子间等；还有些则完全取消了木柱子，采用了砖混结构，即二层楼面用钢骨混凝土，屋面的木檩条直接架在墙上，如高桥的钟氏民宅等。

近代化后期的浦东民居在结构上则更多地体现出传统、近代结构混合使用的多样性特点：既有陶桂松住宅、高桥仰贤堂这样的混凝土、砖、木混合结构，也有农业银行洋泾营业所原址、连城别墅这样的砖、木混合结构，还有成德堂、杜月笙藏书楼这类完全使用近代砖混结构的建筑。

所以在建筑结构上，近代化的浦东民居不再是单独的立贴木结构，砖木混合，混凝土、砖、木混合，砖混结构等多种混合结构都有使用，表现出的是多样性的特点。

2.4 形式和构造

2.4.1 建筑屋顶

开埠前的浦东民居采用传统的双坡屋顶和歇山顶，极少

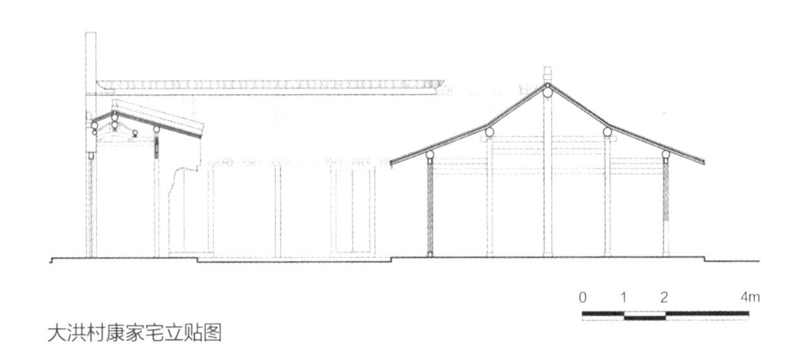

大洪村康家宅立贴图

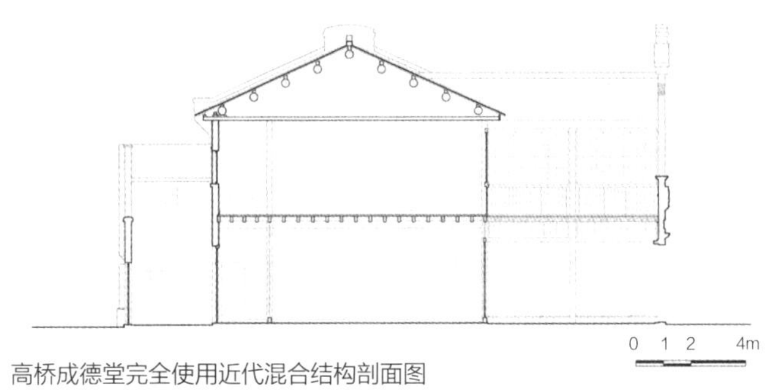

高桥成德堂完全使用近代混合结构剖面图

见到四坡顶。从檐口高度来看，乡村民居比较低矮，例如傅雷故居第一进正屋檐口高度为2.56m，张江艾氏民宅第一进正屋檐口高度为2.14m，这主要还是乡村民居材料短小、建造较为简单的原因。

1. 屋面的举折

《营造法原》里，把屋面举折叫做提栈，是让屋面形成折线（或近似曲线），而不是平直的做法，“房屋界深相等，两桁高度自下而上，逐次加高，屋面坡度亦因之越后越高。中国建筑曲线屋面之产生，即基此制，其制称“提栈”。而称前后桁之高度为提栈高若干。提栈自三算半、四算、四算半……以至九算、十算（称对算）……其法先定起算，起算则以界深为标准（但五尺以上，仍以五尺算起）。然后以界数之多少，定其第一界至顶界（脊桁），递加之次序……”[①]

从实例来看，浦东传统民居用立贴结构的，皆有提栈做法。但到砖混结构，屋面提栈就不明显了，例如仰贤堂屋顶就是一个直坡。

2. 屋脊形式

乡村民居几乎没有太多屋脊脊饰做法，材料上就是用石灰砂浆密封正脊，然后上面堆放瓦片，至两端用瓦做生起，形成雌毛脊形式。考究点的则购买烧制的哺鸡头安装在正脊两端。

市镇民居的屋脊则考究很多，但多数还是用哺鸡头，苏州地区流行的云纹头、哺龙几乎没有。

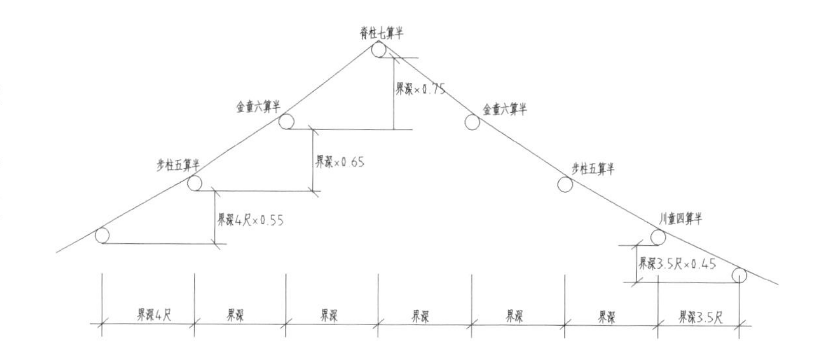

新场康氏宅正房提栈分析图

屋顶铺青瓦是传统民居的统一做法，即便是近代特征很明显的民居，也还是以铺小青瓦为主，很少见到浦西常用的红色机平瓦，例如仰贤堂等。一般为盖七露三，瓦下是望砖，瓦和望砖之间用石灰砂浆和碎砖瓦填充，这样的构造基本能抵挡台风天的大雨，使之不会渗入缝隙导致漏水。乡村民居用勾头和滴水的情况少，而市镇里几乎都用。

2.4.2 建筑山墙

山墙特指的是高出坡屋面的封火墙，宋代《清明上河图》里，还看不到封火墙的使用，这和明代以后制砖技艺有很大发展是相关的。因为封火山墙高出屋面很多，对其造型的处理成为建筑外观形式的重要特点。浦东市镇的传统民居多见到观音兜和屏风墙（俗称马头墙）两种。青砖墙体表面做纸筋石灰，墙上压顶和屋脊做法相似，用砂浆和瓦片收头。

开埠后，受浦西的影响，出现了半圆、三角形、梯形的

① 姚成祖著. 营造法原 [M]. 北京：中国建筑工业出版社，1986.

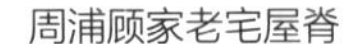
周浦顾家老宅屋脊

大洪村康家宅观音兜山墙

山墙，其构图和上面的装饰明显受到西式建筑风格的影响，或者直接复制于浦西的建筑。这类山墙用水泥砂浆代替了传统的纸筋石灰抹面，少量也用到清水墙做法，例如喻氏民宅。

2.4.3 大门

古建筑里门和窗是不同的概念，但是在江南古建筑里，朝向院子的落地花格长窗，很容易被今天的人误读为门，这是错误的。一般而言，实木拼合，没有采光作用，而强调安全的为门，一般嵌在墙中，例如房间之间隔墙上的门，或者院墙上的门。从形式上来讲，院墙上的门配上门头上的装饰，显得特别考究，江南地区把这种门叫仪门。

仪门在江南民居中是常见的，俗称“仪门头”，张源潜编著的《松江方言志》中有：“仪门头——旧式大宅院的第二道门，面朝大厅（大厅朝南，面朝大厅即朝北）的门脸上有砖雕门饰，并有四言横额。”[1]

褚半农在《上海西南方言词典》中谈道：“仪门。绞圈房子天井前方与墙门间连接处的门楼，如‘天井前方与墙门间连接处都有砖雕的仪门头，高达四五米，飞檐翘角，正上方有四字砖刻匾额，上下左右配以人物走兽及亭台楼阁图案，很是气派’(《老宅姓诸》)。”[2]

所以，这种大门并不朝向街道，而是朝向院子，似乎暗合了中国人内敛、不露富的性格特征。

① 张源潜．松江方言志 [M]. 上海：上海辞书出版社，2003.

② 褚半农．上海西南方言词典 [M]. 上海：上海人民出版社，2006.

高行喻氏民宅清水墙

在浦东传统民居中，仪门的做法很普遍，其中不少门头上用到了砖雕和灰塑工艺，非常华丽。

开埠以后，作为装饰的仪门也随之发生了变化，一是名称发生了变化，叫石库门，并以此借指大规模房地产开发的房子名字，叫石库门房，其取名比较可信的说法是：这类门为了安全用石材做门框，所以叫“石箍门”，上海方言里“箍”和“库”音近，且后者方便书写，故有了“石库门”叫法，它更能给上海地区的人们带来亲切感和愉悦感，也更能被接受。二是使用位置发生了变化，原来传统民居里这道门在第二进，第一进一般为门面房，但是房地产以售卖住宅为目的，不可能在小区弄堂里都做门面房，所以原来的第二道门跑到外面来了，也因此产生了很好的装饰效果，更加吸引人了。三是装饰构图出现了西化，和山墙构图西化一样，石库门头也演化成半圆、三角等形状，而细节上增加了齿形饰，装饰主题则是中西杂糅。

可以看到这三种变化在浦东近代民居中都有体现。例如高行的杨氏民宅，就取消了第一进门房，直接将仪门（石库门）作为外立面，其构图也完全西化，当然在装饰主题上还是用了地方上的人能看懂的内容，比如题字为“青云直上”。

而在新场张氏宅，因为这家的长子是新派人物，所以当年完婚时，把整个宅子的第一进楼厅、厢房和仪门都改为了西式装修，仪门则硬生生加了两根西洋柱式，显得不伦不类，也由此可以看出浦东地区大门在近代其形式和做法的有趣过渡。

值得注意的是，浦东仪门上的门额或对联除了家族家风的寓意寄语之外，有时还隐含着建筑名字与主人姓氏的关系。比如新场张氏宅仪门上的对联“京洛传钩，曲江养鸽”，包含了张姓人物的两个典故。“京洛”指西京长安和东都洛阳，东晋干宝《搜神记》卷九中记载有“张氏传钩”的故事，表达张氏在财富方面的积累颇丰、代代传承；“曲江”指的是唐代名相张九龄，广东曲江（今韶州）人，他不但才高八斗，还酷爱养鸽，此句不仅指出张氏籍贯，还暗含进士及第的显赫。另外如陆家嘴陈桂春宅，又名“颍川小筑”，颍川为陈氏发祥地，宅名体现了主人的陈氏之姓，仪门门额“树德务滋”“居仁由义”则表达了陈氏心存仁念、遵循义理、施行德惠的为人理念。有些民居的堂号也有类似的寓意，这些都表现了浦东传统民居对于传统文化的传承。

2.4.4 花格窗

花格窗是在院子或者屋内的长窗或者短窗的形式，强调采光，同时因为不存在安全问题，所以也强调装饰性，会做出形式多样的花格。浦东民居的花格窗形式十分丰富，从传统的宫式、葵式等到近代的西式菱形、圆形等。

窗格子一般用纸或者纱来糊，考究的会用“蛎壳”打磨的半透明薄片来安装，这在一些宅子里还看到了残留。所谓蛎壳就是牡蛎壳，人们挑选比较平整的牡蛎壳，加工成相对平整的明瓦，用于钉窗户。清末上海出版的《图画日报》“三百六十行”专栏绘有“钉蛎壳窗”图，大致上描绘了“蛎壳窗”的样子。配画文说：

蛎壳窗，亮汪汪，遮风遮雨又遮阳。

昔年窗上多用此，一窗需壳几十张。

近来装潢尚洋式，玻璃窗子出出色。

蛎壳生意尽抢光，钉蛎壳匠发老极。

到了近代，玻璃传入使用后，浦东也出现了压花玻璃、彩色玻璃。

高桥凌氏民宅仪门

高行杨氏民宅的西化装饰

新场张氏宅仪门的西洋柱式

傅雷旧居，宫式万字书条窗

高桥张家弄黄氏宅的蛎壳窗

高行杨氏民宅花格窗大样图

高桥至德堂的彩色玻璃

2.5 细部和装饰

浦东传统民居中的主要装饰手法是雕刻，其中以木雕和砖雕最为常见。一是比起粉刷彩画、灰雕等工艺，雕刻的装饰作用更为持久；二是在封建社会，对建筑色彩的使用有严格的等级限制，平民百姓不敢任意发挥想象，而雕刻提供了几乎无限的内容创造，除了象征皇帝的龙徽外，还可以雕刻卷草、云纹、飞禽、走兽、戏文等，这促使了雕刻工艺在浦东传统民居中广泛使用。

雕刻通常反映了人们对于美好事物的愿望、追求和寄托，通过谐音、嫁接、比喻、象征等艺术手法来表情达意，比如厅堂中间枋上常会做“郭子仪祝寿”一类的主题性人物雕刻，寓意功成名就、多子多福、长寿安康的圆满人生。而在小处雕刻，则用“瓶插三戟”“八仙”“福寿”等图案，寓意为平升三级；八仙图案寓意为各显其能、八仙祝寿；蝙蝠象征“福”，寿桃象征“寿”，两枚古钱象征“双全”，寓意为“福寿双全”。总之，千百年来形成的传统文化习俗，渗透在传统民居的各个方面，几乎每个细节都是它的表现形式。

分量最重的是木雕，其在浦东传统民居中应用极其广泛，在建筑媒介上，它可依附于斗、椽、木柱、梁枋、斗栱，以及门坊、门罩、漏窗、挂落、垂花柱、栏板等。在创作方式上，浦东传统民居的木雕工艺主要沿用明清时期的平地雕、透雕和圆雕，以平地雕为主，局部空间采用透雕。在表现技法上主要采用传统国画中工笔画技法中的白描手法，去表现翎毛花草、飞禽走兽、人物等，笔墨浓淡相宜，虽然每幅雕刻各成主题，但整体感很强，既写实又具有装饰艺术性，借此体现主人清雅脱俗的审美情趣。在题材上，可划分为民间故事、神话传说、民俗风情、戏曲人物、儒释道、先贤事迹等。

陆家嘴陈桂春宅木雕艺术

砖雕则较多地应用于大门、花窗、照壁、墙面等处作为装饰，由于砖雕对用材要求严格，在雕刻时太硬容易破碎，太软不能深刻，因此砖雕多采用经过特别加工的水磨青砖，能够经受日晒雨淋，长年不变。砖雕的技法多样，浦东传统民居的砖雕工艺主要有阴刻、浮雕、透雕和圆雕等。在题材

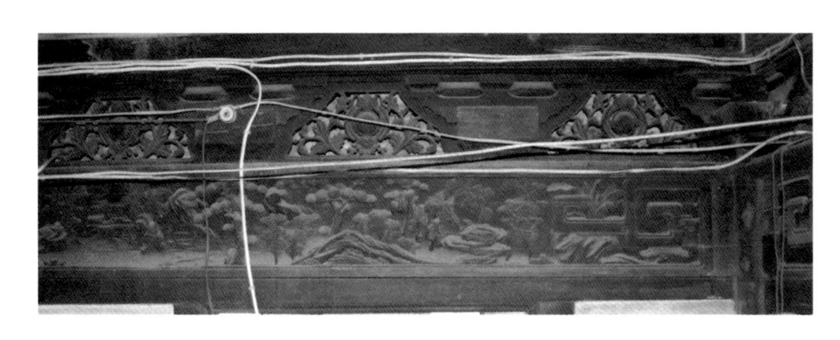

新场张氏宅拱垫板雕花图

小浜路蔡氏宅仪门砖雕细部

上，砖雕以寓意吉祥和人们喜闻乐见的内容为主，大致可分为戏曲故事、神话传说、吉祥纹饰、文字书法等类型。许多民居建筑的门楼上都镶嵌砖雕进行装饰，既可以美化建筑，又能够保持建筑构件的坚固。其他建筑构件上的砖雕比较简约，主要起点缀作用，如屋脊处常以走兽、宝瓶或花卉、万年青作为装饰图案，有的脊两端还饰以吻兽的形象。

除木雕和砖雕外，浦东传统民居还有一种应用较多、源远流长的传统建筑装饰工艺——灰塑。灰塑结合了绘画和雕刻的工艺特点，是以石灰为主要原料，掺合砂粒、黏土、稻草、纸筋、桐油、矿物质颜料等各种配料，辅以竹钉、铁钉、铜丝、瓦片等为骨架，在建筑上塑造浮凸图像和立体造型的装饰方式。在题材上，灰塑包括故事、瑞兽、花卉、博古藏品、八宝法器、吉祥文字、纹样图案、风景题材等。灰塑常装饰在屋脊上，由于直接暴露在室外，经历风吹雨打，容易破损，有些也被人为破坏，因此，目前浦东传统民居中保留下来的灰塑已经不多。

总之，建造民居的主人和工匠们根据自己的心理需求，利用木雕、砖雕和灰塑等各种艺术方式，在题材、内容、形式上作出选择和安排，把浦东传统文化及创作者的情感，转化为实质的图像，从而使得浦东传统民居具有了深刻的思想内涵和文化表现力。

2.6 建筑材料

浦东传统民居的营造材料主要是木、砖、瓦、石灰、石材，至近代，也逐渐从浦西传入了水泥、钢筋、红砖、机平瓦、彩色地砖、陶瓷锦砖、彩色玻璃等新材料。

传统的木材主要是用杉木，因产自于上海、江苏西部的省份，也叫西木。开埠以后则出现了洋松、柳桉等进口木材，后者多用于小木装修。

传统砖瓦的使用除了砖墙，还有铺地的方砖、屋面的望砖和小瓦。这些传统砖瓦皆采用青砖烧制工艺，即在烧制过程中窑内密闭加水冷却，使黏土中的铁不完全氧化，则呈青色，即青砖。由于青砖烧制工艺复杂，生产成本很高，难以像红砖那样实现机械化生产。然而，青砖更具有耐久性，在抗氧化、水化、大气侵蚀等方面性能明显优于红砖。开埠后，受西方用红砖造房习惯的影响，上海的建筑大量使用红砖，浦东也有少量使用，并且出现了清水砖墙做法，但红砖多数是作装饰色带用。

传统建筑砌体用的胶凝材料为石灰水化后，加上黏土或细砂拌合而成，石灰和纸筋拌合还可以做墙面抹灰，既有对砌体的保护作用，也有装饰作用。但石灰的缺点是硬化时间长，当水泥传入上海后，因为其凝结快、强度高，并且在潮湿条件下也能硬化，迅速被接受。但由于当时其价格较高，所以在浦东民居中并没见到大量使用，主要出现在外墙装饰上，如高桥仰贤堂，在门头、墙体勒脚采用水洗石做法，还有院落地坪，也有少量和钢材结合用于现浇的平屋顶或者梁上的。前文提到的浦东吴家祠堂，用水泥做成仿木构件，包括柱梁和斗栱等，惟妙惟肖，其主人就是浦东的营造匠人吴妙生，很明显他们在浦西的营造工程中已经能熟练运用混凝土工艺。

因为石材少有进口，所以开埠前后的浦东民居里并无太大变化，早期青石（石灰石）为多，清中叶以后，多用金山石（花岗石）。

其余开埠后多起来的材料，如彩色地砖、陶瓷锦砖、彩色玻璃等，材料轻便，多数是进口，皆用于室内表面装饰。

高东黄月亭旧居屋脊上的灰塑装饰

新场张氏宅彩色压花玻璃

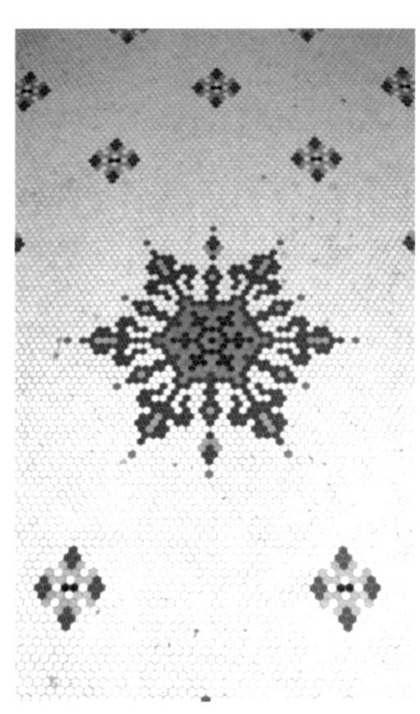

新场张氏宅陶瓷锦砖

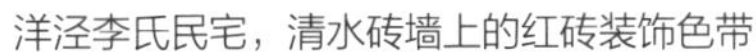

洋泾李氏民宅，清水砖墙上的红砖装饰色带

高桥仰贤堂，门头、墙体勒脚采用水洗石做法

2.7 营造匠人和常用工具

2.7.1 营造匠人

中国古代建造房屋，不用“施工”一词，而是专用“营造”“营建”“考工”等词汇。北宋时期李诫编修《营造法式》后，由于此书对后世影响深远，故“营造”一词此后专指中国传统建筑及其建筑技法和规范。在中国传统建筑营造方式中，工匠群体承担了从设计、施工到装修的全套工作。

鸦片战争后，西方近代建筑业逐渐进入通商口岸城市，中国传统的营造行业发生了全面转型，也形成了建筑师这一新型的职业类别，然而，直到20世纪50年代初，国内仍然普遍使用“营造”一词，而非施工。

19世纪末至20世纪40年代，上海建筑业进入快速发展时期，许多著名建筑拔地而起，这些成就与上海的营造队伍息息相关。伴随营造业的不断兴隆，围绕这一行业聚集起不小的行业群体，他们以乡土地域为主各立帮派，其中浦东“川沙帮”是规模最大的一个。

从1880年浦东蔡路的杨斯盛在上海开设了第一家华人营造厂——杨瑞泰营造厂后，在上海的川沙籍营造工人遂呈激增态势，据1975年建工局调查，“1935年，川沙县有户籍30618户，在上海从事泥水工和木工的有1.5万人左右，平均每两户中有一名建筑工人”。当时川沙县是浦东地区最小和人口最少的县，“如加上南汇、奉贤、金山、宝山等县在上海从

① 张银根. 浦东泥刀的领军人物杨斯盛 [M].// 唐国良，主编. 百年浦东同乡会 [M]. 上海：上海社会科学出版社，2005：161.

事泥水匠和木匠的人数，当在5万～6万名以上，在当时上海的营造市场上，三分天下浦东人有其二”。[①]“川沙帮”在沪上营造行当中主要从事泥工、木工、油漆工、竹工等工种，其在近代上海营造业群体中的数量规模及所产生的影响都是其他地域帮派无可比拟的。这些营造商不仅将营建技术带到自己的家乡，也积累了丰厚的财富，回到浦东家乡建造自家住宅，这是现在能在浦东留存诸多传统民居的重要原因。

近代浦东营造商简表

营造商	出生地	生卒年	营造企业名称	开设年份	代表作
杨斯盛	蔡路乡青墩村	1851-1908	杨瑞泰营造厂	1880年	上海江海北关榷署
顾家曾（兰洲）	蔡路乡建光村	1853-1938	顾兰记营造厂	1892年	上海英国领事馆、英商怡和洋行大楼和先施公司等
王松云	高桥费陆家宅	1857-1930	王仁泰营造厂	1903年	树得堂、上海大地产商哈同“爱俪园”人称“海上大观园”的部分建筑、外滩汇中饭店（今和平饭店）的南楼
赵增涛	蔡路乡	1866-1937	赵新记营造厂	1894年	上海香港银行、中国垦业银行、招商局仓库等
周名莹（瑞庭）	高桥周家浜	1869-1949	周瑞记营造厂	1895年	扬子保险公司、外白渡桥、苏联驻沪领事馆、浦东同乡会大厦、浦东英美烟草公司等
钟惠山	高桥祥弄	1867-1932	钟惠记营造厂	—	九江路、福州路、广东路等一些里弄住宅、石库门房屋
朱云山	浦东	1873-1943	朱森泰营造厂	—	大世界游乐场、宝善堂
杨瑞生	高桥杨家栅	1874-1954	杨瑞记营造厂	1903年	上海证券物品交易所大厦、上海中国饭店、新光大戏院
姚锦林	浦东	1875-1944	姚新记营造厂	1900年	法国总会（花园饭店）、中央造币厂、中央银行、衡丰路桥等
赵茂勋	浦东	1877-1954	赵茂记营造厂	1877年～1954年	国泰大戏院、国际电影院、建国西路克来门公寓
陶桂松	蔡路小营房	1879-1956	陶桂记营造厂	1920年	永安公司新大楼、中国银行大楼、美琪电影院、沪光电影院、龙华飞机场等
陆鸣升	高桥周家浜陆家宅	1880-1956	陆福顺营造厂	1929年	蒋介石、宋子文、孔祥熙住宅，东平路9号住宅
徐源祥	高桥徐家村	1881-1942	徐源记营造厂	1904年	徐源记营造厂、毓秀里10幢里弄住宅、普善山庄等
谢秉衡	高桥镇	1885-1966	裕昌泰营造厂	1910年	日商纱厂7家、英商怡和纱厂、怡和啤酒厂、上海煤气厂、虬家码头、苏州河4座桥梁
朱月亭	浦东	1892-1951	朱森记营造厂	1930年	上海特别市政府大厦、市立图书馆、陈英士纪念馆
朱顺生	浦东	1892-1970	利源合记营造厂	1930年	交大铁木工场、向明中学、麦琪公寓、国际饭店基础
陆根泉	三林	1893-?	陆根记营造厂	1929年	余庆堂、百乐门舞厅、中南银行职工公寓
姚雨耕	浦东	1894-1942	利源建筑营造厂	1917年	毕卡第公寓（衡山饭店）、中国内地会教堂、新闸路上大批住宅
赵景如	浦东	1895-1955	公记营造厂	1928年	大陆商场、圣三一堂、仁济医院

续表

营造商	出生地	生卒年	营造企业名称	开设年份	代表作
顾道生	浦东	1895-1977	永大工程公司	1938 年	大中纱厂、广州美孚火油公司码头、台北市台湾糖业公司大楼
叶宝星	高南杨家栅	1895-1973	利源合记营造厂（公私合营后任利源工程队队长）	1930 年	上海自来水厂、闸北发电厂、第六人民医院、国际饭店基础工程、永安七重天地下室、衡山饭店、上海啤酒厂等。虹桥、大场、江湾等机场跑道
孙维明	浦东	1896-1967	合办昌升营造厂	1928 年	俄东正教堂、英商怡和纱厂、浦东东沟大中华火柴厂
杜彦耿	浦东	1896-1961	杜彦泰营造厂	1932 年	创设《建筑月刊》，编写《英华、华英合组建筑辞典》
姜锡年	浦东	1897-1963	合办昌升营造厂	1928 年	宏恩医院（今华东医院）、杨树浦华铝钢精厂、陕西咸阳国棉一厂
顾梦良	高桥顾家宅	1906-1972	梁记营造厂	1945 年	卫东精舍、和平电影院、新世界大楼、米高美舞厅
叶进财 叶根林	江镇	1904-1969	叶财记营造厂（现公司在台北）	1928 年	台北“玫瑰大厦”、金兰大厦、兰沁大厦、桃园中正国际机场航站大厦、亚洲大厦等，捐建进才中学
陶伯育	蔡路跃进	1906-?	陶记营造厂（现公司在香港）	1927 年	迦陵大楼、虹口大楼，捐建侨光中学
黄亦嘉	北蔡中界村	1936-?	聚建筑（砂）有限公司（公司在马来西亚）	1967 年	沙老越假日酒店大厦、渣打银行大厦、国家银行古晋分行大厦、皇冠酒店大厦，道路、桥梁、发电厂等
黄雄熙	王港	—	公司在香港	—	—

资料来源：上海市浦东新区政协文史资料委员会编《浦东近代营造》。

2.7.2 营造工具

按照工作性质及工作种类的不同，浦东籍营造工人可分为以下几类：泥工、木工、石工、油漆工、打桩工及其他建筑业附属行当工人。每个工种都有其常用营造工具[①]。

泥工，即瓦工、泥水匠，旧时称为“水作”，主要从事建筑的砌砖、盖瓦、粉刷工作，是营建房屋的中坚力量。泥工使用的营造工具主要包括：①瓦刀：砌墙的主要工具，也用于修补屋面；②灰板：抹灰操作时的托灰工具，前端是用于盛放灰浆的平板，后尾带手柄；③抹子：用于墙面抹灰、屋顶苫被、筒瓦裹垄；④平尺：短平尺用于画砍砖直线，检查砖棱的平直等，长平尺用于砌墙、墁地时检查砖的平整度以及抹灰时的找平、抹角；⑤扁子：用来打掉砖上多余的部分；⑥礅锤：主要用于砖墁地，将砖礅平、礅实；⑦磨头：用于磨平砖面，粗砖、砂轮或油石都可以做磨头。

木工旧时称为“木作”，主要从事制造和安装房屋的木制构件的工作，也是建造房屋的骨干力量。因此，泥木工承包工程的组织也被称为“水木作”。由于上海的古建筑多以土、

① 石四军主编 . 古建筑营造技术细部图解 [M]. 沈阳：辽宁科学技术出版社，2010：61-73.

木、砖、石、竹为基本材料，以木构架为主要结构形式，所以发展到近代时，上海木作工人的施工技术已经达到相当高的水准，尤其体现在砖雕木刻、木构件的榫头与卯空衔接等手工技艺上，涌现了很多能工巧匠，如浦东高东镇的黄顺祥，精于“汏石子”及“磨石子”工艺，包下了当时亚洲第一高楼国际饭店的“磨石子”和“汏石子”活，在业界声誉卓著。其住宅高东黄氏民宅的仪门、房屋地坪及部分墙面使用的“磨石子”及“汏石子”工艺，就是黄顺祥亲自带头做的，工艺精湛，建筑质量极高。

木作工具大致分为伐木工具、解木工具、平木工具、穿凿工具四类。锯属于伐木和解木工具，也具有粗平功能。锛是粗平工具，用于去除木材表面的明显凸起，使木料表面大致平整。刨是精平木工具，可制作出表面光滑的木构件。斧可以伐木、断木，也可以粗平木料，功能较多。凿是凿卯工具，分为平凿、圆凿和斜凿。钻是钻孔工具。另外，木工还使用画线工具，包括直尺、墨斗、勒子、角尺、画规、墨株等。

石工，即石匠，旧时称为“石作”，主要从事建筑的砌石、凿击和加工石块工作。由于石料的强度较高，石作工具一般为铁质，包括錾子、楔子、刀子、锤子、剁斧等。

打桩工主要从事加固建筑物基础的工作，上海独特的软土地基，使得打桩工人需要掌握相当的施工技巧和熟练的操作方式，而不仅仅是简单的打桩工作。打桩工具包括石锤、滑车一类起重装置等。

现在在浦东川沙营造馆，可以看到数十件木锯、刨子、榔头、锉刀、泥刀等营造工具，让人对旧时营造匠人的“吃饭家什”有直观了解。

高东黄氏民宅仪门，工艺讲究

高东黄氏民宅，墙面的“磨石子”工艺

川沙营造馆展陈的营造工具

03

浦东传统民居的保护现状

浦东是上海市城市发展的前沿地带，也是历史建筑保护与城市发展冲突最为明显的区域之一。在浦东开发开放的二十年里，有100多处历史建筑永久消失，其中较为著名的如洋泾老街、南汇十字街、周浦老街、海派艺术大师钱惠安、王一亭旧居等。这一现象昭示着对于历史建筑的保护已经到了刻不容缓的地步。

3.1 概况

迄今，浦东最大规模的历史建筑调查是第三次全国文物普查，各街镇对历史建筑的信息作出了较为细致的整理和记录，为保护工作和相关研究提供了基础资料。在这一浩大的全国性文化基础工程中，浦东的普查覆盖率、区域到达率、普查完成率均达100%，“三普”工作走在了全市前列。浦东新区共完成了472处不可移动文物的调查，其中复查文物点305处，新发现文物点167处，几乎能够涵盖现存比较有价值的历史建筑。浦东的历史文化遗产得到了相对较好的保护，形成了较为完善的分级保护体系，重要的历史文化遗产已挂牌保护，一批重要的历史建筑得到了保护性修缮。

在现存的历史建筑类别中，传统民居是占比较高、数量众多的一种，同时也是受破坏的重灾区，“三普”工作揭示出传统民居破坏和消逝现象突出，传统民居保护现状令人堪忧。2017年1月25日，中共中央办公厅、国务院办公厅发布了《关于实施中华优秀传统文化传承发展工程的意见》，指出要“实施中国传统村落保护工程，做好传统民居、历史建筑、革命文化纪念地、农业遗产保护工作”。住房和城乡建设部按照《意见》的要求，提出了在“十三五”期间全面开展全国的传统民居挂牌保护工作，同时编制传统民居保护修缮指南，探索传统民居保护利用渠道，指导传统民居保护利用，开展传统建筑名匠认定工作，建立传统建筑名匠制度，促进传统建筑工匠培训。浦东的传统民居保护工作也得到了进一步的开展与深化。

目前，浦东的不可移动文物共分为四个级别：①全国重点文物保护单位；②市级文物保护单位；③区级文物保护单位；④文物保护点。据2019年上海市统计数据，浦东全区拥有全国重点文物保护单位1处，上海市文物保护单位9处，区级文物保护单位53处，文物保护点372处，共计435处不可移动文物，数量位列全市第二。这其中，将近50%为传统民居，包括全国重点文物保护单位1处（张闻天故居）、上海市文物保护单位3处（黄炎培故居、高桥仰贤堂、陈桂春住宅）。

2018年，上海市规划和国土资源管理局会同上海市文化和旅游局、上海市农业农村委员会、上海市住房和城乡建设管理委员会，组织多家技术团队开展了《上海江南水乡传统建筑元素普查和研究提炼》相关工作，较为系统、比较全面地对各区范围内现存的传统民居建筑进行了文化脉络梳理和传统建筑元素特征的解析。浦东传统民居被解析为“江南水乡文化底蕴、沿海岸线聚落特征、杂糅各地建筑元素、兼收并蓄自成一体”，提炼出“屋屋相连、高低错落、抬梁穿斗、质朴装折、多院相套、中西合璧、砖木相混、古韵仪门、滨水而居、多元融合、肥梁瘦柱、雅致雕镂”十二大元素特征。

2019年5月，浦东新区出台《关于加强浦东新区不可移动文物保护工作的实施意见》，把文物保护工作纳入街镇领导班子和领导干部年度考核评价指标，辖区内发生重大文物安全事故的，年度考核实行“一票否决”制；开展不可移动文物的“一点一册”的编制工作，对全区的不可移动文物进行分类梳理核计。这些举措填补了管理上的真空，也将文物保护落实到了属地政府，即将开始的“一点一册”的工作也有助于建立文物“数据库”，浦东传统民居的保护将得到更为完善的管理与更为科学的研究。

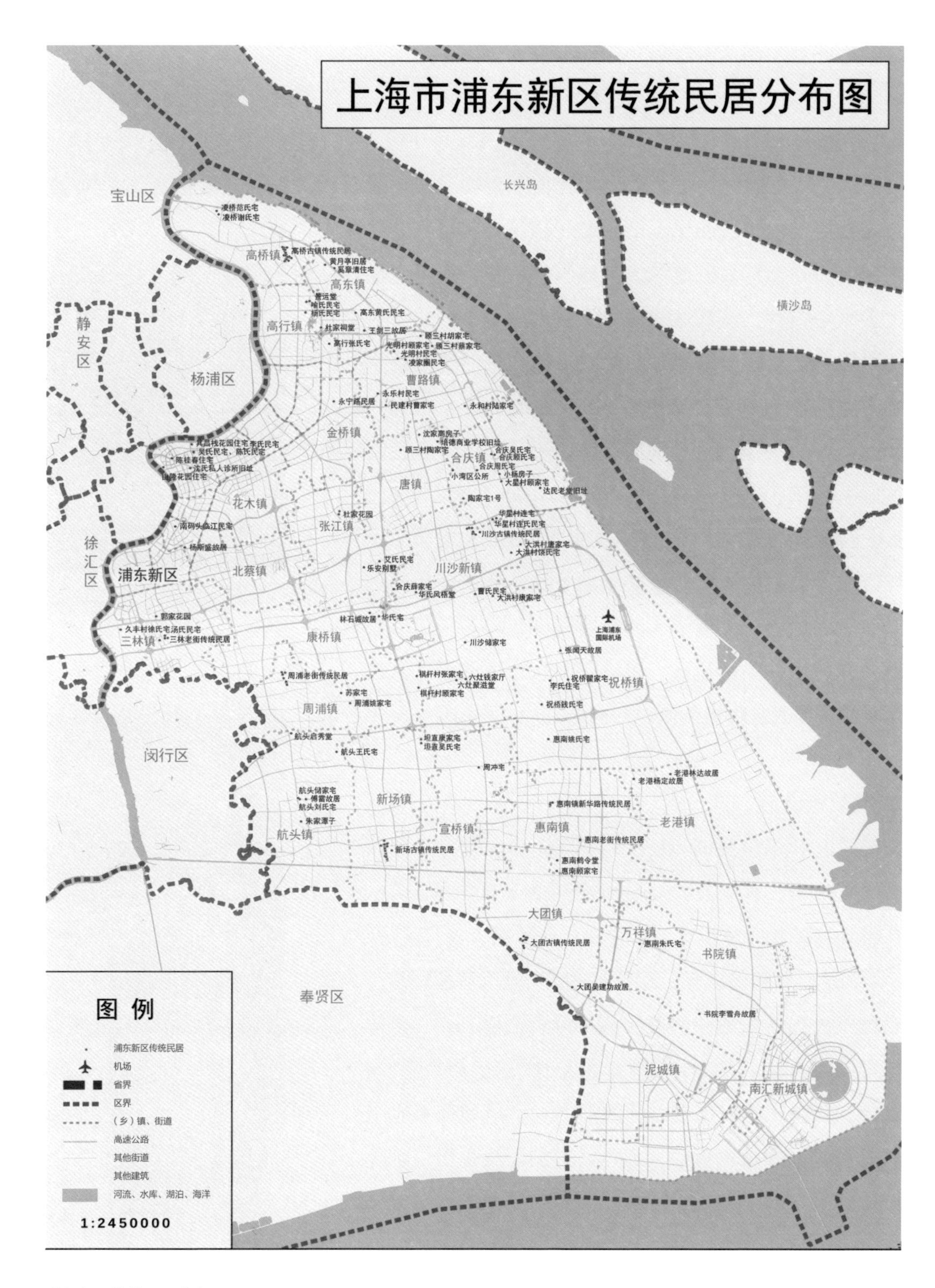

浦东新区传统民居分布图

3.2 总体价值评价

3.2.1 历史价值

传统民居是人们触摸历史、感受文化的重要物质文化遗产，是当地特定发展阶段的见证物。民居建筑及其与各类居住人群之间的关系、背后蕴藏的人文故事等，都构成了当地历史记忆的重要内容，深深地体现着文化的底色，因此，法国《费加罗报》把北京市胡同、四合院不断消失的现象视为一种“文化自杀”，是“把自己伟大的文化变成平庸”。[1]

一方面，浦东地区比较完整地保留着明清、民国时期的传统民居，这类历史建筑在整个上海已日渐稀少，因此，浦东传统民居能够填补上海建筑史中的一个断层，具有重要的历史意义。

另一方面，浦东传统民居反映了清末民初浦东民居受到西方建筑影响的历程，体现了当时特有的文化心态，呈现了当时当地人们的居住生活模式，见证了时代留下的痕迹，这也是其存在的重要人文历史价值。

川沙陶桂松宅南阳台的爱奥尼柱，形成立面装饰的西式风格

3.2.2 建筑艺术价值

传统民居是不同地区的居民在长期生产、生活过程中，积极适应来自地域自然环境及历史进程的挑战而形成的建筑艺术结晶，其暗含和体现的建筑理念、建筑样式风格、建筑手法，对建筑环境和建筑材料的选择，都具有独特的建筑艺术价值。

浦东传统民居体现了江南民居的传统空间形态，其整体布局，小到仪门形式、梁枋雕花等细部装饰特征，做法考究，很具代表性，反映了当时的居住生活模式，对于研究当时当地的民居具有很高的艺术价值。另外，它们还反映出当时外

洋泾李氏民宅的穿斗式木立贴结构

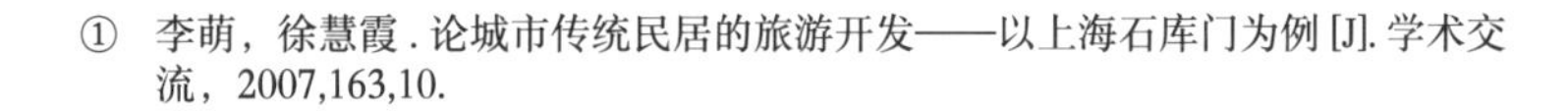

① 李萌，徐慧霞．论城市传统民居的旅游开发——以上海石库门为例 [J]. 学术交流，2007,163,10.

来建筑文化在浦东的传播方式，是中西建筑文化的结合，在江南民居的传统空间形态基础上，兼容并包地在立面装饰上采用了较多的西方建筑艺术元素，形成了中西合璧的艺术风格，具有较高的艺术审美价值。

3.2.3 科学价值

传统民居的建造通常反映了当时的建造技术与工艺手段。民国时期是水泥等新型建筑材料出现的时期，并且该时期的建筑主要由木结构纯粹木柱受力的结构形式慢慢过渡到部分砖墙承重的结构形式。

传统在地民居中，绞圈房子是浦东的典型代表，其主体通常为穿斗式结构，柱网整齐，房屋稳定性高，有的通过厢房和正房共用墙体而节省材料，结构逻辑清晰又省材省力，具有较高的科学价值。

近代化民居中，开始由纯粹的手工工艺过渡到半机械等成批量产生的近代工艺，很多民居使用了水泥、铸铁等新型材料，部分细部节点五金构造材料形式发生改变及优化，如槅扇门的插关由笨重的木插关转变为铁摇梗、门窗有了彩色压花玻璃的应用等。在建造工艺上，比如清水砖墙砌筑工艺、水泥砂浆抹灰、水洗石、水磨石等，都体现了当时浦东乃至整个上海地区较高的施工水平。

3.2.4 社会价值

传统民居作为最平常、最自然的日常生活空间，既是一种物质文化景观，同时又是蕴涵着丰富的风土人情、地域精神等非物质文化遗产的文化宝库。浦东传统民居一方面反映了当地人习惯的传统生活方式，生动地展示了他们的日常生活场景，体现着他们创造的价值观念和生活方式，是人们解读浦东独特社会文化密码的钥匙；另一方面，很多民居曾居住过在近代历史上具有重要影响的人物，

新场张氏宅的铜质窗

川沙陶桂松宅的铁花窗

陆家嘴陈氏住宅，重新利用为商业用途

他们或创办学校从事教育，或从事革命政治活动，或开展商业经营工作，都曾作出卓越的贡献，因此他们曾居住过的民居作为历史的承载者，具有重要的社会价值和文化教育宣传作用。

3.2.5 经济价值

一方面，不同的空间布局、建筑风格及建造手法，往往使传统民居在今天具有较高的景观价值，成为历史文化风貌区的重要组成部分，发挥着重要的旅游经济价值，是“绿色经济”和“文化软实力”的重要体现。另一方面，传统民居空间本身存在着保护再利用的契机，它们或者被再利用为现代居住、办公、展示场所，或者为会所，或者为街面商业用房等，具有重要的经济价值。而对这些民居的再利用，也可以看做是对资源的再利用，节约了经济成本，减少了能耗和碳排放。

3.3 现存问题分析

浦东传统民居面临着范围大、数量多、保护水平参差不齐、监管困难等诸多问题。就保护情况来看，一是建筑的建造年代越近，保护状况越好，因为建筑会随着时间的流逝而逐渐老化、腐朽，这是客观现象；二是建筑越密集的地方，保存状况越好，因为建筑分布密集的地方许多已经划入历史文化保护风貌区，有助于历史文脉的延续，有助于原有功能的保持以及风俗习惯的延续，从而有利于建筑的保护；三是建筑的文物等级越高，保存状况越好，因为等级比较高的建筑可以经常进行修缮，本身能够一直维护使用，形成良性循环。

当前面临的主要问题在于以下几个方面。

3.3.1 遗产周边环境改变

浦东处于改革开放的前沿，城市化速度近三十年非常快，

位于陆家嘴金融中心区域的陈桂春宅，周边历史环境已经不复存在

除了几个历史文化保护风貌区内的风貌保存较好，大部分的历史建筑周边环境都已经被工厂区、住宅区、办公商业区占领，地形地貌以及历史文脉均发生了很大改变。这其中数量最多的传统民居基本失去了之前周边的河道、弄堂、植被以及天际线和邻近的历史建筑，成为城市中的“历史盆景”，甚至是残片。当然，这和以往公布文物点时，只注意文物单体的价值，不注意周边历史环境的价值有很大关系。所以，对这些孤零零的传统民居建筑的环境重新进行再评估和协调也是当务之急。

3.3.2 宣传和利用不足

浦东传统民居虽然数量不少，但布局分散，多数为单体文物点，少数处于历史文化街区，各文物点之间缺乏整合联动，资源集聚度不高，历史文化遗产利用尚处于初级阶段。宣传推广力度不够，缺乏统一规范的乡土教材，文物保护教育没有全面纳入国民教育体系，历史文化遗产的公益功能没有充分发挥。大量的尤其是等级较低的文物或尚未核定公布为文保单位的不可移动文物和优秀历史建筑处在“养在深闺无人识”的状态，老百姓“不知道”“看不见”。如没有专人介绍，普通居民和游客很难从城市建设的表象中了解文物建筑。

浦东传统民居有一部分拓展了新功能，有的利用为专题博物馆和展厅，如黄炎培故居、高桥仰贤堂、高桥黄氏民宅、喻氏民宅、汤氏民宅等；有的利用为商业建筑，如高桥黄氏民宅街面房、宋氏家族居住地街面房、川沙陶长青宅等；有的用作学校和办公场所，如钟氏民宅等。但还有大量的民居因为功能退化，或者居民动迁，成为了外来务工人员租赁居

被用作会所的川沙陶长青宅

住甚至空关的状态，建筑缺少必要的看管和维护，安全隐患突出。对于这一类建筑如何能被合理利用，实现良性的保护，需要出台专门的政策。

3.3.3 损毁严重

和浦西市中心区有大量公共建筑被列入保护名单不同，浦东大部分列入保护名单的是民居建筑，由于历史原因，一些民居的产权和使用权发生了变化，里面居住的户数越来越多，常在院内空地加建，甚至将属于自己的那部分拆除翻建为楼房；而建筑单体因为时间长，本身的机能在退化，一旦原住民迁出，其建筑就得不到很好的维护，所以与浦东大量房地产开发、居民购房上楼形成关联的是传统民居原住民减少，外来务工人员填补进来，形成了低收入群体聚居现象，与之对应的是房屋疏于保养维护，病害加剧：主体木结构腐朽，外立面墙门涂抹、墙面抹灰脱落、砖砌体泛碱、门窗等构件丢失或者被更换为铝合金门窗、屋顶塌漏、雕花灰塑损毁等；同时火灾时有发生，导致建筑损毁或者消失。而因为城市建设导致拆除不在保护名单上的传统民居建筑的现象也时有发生。

04

浦东传统民居的保护工作

笔者自 2001 年承担并完成了全国重点文物保护单位上海明代徐光启墓启动原状考古与修复工程后，此后近二十年间，一直工作在历史建筑保护的第一线，先后主持了 300 多项建筑遗产的调查、勘察、保护与修复工作，其中承接了大量的传统民居保护项目。

保护勘察现场

4.1 保护工作的总体开展情况

2005 年，笔者带领团队对高桥的仰贤堂、黄氏宅、凌氏宅编制大修设计方案，开启了对浦东的民居保护修缮工作，之后十五年里，先后完成了 70 多处民居的大修、保养维修工作。

早在 2007 年，笔者就接受上海浦东新区房产管理署委托，带领团队进行了浦东新区预保留优秀历史建筑调研工作，共涉及建筑 138 处，深入调研建筑 116 处，其中民居所占比例为 64%。这一工作为全面了解浦东传统民居的保护状况、开展保护修缮打下了重要基础。

此后每年暑假，笔者都会带领上海交通大学建筑系学生开展暑期测绘工作，调研、测绘了浦东新区大量传统民居。本书选取的 48 个浦东传统民居案例，均为笔者带领团队进行过调研测绘或修缮设计的项目。

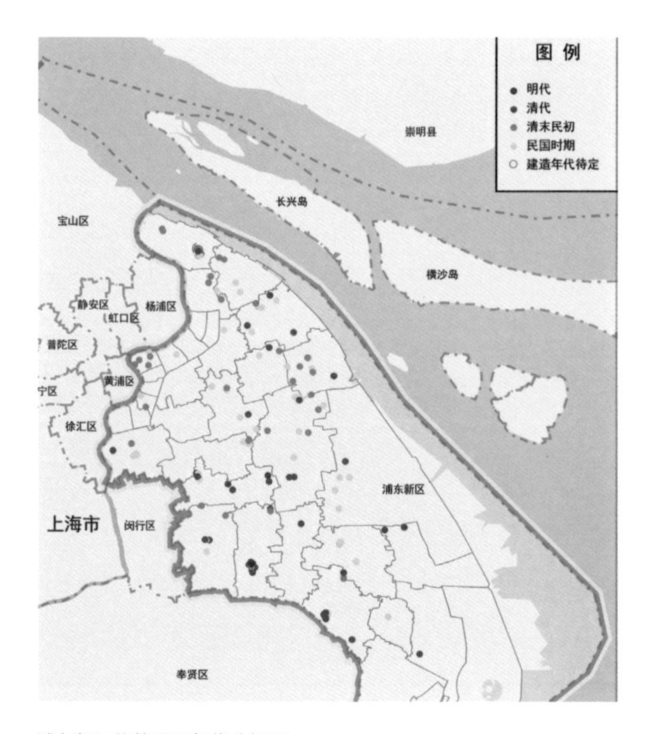

浦东新区传统民居年代分析图

4.2 保护工作流程

笔者在从事保护修缮工作中，工作流程大致包括六个方面：①信息采集与管理；②法式特征勘察及价值评估；③病症病害勘察；④保护修缮设计；⑤施工现场指导；⑥保护利用策划。下面将进行简要说明。

4.2.1 信息采集与管理

信息采集与管理包含以下几个板块的内容：

（1）基本信息的采集，如建筑位置、名称、地址、原始业主、房屋的产权属性、建筑面积、占地面积、建筑类型、建造年代、结构形式等。

（2）现场测绘图纸校正，测绘图纸包括平、立、剖面、三维模型以及局部节点大样，能清楚表达该建筑的构造和做法，并进行空间校正，为后期进行 GIS 数据库管理作准备。

（3）图像信息采集，传统手段上包含现场单反相机拍摄照片和摄影测量工作，而当前无人机也已能应用进来以进行更高精度的航空倾斜摄影测量，这些手段的目的是对高价值部位进行详细的信息采集，对建筑与周边自然因素的关系、整体布局、外观、鸟瞰到局部雕花、门窗、斗栱等都有涉及。

（4）历史资料信息收集，包含该建筑的老图纸、老照片以及曾住民与现住民的一些口述信息，还有一些其他书籍的记载，例如镇志、县志对该建筑的记载等。比如我们在傅雷故居修缮时，为了最高程度地还原该建筑的历史原貌，甚至联合镇政府通过多方渠道找到了傅雷先生的小儿子傅敏先生，他亲自到上海来帮我们回忆傅雷先生生前口述的一些内容，最终这些历史资料都可以通过数据库进行电子化存储和管理。

（5）多元信息的数字建档与数据库管理，历史建筑相关信息的传统保存手段是以不同形式的文档或不同格式的数据进行保存和维护，彼此之间缺少明确的关联，同时这些文档数据之间呈现信息孤岛化的特征，使得各类数据之间不连通。随着研究的深入和新手段的不断加入，传统手段既明显影响效率，又不利于对后续产生的各类数据进行关联分析和更深入的研究。近十年来，我们用数据库管理和 GIS 分析手段先后对浦东的历史建筑信息进行数字化管理，特别是针对横沔和新场古镇、合庆镇的历史建筑信息做到了各类复杂指标的量化统计分析。

4.2.2 法式特征勘察及价值评估

基本信息采集工作完成后，需要对建筑进行法式特征勘

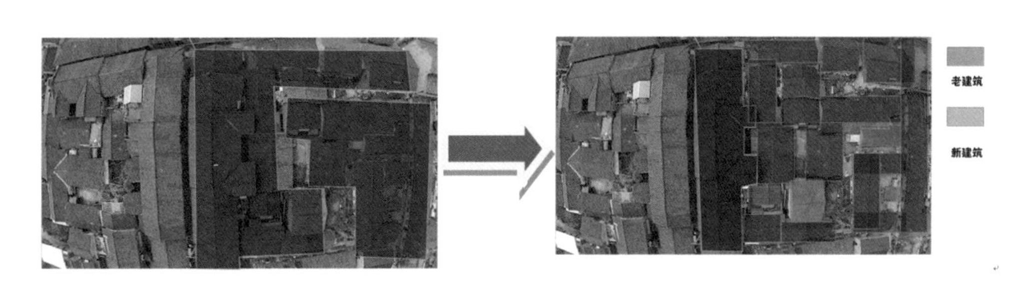

横沔数字测绘成果之一：结合无人机摄影测量与 GIS 辅助分析的历史建筑群地形图矫正

通过摄影测量技术做的横沔老街一传统建筑剖视图

察、病害勘察以及价值评估等工作。从形式与设计、材料与质地、利用与功能、传统与技术、位置与环境、精神与情感等多个方面入手，综合评定该建筑的历史、科学、文化、艺术及社会价值，并根据建筑存在的结构、构造等问题提出修缮利用的建议。

该阶段最大的难点是原状研究和判定工作，该判定应根据实际掌握的资料情况分类处理：

第一类，历史上有老照片、有资料记载或有明确记录的内容，例如傅雷故居前厅的样式、沿河的埠头形式、正厅的

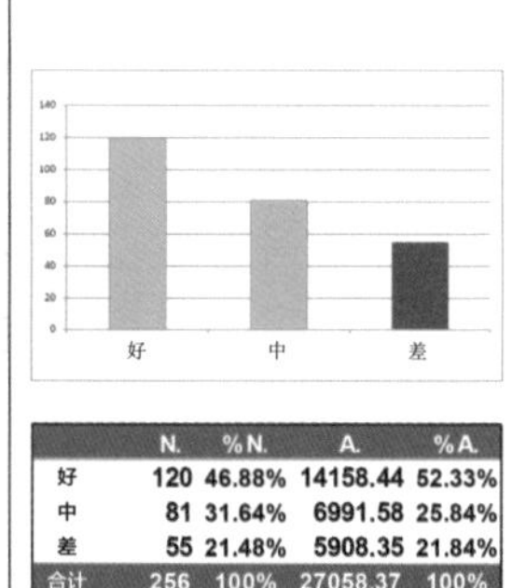

	N.	%N.	A.	%A.
好	120	46.88%	14158.44	52.33%
中	81	31.64%	6991.58	25.84%
差	55	21.48%	5908.35	21.84%
合计	256	100%	27058.37	100%

横沔 GIS 分析成果之二：古镇历史建筑群建筑风貌分析

梁柱做法等，现场都有实物保留下来，应对原构件予以保护，对原状进行保留修缮即可。

第二类，现场没有实物遗存的，我们根据老历史照片、天地图等予以推断和复原。比如傅雷故居修缮中，找到了一张傅雷故居的旧照片，该照片清晰地反映出原建筑和河岸的关系情况，我们又借助之前的航拍资料结合现场法式特征判断确认了房屋的整体格局情况。

第三类情况较为复杂，现场地上部分灭失了，需要对建筑基础部分整体做法式勘察推断其原有形制。以傅雷故居为例，该建筑门头现场已经损毁，原仪门下的金山石和两侧仪门门垛的基础还在，我们根据金山石的大小及两侧门垛样式和尺寸进行了详细测绘。比对多处同时期浦东新区传统民居其他建筑的仪门做法，比如高桥的沈氏住宅、新场的叶汉臣宅等，这些宅院的仪门都是采用的浦东传统民居做法，青砖砌筑、纸筋灰抹面的方式。就尺寸而言，高桥沈氏住宅仪门大小更吻合傅雷故居现场所测的门垛尺寸，结构基础的形式也一样，因此我们对它进行还原时，是以高桥沈宅作为蓝本。不过即便是复原，也没有按照传统做法全部做白，而是在肚兜和字碑的位置采用纸筋灰加锅底灰的面层而并非纯纸筋灰面层，同时没有做装饰性的灰塑，而是留白，以作可识别处理。

除此之外，还通过观察基础形式和宽度确定墙体形式和宽度；通过柱础、铺装等形式来推断原来房屋的形制；是否有抱柱下的磉石来判断原房屋的墙体砌筑情况，是否有隔墙等。

4.2.3 病症病害勘察

传统民居的病症病害勘察是保护工作的重点内容，对专业度的要求极高，不同的病害勘察会得出不同的病因结论，因而最后的保护修缮方案也不同。比如浦东传统民居多是青

傅雷故居现场第二进建筑保留的雕花楣川

现场保留的柱础

傅雷故居旧照

傅雷故居现场勘察、测绘

傅雷故居现场检测

周浦顾家老宅的墙体构造

无损检测设备木质阻力仪

砖外墙，纸筋灰面层，在建筑的外墙根部常伴随纸筋灰面层的脱落，里面的青砖墙面风化严重。以往的勘察结论认为这是由于常年雨水冲刷墙面，导致砖墙风化酥碱，因此20世纪末对砖墙的修复方案大多都是表面重新涂刷水泥砂浆打底并涂外墙涂料。

而我们经过多年的勘察工作发现，真正导致这一问题的最大病害并不是雨水，而是地下水。由于传统民居埋入地面以下的通常是青砖大放脚基础，砖的孔隙率比较大，地下水通过毛细作用顺着周围墙基上析到砖墙根部，变成水蒸气，使得抹灰产生空鼓，极易脱落，且水蒸气会将原水中的盐分留在砖墙表面，导致墙面酥碱风化严重。

如果采用重新涂刷水泥砂浆和外墙涂料的修缮方法，因其极其坚硬，地下水就会常年存在砖墙及面层水泥抹灰之间，持续破坏，甚至最后砖墙含水率较高时，水会析出到室内墙面，这也是我们常常看到很多建筑外墙完好，但内墙却因潮湿发霉严重的主要原因。

如果认识到病害的原因其实是地下水，对应的修缮措施就完全不同，需要做好水平防潮，外墙面保持透气性，才能真正解决墙体潮湿问题。

高桥钟玉良宅之前就被后刷水泥砂浆，但是砂浆下砖墙酥碱严重

祛除水泥砂浆之后的高桥钟玉良宅

很多浦东传统民居会在建筑外立面用护壁篱的方式替代抹灰墙面，既可解决建筑挡雨问题，又可解决墙体通气性的问题；还有很多民居在砖墙砌筑上使用通长的木墙筋，一方面起到墙体水平拉结作用，另一方面，可减少地下水上析对砖墙造成的影响。可见前人在营造民居时，也是通过多年的病症病害总结而不断优化其构造措施的。

传统的病症病害勘察有很多常规手段，如利用回弹法测砖强度、用灌入法测砂浆强度等。近几年我们也利用了很多新的技术手段，例如在曹路陶家宅使用水分仪测量建筑木结构的含水率，在航头朱家潭子利用木质阻力仪进行木结构检测。这些检测技术替代了传统的木材切片及抗压试验，达到了高效和无损检测的目的。另外，红外热成像仪在检测建筑漏水、渗水、潮湿的问题上，有着特别的优势，可以利用热成像仪直接找到屋面漏水的点位，只需对该点位进行防水加强处理，从而做到最小干预。

近年我们对浦东上百幢传统民居建筑进行了病症病害勘察，积累了很多经验。通常病症病害问题因材料类型不同而有变化，同一种材料病害也是相似的，比如木柱会出现倾斜、位移、扭转、挠曲、开裂、糟朽、虫蛀等问题。通常可把材料分为木、砖、瓦、石几项。我们已经整理过大多病害现象的记录，现以大木作为例进行说明：

大木作的主要病症病害问题

<table>
<tr><th>体系</th><th>构成</th><th colspan="2">病害（现象）</th></tr>
<tr><td rowspan="5">大木作</td><td rowspan="5">整体</td><td rowspan="2">主要问题</td><td>不均匀沉降</td></tr>
<tr><td>整体倾斜、局部倾斜、位移、扭转</td></tr>
<tr><td rowspan="2">构件间联系</td><td>构架间联系构件（枋）残损、松动</td></tr>
<tr><td>梁柱间联系（拉结、榫卯）残损、松动</td></tr>
<tr><td>构件自身问题</td><td>主要承重构件残损</td></tr>
</table>

续表

体系	构成	病害（现象）	
	构架：梁、枋	存在问题	构件缺失
		节点问题	节点脱榫、榫头折断、卯口劈裂、铁件锈蚀
		构件自身问题	构件弯曲、断裂、开裂、皱褶、糟朽、虫蛀、老化、油饰剥落
			其他
	构架：柱	存在问题	柱子缺失
		节点问题	柱头位移，柱础与柱脚错位
			节点脱榫、榫头折断、卯口劈裂、铁件锈蚀
		构件自身问题	柱子倾斜、断裂、劈裂、皱褶、糟朽、老化、虫蛀、油饰剥落
			其他
	构架：楼地面	存在问题	木搁栅缺失、楼板缺失
		节点问题	搁栅头子糟朽
		构件自身问题	木搁栅开裂、糟朽、老化、虫蛀、油饰剥落
	屋盖：椽条系统	存在问题	椽子缺失
		节点问题	椽钉锈蚀、榫头腐烂、椽檩联系薄弱
		构件自身问题	椽子挠曲、断裂、开裂、糟朽、虫蛀、老化、油饰剥落
			其他
	屋盖：檩条系统	存在问题	檩条缺失
		节点问题	檩端脱榫或外滚
		构件自身问题	檩条挠曲、断裂、开裂、糟朽、虫蛀、老化、油饰剥落
			其他
	斗栱	存在问题	斗栱缺失
		节点问题	整攒斗栱错位
		构件自身问题	组成构件的残损：栱翘折断，小斗脱落，大斗压陷、劈裂、偏斜、移位
			木材糟朽、老化、油饰剥落
			其他

另外，再通过摄影测量辅助测绘技术绘制图纸，将分类的病害一一反映到图纸上去，形成可识别的图、文、表结合的勘察成果。

通过勘察实践可知，造成浦东传统民居病症病害的主要原因在于：

（1）材料本身的问题。传统木结构建筑材料中，木材、砖瓦都存在耐久性不足的问题。例如浦东传统民居的地面多为三合土，夯实后上砌青砖砖垛，上面再铺方砖。这种构造具有一定的防潮功能，但极易造成不均匀沉降，导致方砖破碎。再如屋面的小青瓦，在暴雨、曝晒等气候影响下易脆易

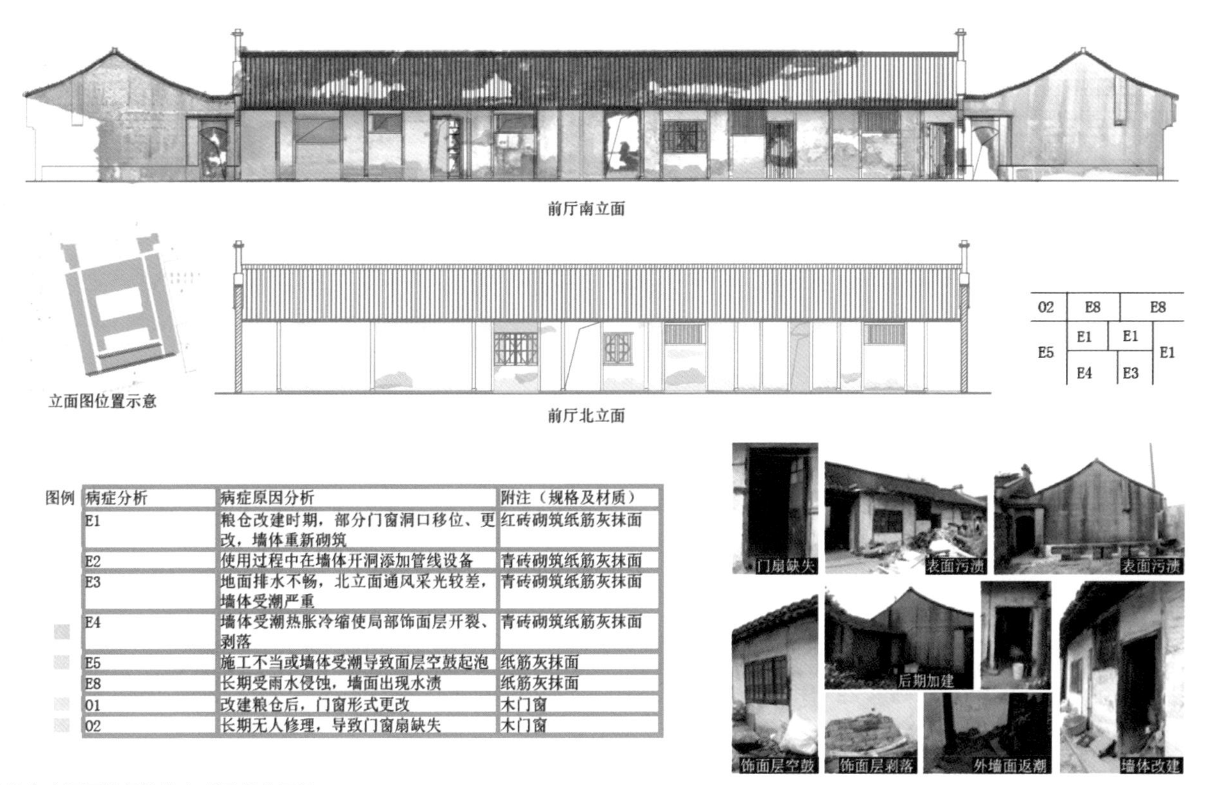

图例	病症分析	病症原因分析	附注（规格及材质）
	E1	粮仓改建时期，部分门窗洞口移位、更改，墙体重新砌筑	红砖砌筑纸筋灰抹面
	E2	使用过程中在墙体开洞添加管线设备	青砖砌筑纸筋灰抹面
	E3	地面排水不畅，北立面通风采光较差，墙体受潮严重	青砖砌筑纸筋灰抹面
	E4	墙体受潮热胀冷缩使局部饰面层开裂、剥落	青砖砌筑纸筋灰抹面
	E5	施工不当或墙体受潮导致面层空鼓起泡	纸筋灰抹面
	E8	长期受雨水侵蚀，墙面出现水渍	纸筋灰抹面
	01	改建粮仓后，门窗形式更改	木门窗
	02	长期无人修理，导致门窗扇缺失	木门窗

航头朱家潭子的保护勘察成果部分展示

裂，如有重物掉落或动物行走其上时，容易导致瓦片脱落或碎裂，进而致使屋面漏水。

（2）原有构造存在的问题。如屋面瓦被破坏，后期修缮过的很多屋面下做有油毛毡，其耐候性能较差，极易发生物理性能的变化，产生漏水。门窗的摇梗做法也存在构造问题，传统民居中会在木摇梗的下部钉铁钉增加耐久性，但在使用过程中，木摇梗支撑的门窗只要发生微小变形，就会使门窗启闭不畅。

（3）后期超负荷使用的问题。很多应住两户人的传统民居，里面却住着十几户，甚至几十户的都有，这不仅导致了木结构损坏严重，也带来了人为的加建改建现象。

（4）自然灾害对建筑的影响。上海本身台风频发，每年台风对于建筑的影响是比较大的，严重的大风天气会有建筑局部坍塌的现象，即便小点的台风也会导致很多传统建筑瓦片脱落、屋面漏水。雨季的来临也会让木构件处于潮湿状态，极易导致木构件的损坏。

（5）传统建筑特点与现在使用矛盾的问题。传统建筑在构造上是极为省料的，例如砖墙的厚度很多只有 6 寸或 8 寸，这些墙体的稳定性较差，另外还存在消防、防雷、水、电、暖等设备配备不够的问题。这些问题不仅与现行规范相悖，也影响着居民的实际使用需求。

曹路陶家宅，一个建筑四个角，三个角部都被改建加建了

破碎的方砖地面

4.2.4 保护修缮设计

对建筑现状的破坏进行记录和评估后，接下来要做出科学合理的建筑修缮设计方案，包括：①总平面布置；②外观设计；③内部改造设计；④功能布局及流线设计；⑤修缮用料设计；⑥对建筑周边环境进行整治。

在设计功能上，需要根据业主对该地块功能的需求以及该建筑适合后期做什么功能来整体考虑，以“最小干预性”和“可逆性”为主要指导原则，对现场房屋进行价值评估后，根据其价值确定后期的使用功能。

保护修缮设计方案的本质，还是要解决建筑本身存在的主要问题，包括建筑安全和病症病害，以及建筑的后期使用等问题：

（1）安全问题包括结构安全性评估和建筑的防虫防火等。这部分设计工作需要我们针对之前所作的文物安全性评估进行详细解读，并针对文物建筑所出现的问题，在“最小干预性”和“可逆性”的原则下，提出专业、合理且有针对性的加固方案。其次要了解本身建筑建造的材料构造，有针对性地进行防虫防火等其他安全问题设计。

（2）针对前期的勘察结论，提出有针对性的保护修缮措施方案。例如，同样是墙面潮湿的问题，我们在川沙陶桂松宅的勘察中发现的是因为外立面面层空鼓起翘导致雨水渗入而产生的潮湿；而在川沙丁家花园的保护勘察中发现的是因为埋在墙里的铸铁落水管生锈破裂而导致的墙面潮湿；在航头镇朱家潭子的保护修缮中发现的是因为外墙做了水泥砂浆粉刷而不透气，地下水通过毛细作用上吸却出不去而导致的墙面潮湿。这三种情况显然是不同的，需要解决的问题也是不同的，针对它们的设计方案也是不一致的。同一种病害，因为病因不同，我们也要采取不同的解决方案，有针对性地解决建筑存在的问题。

4.2.5 施工现场指导

到了整体施工阶段，需要制作施工图及施工说明，详细列出施工中需要注意的具体事项。虽然施工图是以测绘图为

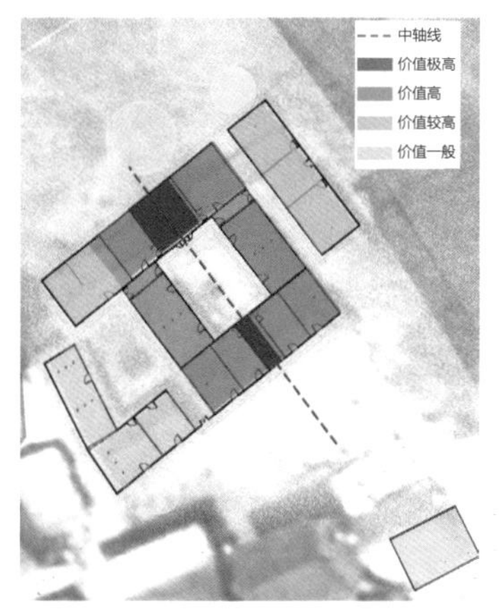
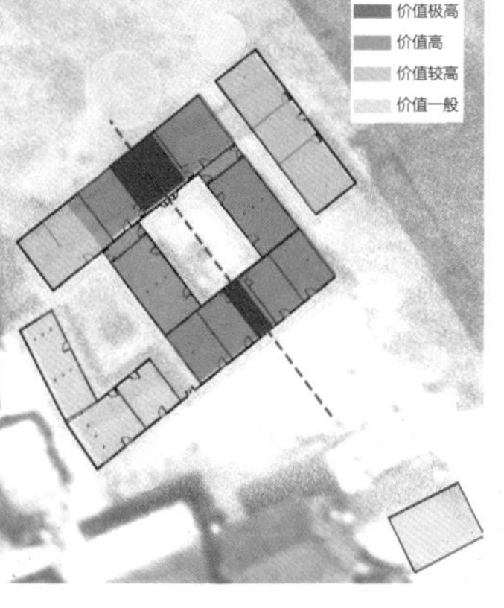

张江艾氏民宅的价值评估

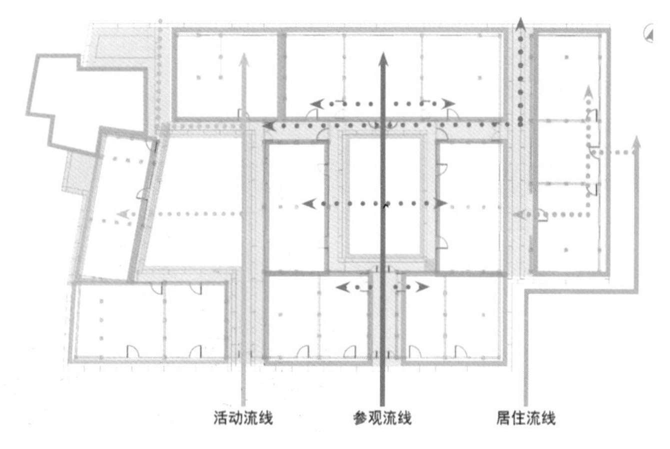

张江艾氏民宅，根据价值确定功能布局及流线设计

航头朱家潭子的墙面病害现象

依据的，而且我们有全部的测绘资料，但测绘图所标尺寸不能精确反映因施工误差引起的每个局部的不同尺寸，因此我们要求施工现场不能完全照着测绘来做，施工中应据实际尺寸进行校核，所有门窗洞口尺寸均在现场予以重新测量，以现场实际洞口尺寸为准。

对于需要还原的构件，要求施工单位均以现场遗留的构件为准，比如支摘窗、长窗的复原，在现场都找到了老的构件，并封样要求施工单位以此复原，验收时也以此为标准。现场没有老构件的，均按照浦东当地民居的做法要求原工艺原材料，确保复原部分是原汁原味的浦东当地民居做法。对于现场留存的部分建筑，我们予以最大限度的保留，包括老的墙体、木质地面铺装等。对于完全灭失的部分，则采用可识别的处理手法，现场指导工人进行施工。

施工现场指导有两个难点：

一是施工单位总是犯经验主义错误。和我们配合传统民居施工的单位多是来自长三角地带，有苏州、常熟的，还有香山帮蒯祥的后人。他们大多是跟着自己的师傅一点点学出来的施工技法，有二三十年的经验，技术高超，他们自己也很自豪。但是他们在进行浦东传统民居施工时，会把很多过往的经验用在修缮中。比如浦东传统民居的屋脊是黑色的，传统做法中通常正脊外层用锅底灰拌着石灰水粉刷。很多施工单位在修缮时并不知道当地这一传统做法，而是自己按照经验用纸筋灰配白石灰浆，有时为了彰显自己的技术，还配上一两个苏州的脊饰脊头。这些都是经验主义错误。

二是施工单位常常分不出传统民居的价值点，分不清主次。这些老师傅通常不会看我们编制的方案文本，他们对图纸的理解也只是停留在外观上，看不到图纸上标出的重点保护部位，或者说他们并不认可这部分的价值。比如很多传统民居的老墙，虽然看起来破破烂烂，但经历了几个时代的变迁，不管从砌筑方式和材料，还是从遗留下来的历史痕迹而言，都是非常有价值的。但在很多施工单位眼中，这就是一堵破墙，没有什么价值，而且不好看。所以，他们会在我们不注意的时候，把这种有价值的墙体拆掉，然后砌成新墙，等发现的时候已经晚了。再比如，很多民居因为受当时的经济条件影响，用料做法简单，并没有特别的装饰，如不加以强调，很多施工单位修缮时就会用很多好材料，按照考究的做法来做，做出来的房子不像传统民居，倒像是达官贵人的房子。因此，需要在施工现场进行再三强调，以确保有价值的部分保留下来，施工后的效果不走样。

傅雷故居现场施工指导（一）

4.2.6 保护利用策划

对于传统建筑的利用，现在很多施工方做得并不好，因为先预设了一个功能，却没有考虑到这个建筑是否适合这一功能，而是强行把这一功能加于这个建筑。对很多建筑的保护亦是如此，保护之后建筑样式大变，甚至通过很多历史照片对比了它们“整容”前的样子，很难看出和现在的是同一栋建筑。也有很多建筑被超负荷使用，外观看上去像是被定格在整治好的那一天，但内部空间完全改变，建筑传承下来的文脉也就此中断。

傅雷故居现场施工指导（二）

归根结底，产生这些问题的主要原因，是缺乏合理性利用。我们很早就开始提倡，先通过认识建筑，了解建筑的价值和使用负荷后，再根据其实际情况制订利用策略。例如在高桥古镇民居的保护利用中，充分发挥建筑的自身优势，针对曾经具有高大厅堂的深宅大院，将其用作历史文脉陈列馆、文化展示馆等，发挥其大空间的建筑功能；曾经的小街面房，我们还让原住民留在那里，经营高桥一些传统的商业；对于一些改动比较大的建筑，在尊重风貌的前提下予以适当改造，用作餐馆、酒楼等，以发挥其负荷相对比较大的功能。在川沙北市街传统民居的保护修缮中，我们直接引入了“负面清单”的概念，明确诸多改造手段以及功能是不可以在街道两

修缮后的傅雷故居南立面

高桥黄氏民宅，被利用为国家级非物质文化遗产“高桥绒绣”的展示场所

侧出现的，确保川沙本地居民可以继续生活下去，川沙的本土文化继续传承下去。

对建筑的合理利用还体现在修缮设计的工作过程中，比如在傅雷故居修缮设计中，将强弱电间、传达室、消防控制室等会有很多新建管线接入的功能空间，整体放在旁边不重要的复原设计建筑当中。卫生间这种需要有给水排水管线穿入的房间，以及对室内防潮要求比较高的房间，也将其放在复原的新建筑当中，并提前做好防潮隔汽措施。需要对墙面进行装饰处理的空间，如会议室、咖啡厅等，整体放在整个地块价值相对不高的位置。需要故居原场景复原的部分，全部放在如正厅、前厅、墙门间等位置。同时，对此类房间提出较高的管线穿接要求，尽可能少接入设备，并按照功能的需要合理布置了整体流线。

通过我们的保护工作流程可以看出，在工作的第一阶

修缮后的傅雷故居室内展厅

段“信息的采集与记录”及第二阶段“法式特征勘察及价值评估”，能够利用文献资料收集，弄清民居原来的历史面目，再通过详细的现场测绘，包括对现存建筑进行全面勘测，以及对已毁建筑的遗址进行局部发掘探测，弄清建筑总体布局和单体做法，判定其价值，了解并掌握每个民居的建筑特点。本书下一部分的 48 个民居案例，就建立在通过翔实、细致的调研测绘与法式特征勘察所提炼出来的建筑史学特征的基础之上。

05

浦东传统民居的现存实例

张闻天故居

地　　址：祝桥镇闻居路 50 号

建造年代：清光绪年间

占地面积：686m^2

建筑面积：495m^2

保护级别：全国重点文物保护单位

张闻天故居入口仪门

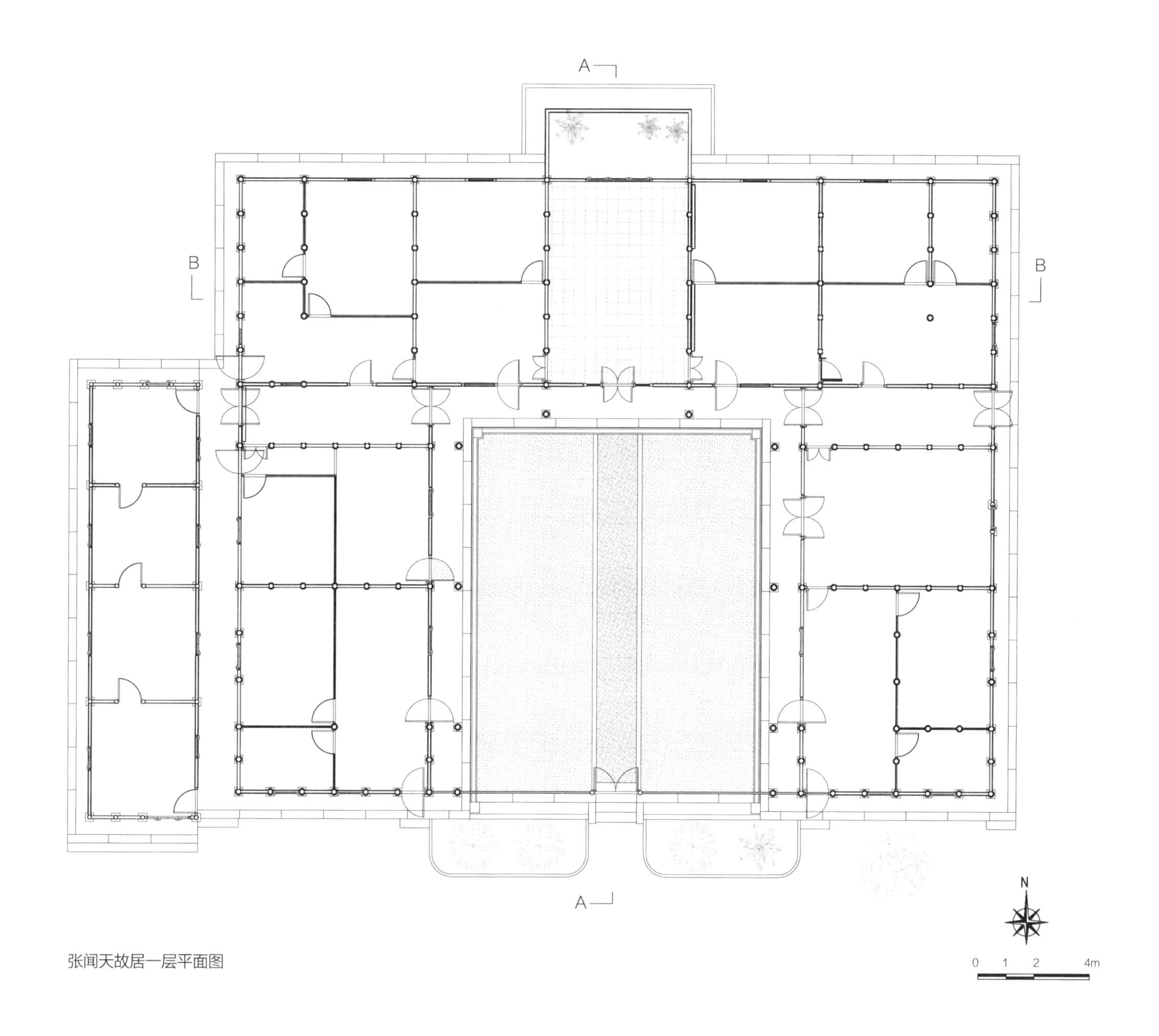

张闻天故居一层平面图

历史沿革

清朝雍正十年（1732 年），张闻天的先祖为躲避浦东海滨大海潮灾害，在浦东盐场六团的朱家店北首钦公塘内杨家宅买下了一幢二进深的绞圈房子，改为张家宅。大约清光绪六年（1880 年）以后，张闻天的曾祖父张厚春及其堂兄又在张家宅西侧选择土地，两家合建了一座浦东传统民居特色的三合院新房。

清光绪二十五年七月二十五日（1900 年 8 月 30 日），张闻天（1900-1976）就出生在这座新建房屋的西侧正房内，并在这里度过了童年和少年时期。他早年参加了“五四”新文化运动，1925 年加入中国共产党，历任中共中央宣传部长、中央书记处书记、中共中央书记等职。

1985 年 9 月 19 日，张闻天故居被公布为上海市文物保护单位，并由陈云同志书额“张闻天故居”。1989 年上海市文物管理委员会拨款对故居进行全面修复，采用“落架升顶”方法对故居进行了整体修缮，并将故居室内地坪标升 50cm，同时增筑戗篱笆围墙。1992 年正式对外开放。

建筑特征

平面和院落空间布局

张闻天故居坐北朝南，主院落为浦东地区传统的“一正两厢”式布局，中轴对称。正厅面阔七间，明间为客堂间，内悬“孝友堂”牌匾，为张闻天祖辈于清光绪年间建造。两侧厢房各三间，正房、厢房有回廊连通。中部院落开敞，南面齐东西厢房山墙处有戗篱笆围墙，围墙中间开木门头，作为主要入口。主院西侧有杂用房四间。故居院前有菜园，院

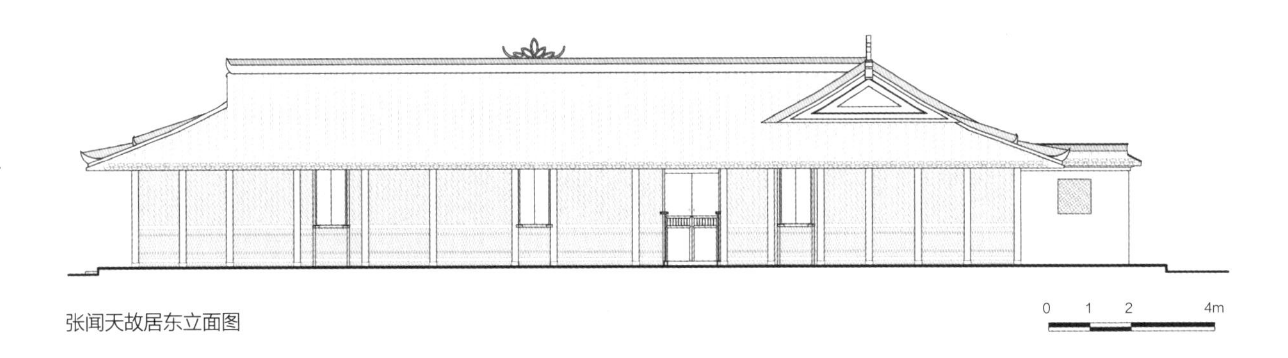

张闻天故居东立面图

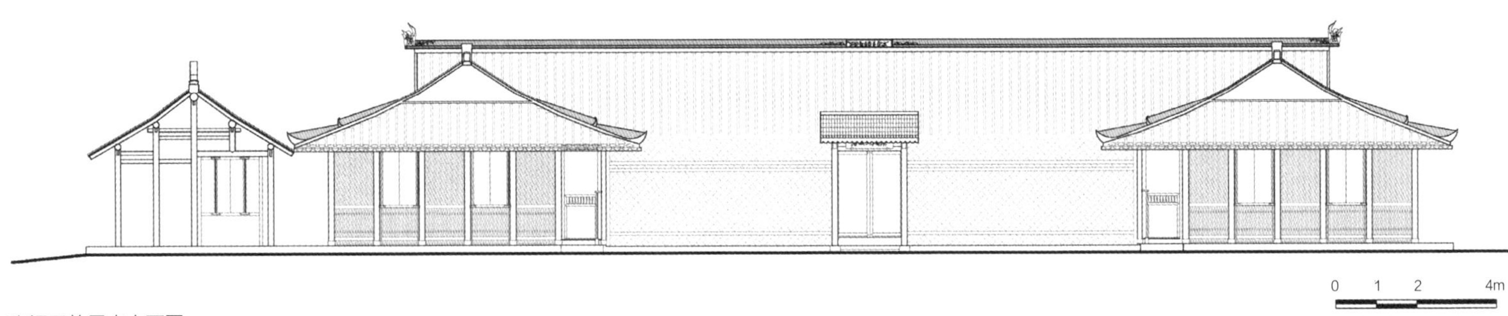

张闻天故居南立面图

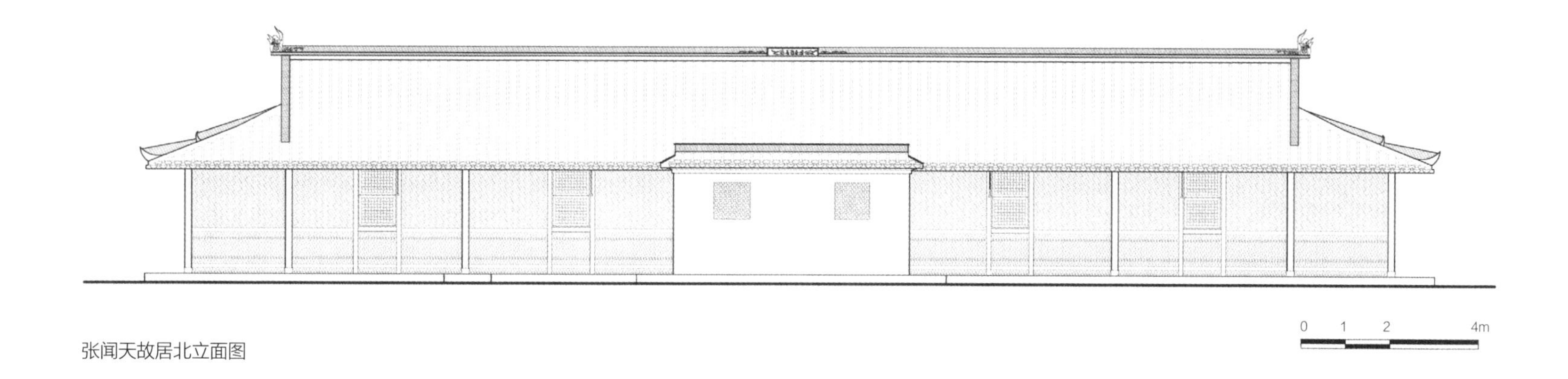

张闻天故居北立面图

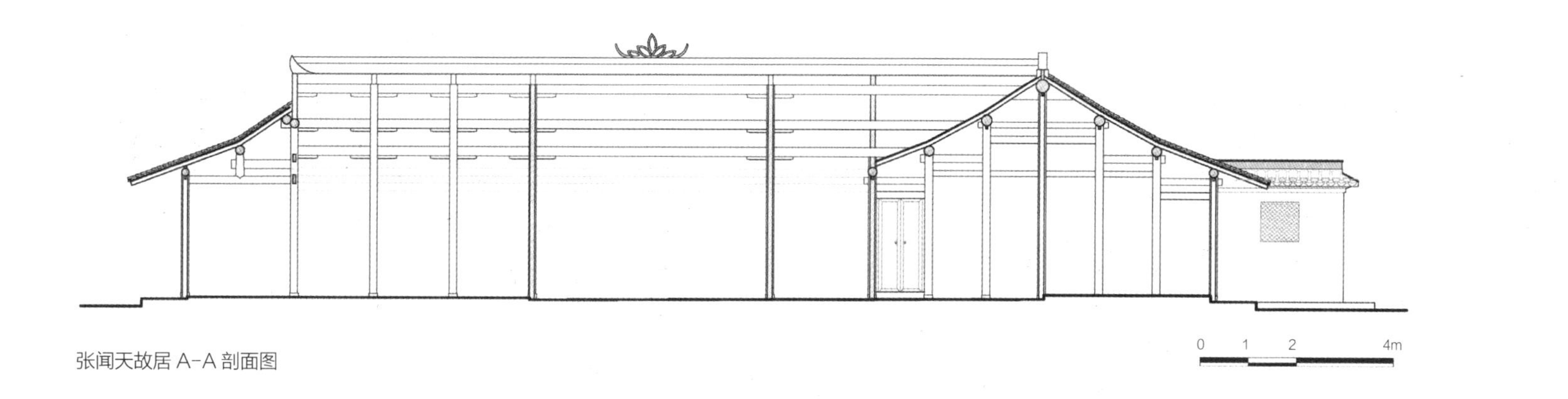

张闻天故居 A-A 剖面图

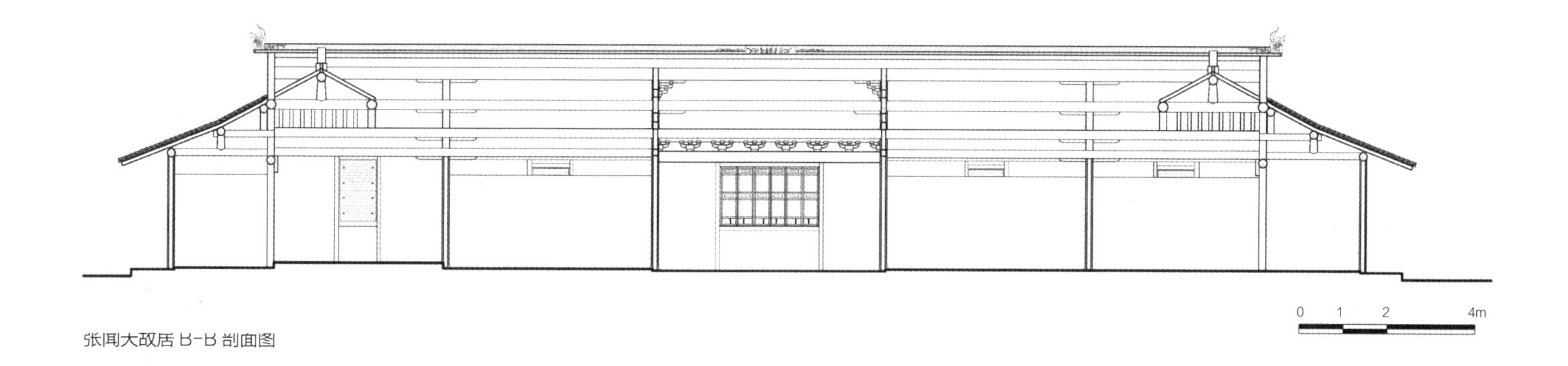

张闻天故居 B-B 剖面图

后有翠竹、河沟、橘树，放置水车，周围有竹篱笆围栏，这些都保持着张闻天青年时代的风格，具有浓郁的乡村气息和浦东传统农居特色。

构造和外形

张闻天故居建筑均为单层，小青瓦歇山屋面，主院建筑外部墙体为上海地区传统的戗篱笆护墙，靠天井外墙为纸筋灰做法。建筑门窗均为木质，正厅窗户为方格支摘窗，木门为双层，内为木板门，外为矮挞，矮挞为上海典型民居改善通风、同时防鸡鸭入室的传统做法。厢房木门同正厅做法，但木窗为双层，内侧内开槅扇窗，外侧外开木板窗。整座建筑外观简洁大方，具有典型的浦东地区传统民居的风貌特征。

故居的天井主要采用青砖铺地，天井甬道为菱形拼

张闻天故居孝友堂

张闻天故居院落

张闻天故居西南角

张闻天故居建筑局部

花，其余均为席纹铺地。故居正屋“孝友堂”的铺地采用 400mm × 400mm 的方砖铺设，两边开间均为青砖人字纹铺设，但正屋和厢房卧室均采用木板铺设。

细部和装饰

故居正屋老檐枋上挂着“孝友堂”匾额，梁枋雕有“五子登科”“五福图”“福寿图”“八仙过海”“郭子仪拜寿”等图案，刀法简练。建筑使用传统的砖、木等材料和工艺，外墙采用竹篾编制的护墙，墙裙与墙上部分别采用两种不同的编制方法，丰富了外墙的造型及肌理。入口门亭东西亦为不同形式的戗篱笆围墙。虽然门窗形式比较单一，但在细节处理上却是工艺与技艺的统一，窗木插关采用活动竹节纹，使简单的窗扇增添了一份艺术性。

保存现状

2001 年 6 月 25 日，张闻天故居被国务院公布为第五批全国重点文物保护单位。2003 年 1 月，上海市政府将其命名为“上海市爱国主义教育基地”。客堂东面的房屋设有“张闻天革命史绩陈列室”，陈列着 300 多幅照片、300 多件珍贵文物以及张闻天一生所写的 600 多篇、2000 多万字的文稿，从中可以看到这位老革命家波澜壮阔的一生。

为进一步改善故居环境、修复残损，2008 年对其实施了保护修缮设计。现故居整体保护状况较好，南侧为菜园，整体环境体现出浦东地区传统农村民居的风貌特色。

川沙 内史第

地　　址：川沙新镇新川路 218 号

建造年代：清代

占地面积：$733m^2$

建筑面积：$468m^2$

保护级别：上海市文物保护单位

内史第大门

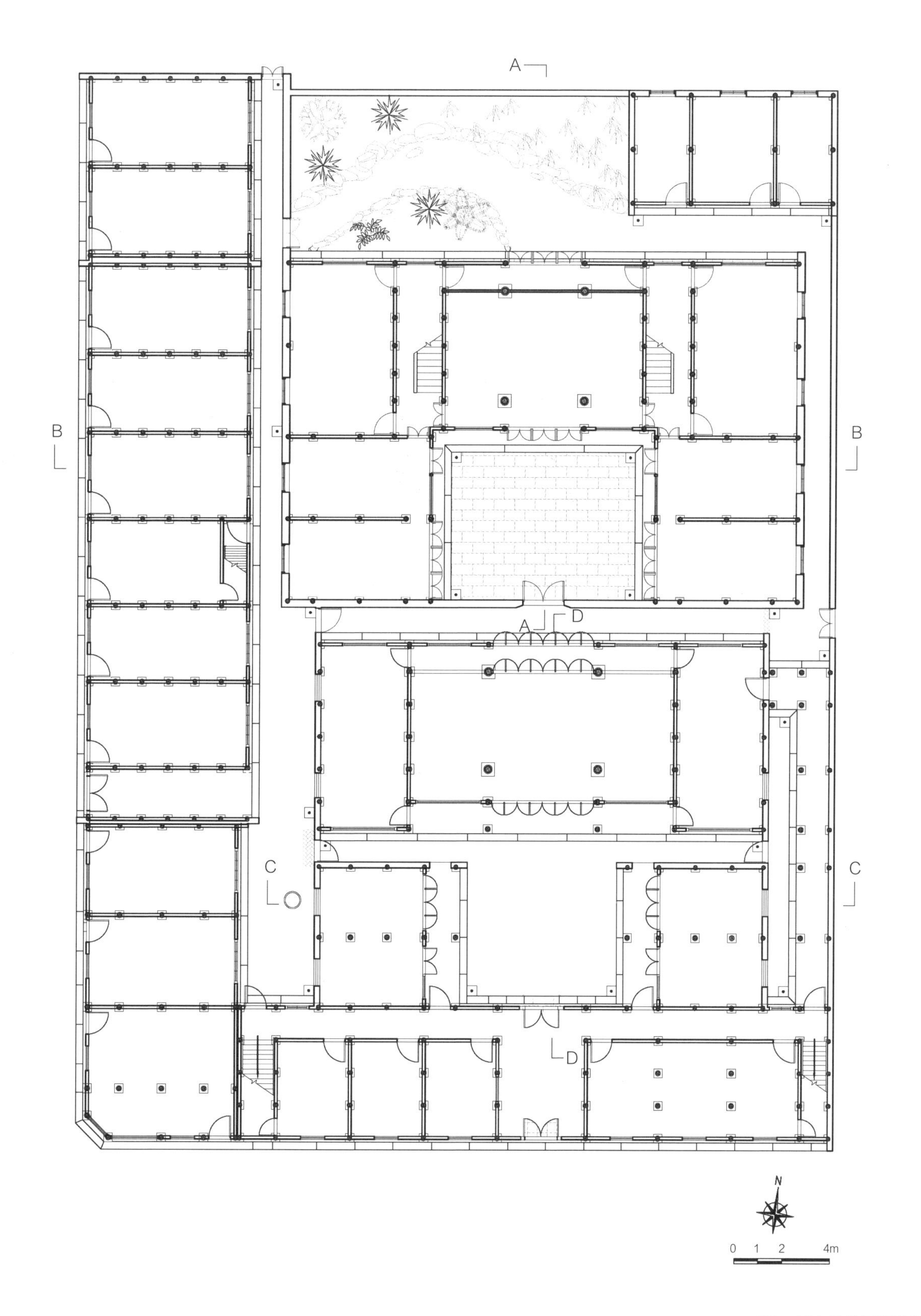

内史第一层平面图

内史第第三进黄炎培故居院内的黄炎培铜像

历史沿革

内史第最早名为沈家大院，是清代著名金石学家、书画鉴赏家沈树镛祖上所建，几经修缮而成。清咸丰九年（1859年），沈树镛官至内阁中书，又称“内史”，故将宅院取名为“内史第”。

清同治元年（1862年）前后，沈树镛的姐夫黄典谟因南汇六灶瓦屑村家居遭太平天国战火，迁回川沙城，住入岳家“内史第”。1878年10月1日，中国近现代著名的爱国主义者和民主主义教育家、老一辈卓越的国家领导人黄炎培（1878—1965）就诞生于内宅第三进东厢靠南的房间。

黄炎培在这里度过了27年，他少时的学问、道德以及爱国思想多受姑父沈肖韵影响。沈肖韵即是沈树镛之子，他将父亲遗留的汉碑、六朝造像、唐石、宋石等众多文物精品，

内史第立本堂西立面图

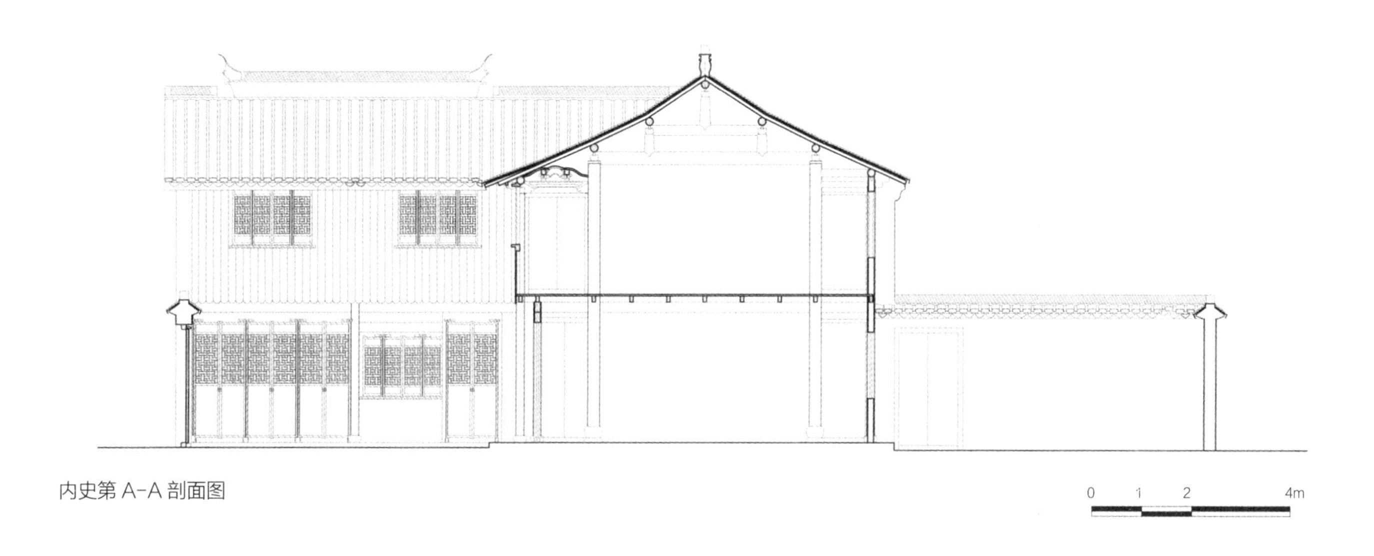

内史第 A-A 剖面图

在内史第辟室收藏，清代国学大师俞樾赞其为“文物古迹，富甲东南”。黄炎培曾说：“浦东文化在川沙，川沙文化在内史第。”著名音乐家黄自、民主战士黄竞武、水利专家黄万里、会计学家黄祖方，以及近代浦东毛纺工业的开创者沈毓庆等也都诞生在这座百年名宅。

除沈、黄两大家族外，内史第还留下了其他名人的足迹：宋耀如与倪桂珍于 1890 年 ~ 1904 年租住内史第西侧房屋，在此生活了十余年，其子女宋霭龄、宋庆龄、宋子文、宋美龄都在此诞生并度过了童年时期。有说胡适也曾跟随母亲租住这里，但有关记载不详，不过胡适肯定是在川沙居住过，内史第不远处的“胡万和茶庄”即为胡适的家族所经营。

20 世纪 80 年代扩建新川路时，内史第原有三进二院两

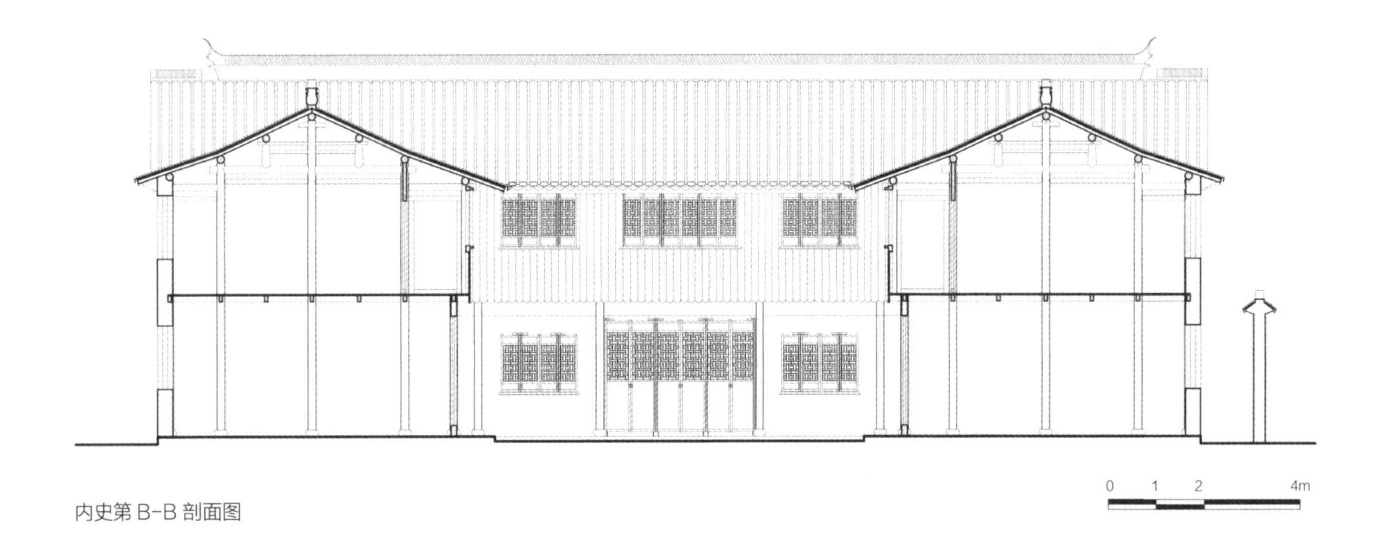

内史第 B-B 剖面图

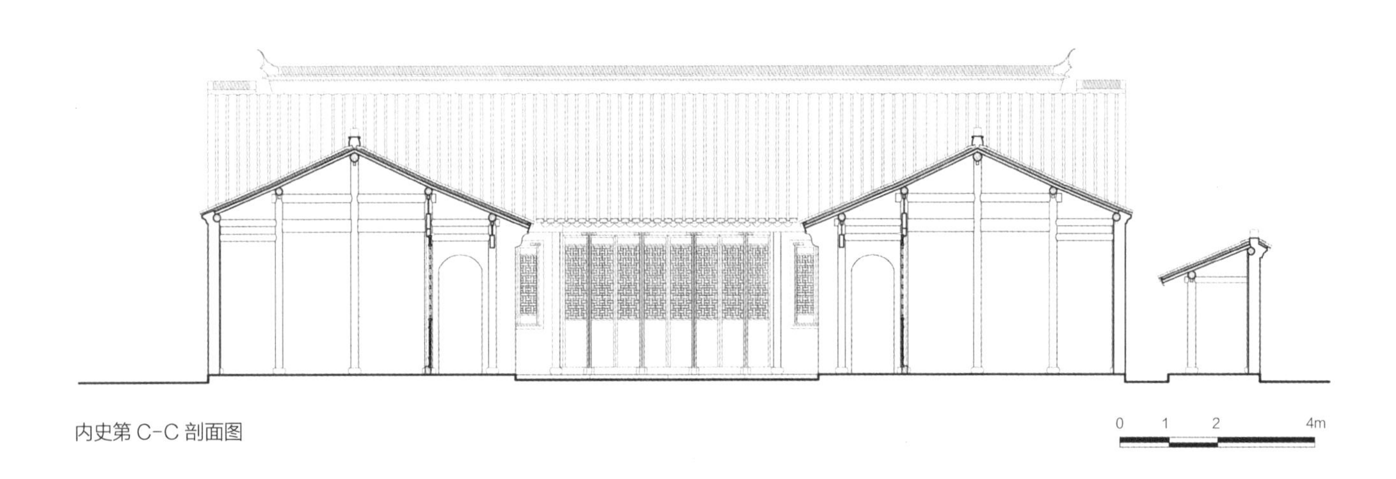

内史第 C-C 剖面图

厢房，第一、二进房屋遭到拆除，幸得文化部门力争，保存了黄炎培居住过的第三进房屋。不过由于在第一、第二进原址上建起了一幢六层住宅和商铺楼，把故居遮挡得严严实实。1991 年，川沙县政府拨款对故居进行了保护性修缮，1991 年 11 月 6 日举行了黄炎培故居落成典礼暨黄炎培铜像揭幕仪式，陈云同志题写了“黄炎培故居”匾额。

内史第 D-D 剖面图

经过社会各界的不断努力，2004 年浦东新区正式立项修复内史第一、二进，2009 年复原工程启动，2012 年竣工并正式对外开放。

建筑特征

平面和院落空间布局

复原后的内史第是传统的三进深四合院布局，整体布局中轴对称，由仪门、天井、正厅、厢房、后院等部分组成，占地面积较大且轴线、等级层次显著。复原后主建筑的第一进为临街的二层楼房，大门上建有砖雕细刻的门罩，正上方写有鎏金的“内史第”三个字。第二进为正厅部分，五开间，三明两暗，厅内悬挂着黄炎培先生题写的“立本堂”匾额，寓意做人要树立根本的准则。东侧厢房被复原为宋氏家族传教的福音堂，西侧厢房被复原为黄氏开办的“开群女学”。正厅和厢房均为一层建筑。第三进院落即黄炎培故居所在处，此处正屋和厢房均为二层楼。院落空间宽敞。

内史第的黑、白、灰建筑色调

构造和外形

内史第为传统木结构体系，山墙青砖空斗砌筑，山墙出屋面做观音兜，造型舒缓美观。屋顶为传统的双坡顶，青瓦铺屋面。门窗完全为书条式木格栅，小木作雕刻细部，十分精美。外墙窗头有传统砖砌窗楣。院落地坪为传统席纹砖铺地，室内一层为方砖铺地，二楼木楼板则为传统木格栅做法。

内史第立本堂外观

细部和装饰

建筑装饰和施工工艺上完全体现了传统的砖雕、木雕工艺所达到的高度，体现出当地传统营造特色。

建筑色彩以白色墙面为基调，黑色屋面和檐口为构图要素，正厅、厢房屋顶正脊中段有传统的灰塑工艺，黑、白、灰色调使整个建筑透露出江南特有的韵味。

内史第东侧院落

保存现状

1992年，内史第第三进“黄炎培故居”被公布为上海市文物保护单位。2003年6月25日，复原后的内史第西侧房屋“宋氏家族居住纪念地”被公布为浦东新区文物保护单位。

目前第三进建筑中布置了黄炎培生平事迹陈列展，陈列有《黄炎培家谱》《黄炎培日记》《延安归来》等书籍，以及他与毛泽东、刘少奇、周恩来、朱德等人来往信件等数百件。此外，还有沈树镛“汉石经室”、宋氏家族在川沙、“胡万和茶庄”与胡适等系列展览。

高桥仰贤堂

地　　址：高桥镇义王路 1 号

建造年代：1933 年

占地面积：750m^2

建筑面积：1106m^2

保护级别：上海市文物保护单位

高桥仰贤堂沿河外观

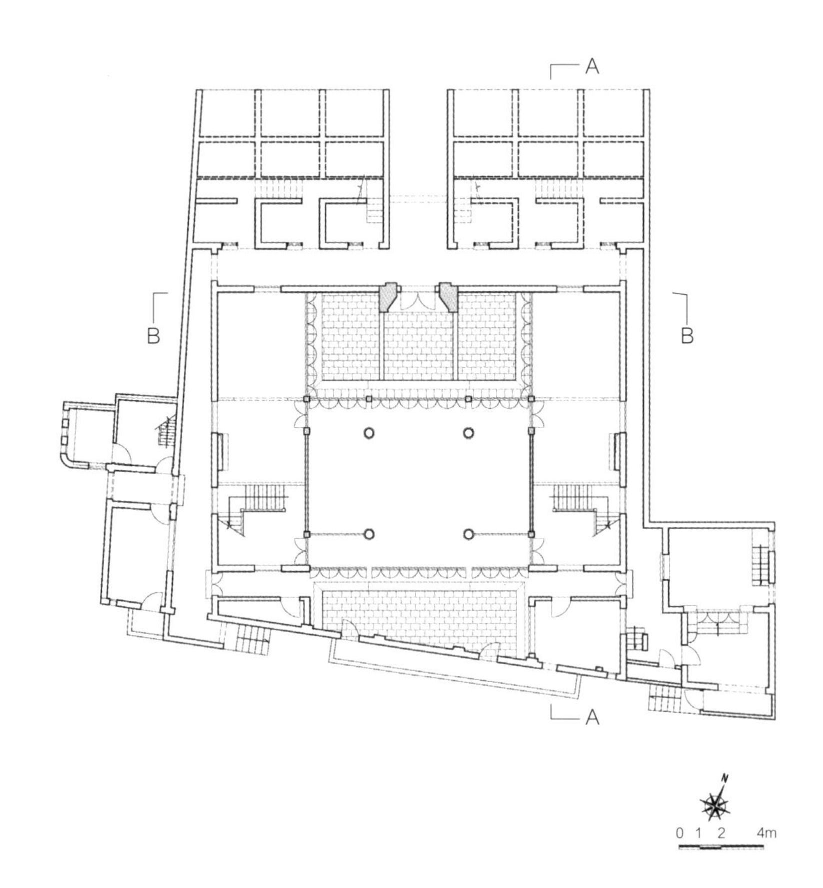

高桥仰贤堂一层平面图

历史沿革

仰贤堂建于 20 世纪 30 年代初，1933 年竣工，房屋的主人是当地人沈晋福。沈晋福，字佐臣，出生于 1886 年。自小家贫，父亲沈阿四以帮农户兜卖薪柴为生，心地善良，乐于助人，在当地具有良好的口碑。沈晋福 14 岁到上海当学徒，勤快虚心，学到了上海人所说的“生意经”。婚后逐渐集起开店本钱，在当时上海的南市公义码头开了一间名叫“晋泰号”的五洋店，经营洋面、洋油、洋皂、洋火、洋蜡等洋货。发家后，沈晋福除了翻新破旧的老宅“兰发堂”，还在东街典当桥边置地兴建“仰贤堂”。之所以取这个名字，意为要仰望他父辈的贤德之举。

“仰贤堂”的设计建造者为沈晋福的亲家蔡少祺，此人木匠出身，后在法租界经营营造厂，承建西式住宅和装修工程，他把当时最时尚的样式融入到该住宅中，再加上屋主自身也受到西方思潮的影响，使得仰贤堂具有鲜明的中西合璧式建筑特征。

沈晋福在做工用料上精益求精，对建造房屋的高要求和高标准，使得工程费用一加再加，他也不胜重负，精力憔悴，没等到房屋内饰完全竣工就卧病身亡，只是享受到在这座新宅内出殡的荣耀。

由于仰贤堂建筑坚固，曾一度成为国民党军队的据点。1949 年解放上海时受损，稍作维修一直使用。1958 年，大部分房屋转租给 15 户居民居住，私搭乱建情况比较严重，房屋受到较大损伤。2005 年，高桥镇人民政府出资对仰贤堂进行全面修缮。2006 年，“高桥历史文化陈列馆”在仰贤堂开办，并免费对外开放。

建筑特征

平面和院落空间布局

总体来看，仰贤堂采用不同于当地传统民居的纵向多进布局，其主体采用了上海老式石库门形式，即传统居住形式之一的四合院的“一正两厢”“一明两暗”空间格局。主楼为一假三层楼房，三层为在屋面开老虎窗、不做平棋的阁楼。位于中部的三开间正厅 11m 宽，面积达 90m^2，四根 60cm^2 直径的黑漆大柱矗立其中，两侧厢房各 40 多平方米。正厅前后均设有天井，大墙门面北，主楼北面与东街街道之间以一排街面房相隔。

主楼南临高桥港（原名界浜），沿浜筑有牢固的坝岸，上建沿河阳台和两座水埠，据说是当时镇上端午节观赏龙舟表演的最佳处所。此外，在主楼的东侧还建有一两层的书房楼，西侧建有一两层的配房，其中书房还有一个地下室，这也是高桥镇第一座筑有地下室的建筑。房屋布局考究而且实用。

建筑东西最宽处约 34.5m，而南北向长度不到 30m，总体上是面宽大于进深。在进深方向上，依次由前店、夹弄（前店和主体之间）、前院、主体楼房、厢房、后院等部分组成，如果不算前店这个附属建筑，建筑的主体仅有一进，为五开间，三明两暗。前店和主体仪门之间形成一个夹弄空间，两端各有一个石库门，空间狭小。入口仪门、厢房和主楼形成一个三合院落，空间较为宽敞，后院空间不规整且狭小。

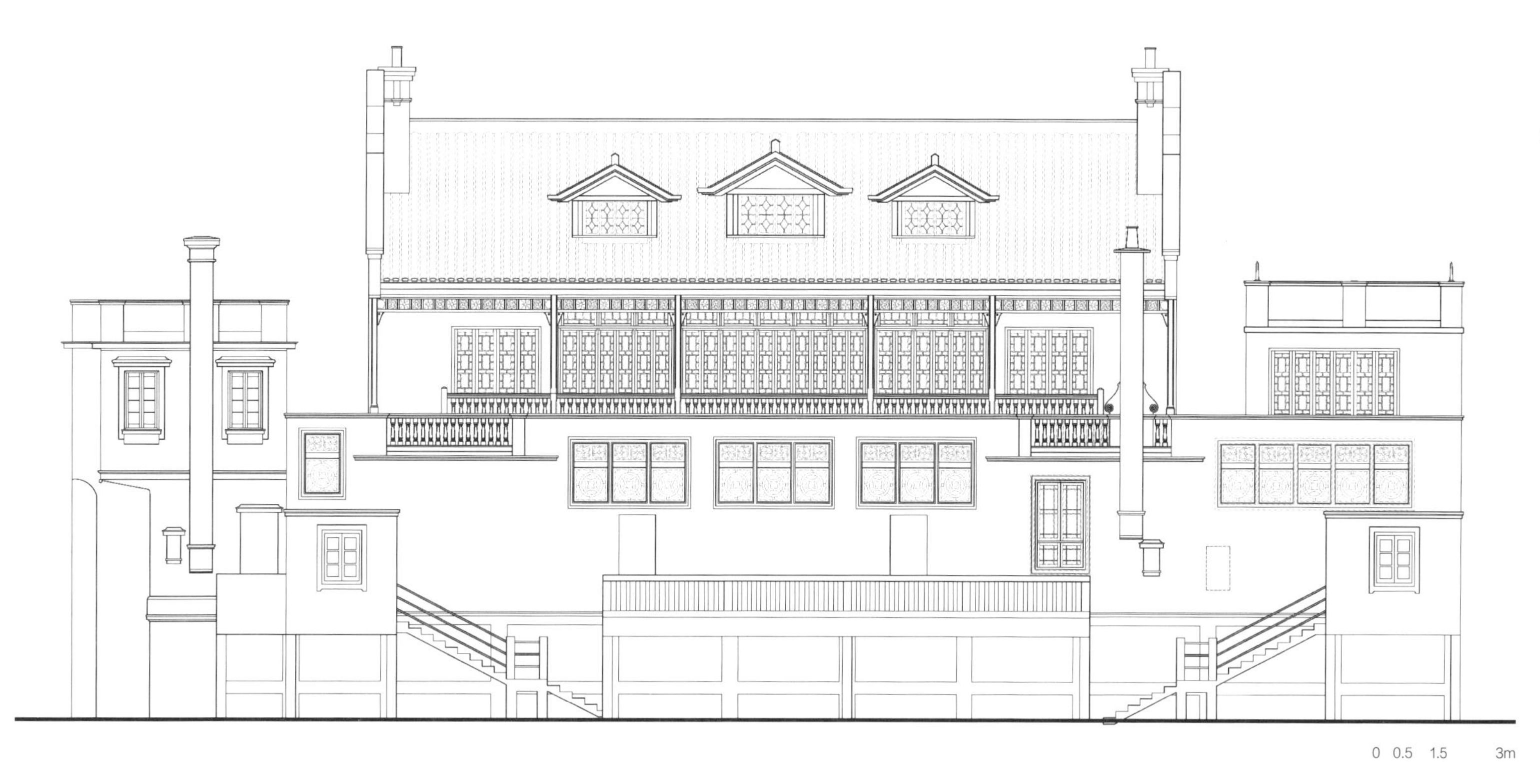

高桥仰贤堂南立面图

高桥仰贤堂西立面图　　高桥仰贤堂东立面图

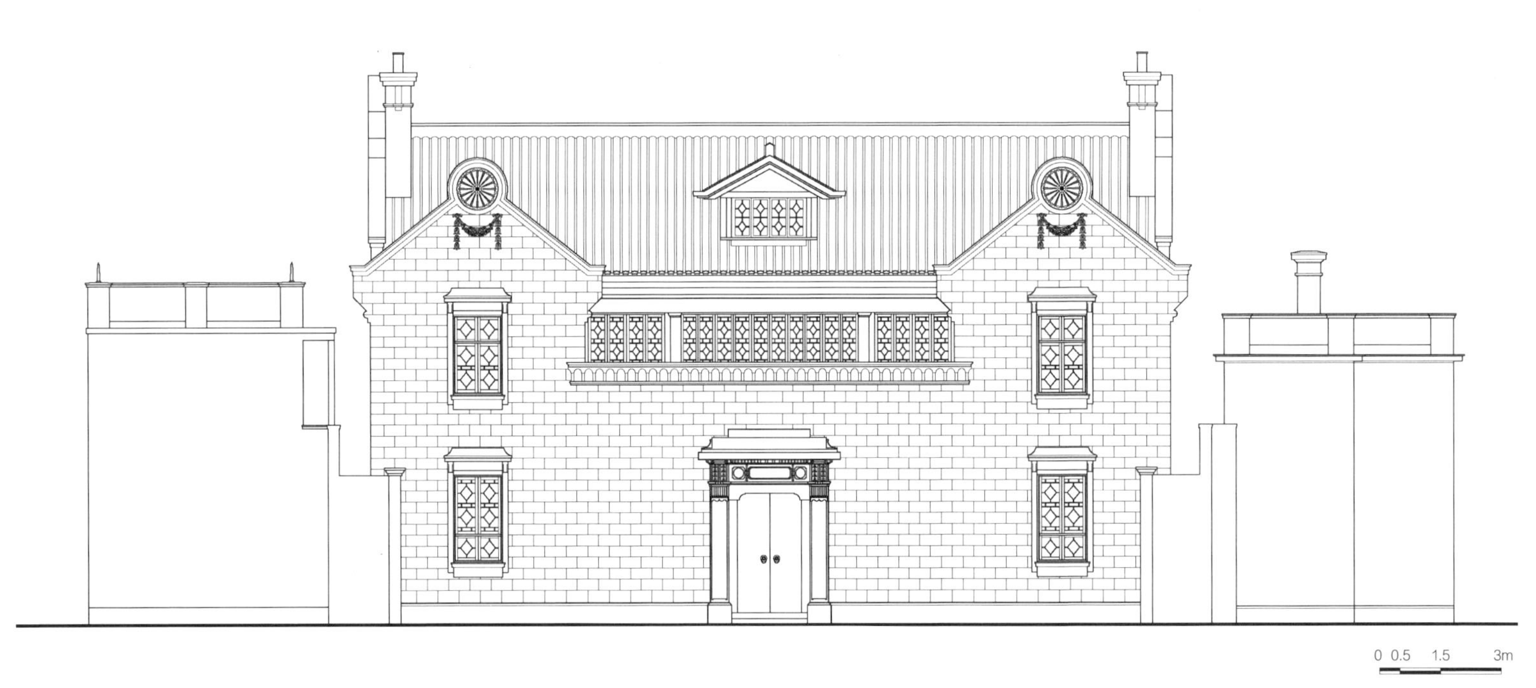

高桥仰贤堂北立面图

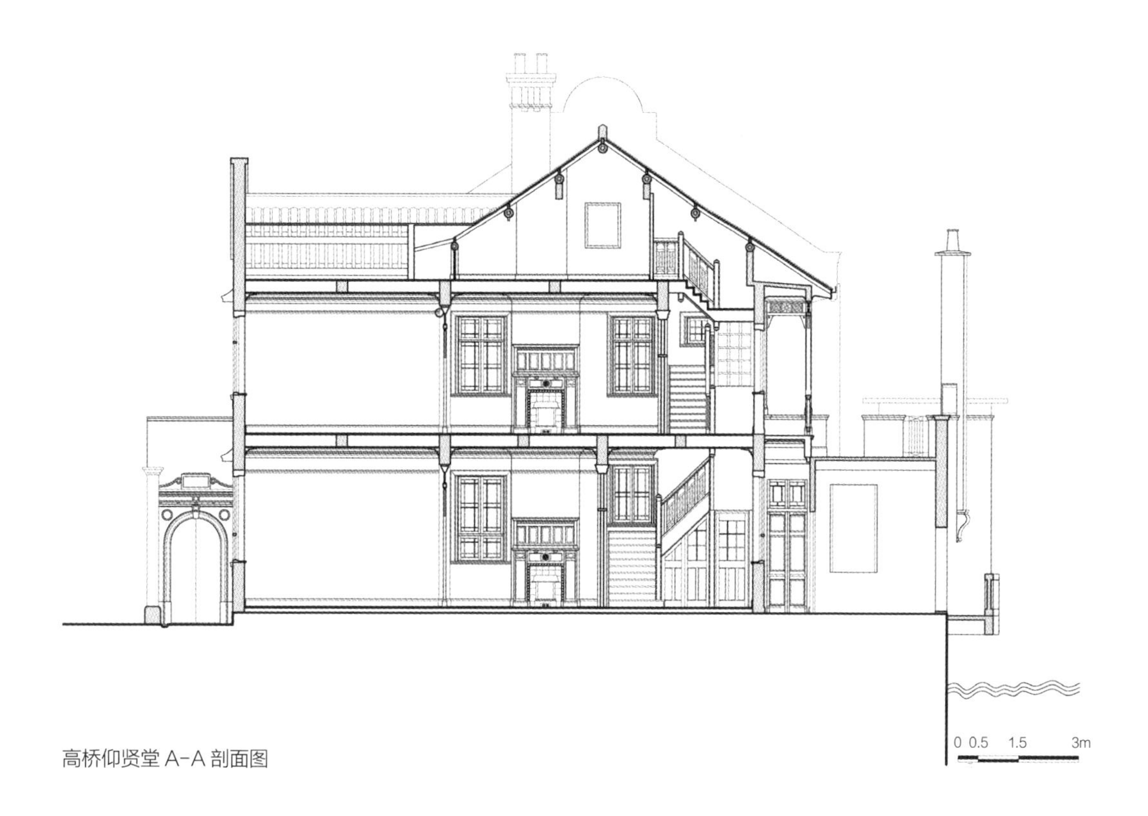

高桥仰贤堂 A-A 剖面图

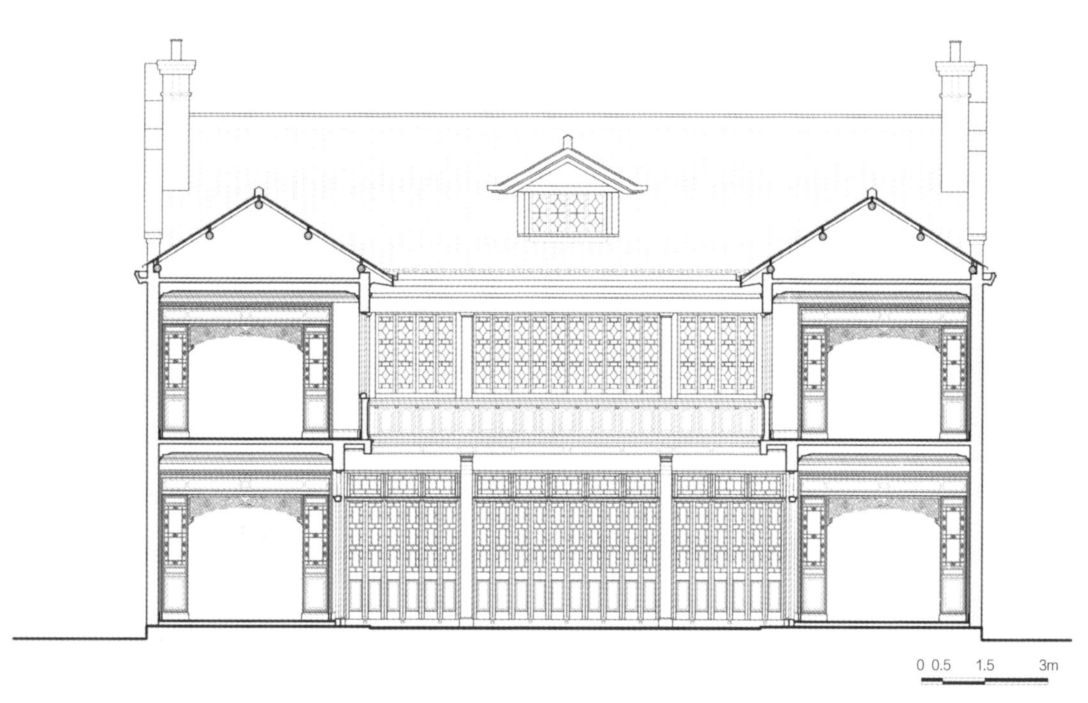

高桥仰贤堂 B-B 剖面图

构造和外形

仰贤堂采用混合结构，即在中式的砖木结构内插入了一套钢筋混凝土框架。入口在街面房，街面房七开间，居中大门为木板门。山墙采用混凝土结构，形式上传统的硬山山墙改成了西式的山墙，山墙顶部处理成圆形线条，山墙面装饰了玫瑰形灰塑。

主体屋顶采用木屋架、木檩条和望砖，青瓦铺屋面，东西头的书房和配房是平屋顶，北边的街面房则部分是平屋顶，它们环绕在主体周围，高低搭配且与主体的西式硬山墙呼应，形如花园洋房。这种形式当时在地方上应是非常大胆、新颖的。

门窗既有传统的木槅扇形式，也有西式的木板门，且所用木材料高档，都经过熏蒸处理，至今没有虫蛀和明显变形。门窗玻璃出现了彩色玻璃。外立面窗户用水泥作西式装饰窗套。夹弄侧门和主体前仪门均为做工精细、比例准确的欧式古典门头。夹弄地面为预制水泥板块，三合院落地坪、后院采用方砖铺地，室内一层既有方砖也有木地板铺地，二层楼板则用木格栅做法。

高桥仰贤堂北立面外观

高桥仰贤堂南侧二楼外廊

细部和装饰

仰贤堂的建造精益求精，所用木材找不到一处节疤，至今仍无明显变形。屋面系桁架全是直径 22cm~25cm 挺直的杉木。大厅地砖经刨削加工，砌缝只毫米许，下垫防潮层。除传统的木材、砖石外，房屋还使用了大量的混凝土材料，水泥铺地是那个时代时髦的“洋灰”新材料。

正厅和两厢里的屏门上都有传统的木浮雕、木雕花板装饰，并镶有字画。而所有门窗的玻璃窗格则是当年西式的风格。正厅与两厢的顶棚均有石膏吊顶，沿河楼台栏杆是西式的钢筋混凝土模塑结构。墙外粗犷简洁的混凝土窗框，加上一些小尺度的细部，显得细腻、精致。在两厢里还装有四只西式的取暖壁炉。整个房屋既有中式的传统装饰，又采用了很多西式的纹样，这正是仰贤堂富有特色的地方。

保存现状

2014 年 4 月 4 日，仰贤堂被公布为上海市文物保护单位，现为“高桥历史文化陈列馆”，馆藏的 600 多件展品，包含了高桥的历史文化、生产生活以及乡风民俗等各个方面。

由于仰贤堂建造工程的高标准，建筑整体保护状况良好，沿河的坝岸坝基筑得很深，坝身至今仍完好、稳固。东侧书楼底下的地下室也经过认真的防水处理，现在地下室内还非常干燥，没有渗水返潮的现象。

陆家嘴
陈桂春宅

地　　址：陆家嘴东路 15 号

建造年代：1914 年～ 1917 年

占地面积：1103m^2

建筑面积：1530m^2

保护级别：上海市文物保护单位

陈桂春宅院落景观

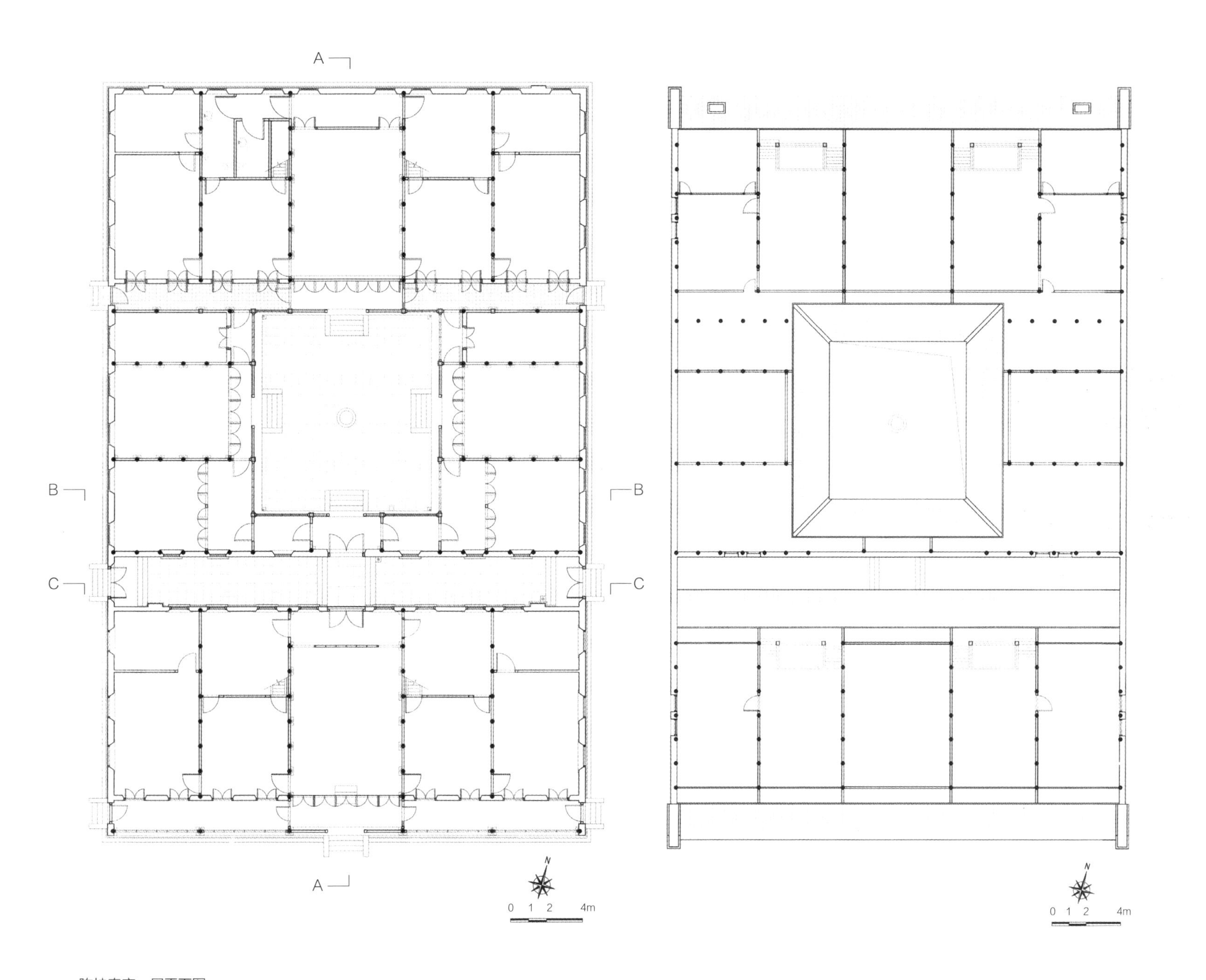

陈桂春宅一层平面图

陈桂春宅二层平面图

历史沿革

陈桂春宅位于陆家嘴中心绿地的南侧，原宅主陈桂春，祖籍福建长汀，自幼父母早亡，生活贫苦，由于勤奋聪明，在洋人的驳船上打工受到赏识，后来自己经营驳船运输，以此发家。陈桂春致富后，成为上海滩沿江一带名噪一时的风云人物。他热心社会事业和公益活动，前来投靠的亲友众多，为接待客人，斥巨资修建此宅院。之所以建在陆家嘴，为的是“日观江南旷野之景色，夜听浦江川流之涛声”。此宅被命名为“颖川小筑”，是因为陈氏祖先的发祥地在颍川（今河南登封一带）。1917 年落成时，占地约五亩，建筑面积 2765m^2，在当时的上海滩算得上是屈指可数的豪宅。

陈桂春逝世较早，“颖川小筑”早期仍为其家人居住，后来由于战争的原因，其家人先后迁离该宅。后曾用作日本宪

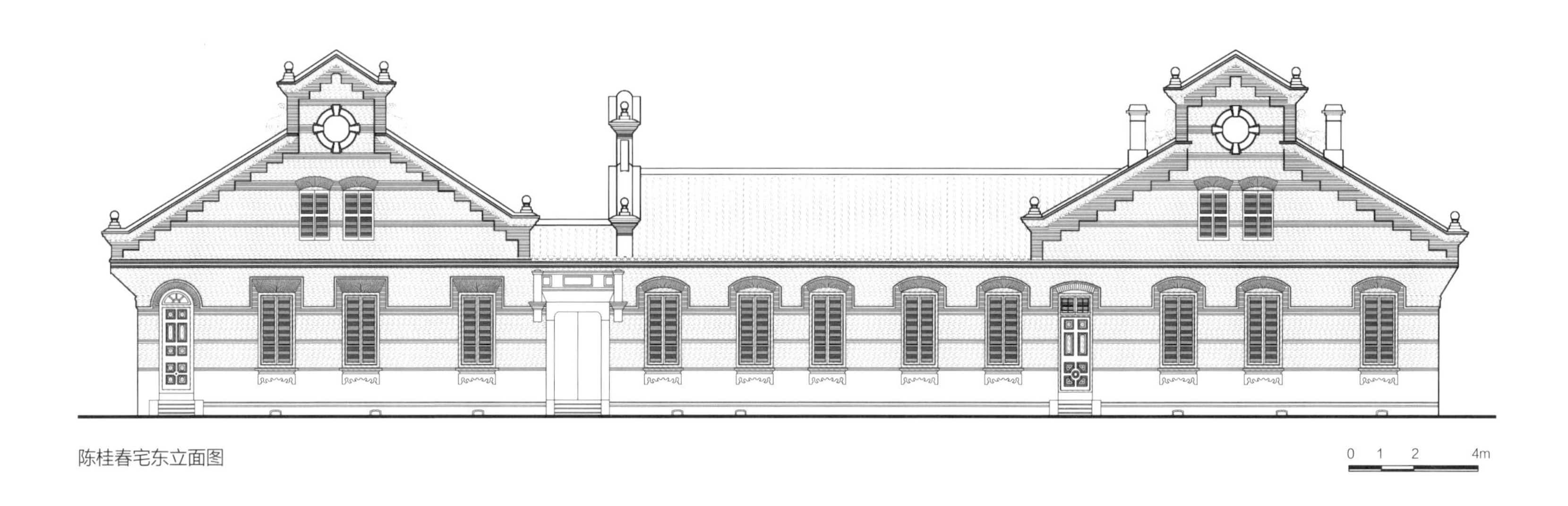

陈桂春宅东立面图

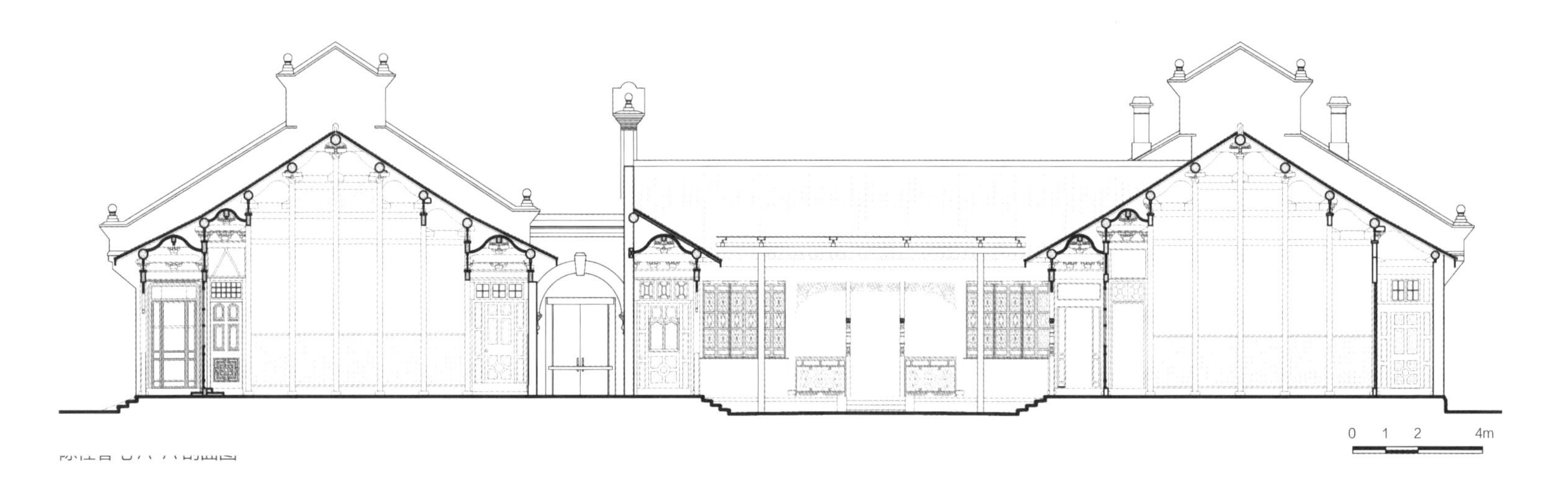

陈桂春宅A-A剖面图

兵司令部和国民党上海警备司令部等。

1958 年 2 月，此宅由东昌房管所接管，所有余屋经搭建改造，陆续分配给居民。1991 年浦东开发，因拓宽陆家嘴路而拆除了大院门墙。后上海市和浦东新区政府根据专家和各界人士的建议，决定在动迁时保留这所古宅，重新修缮，并开辟为“陆家嘴开发陈列室”，于 1997 年 7 月 1 日香港回归之日对外开放。此后，陆家嘴集团公司又向社会公开征集民间的民俗民风用品，于 1999 年 10 月正式对外展出。2008 年至 2009 年，陈桂春宅进行了整体保护修缮工程。

构造和外形

建筑采用穿斗结构，高度较大。前后厅堂八架，厢房六架。屋顶皆为硬山顶，青瓦，瓦下铺望板。屋面采用自然排水和天沟排水两种形式。第一进明间大门退进形成入口空间，

陈桂春宅西式三角形山花墙

大门采用传统落地木槅扇形式。入口明间左右装配落地木栏杆，枋下装配木挂落。

建筑立面采用高低错落的西式三角形山花墙，外立面采用清水砖墙，红砖和青砖相间隔，以红砖作为墙面分隔线条来联系立面上的门、窗、雕刻等各种元素。墙头造型模仿古典阶梯形山花，墙头装饰采用西式叠涩线脚。

门窗大部分为传统的木槅扇形式，厢房、卧室、卫生间等处门采用西式建筑风格。内部石库门仪门门头有复杂的卷草花饰。山墙处侧门也为石库门，沿墙开有许多门窗，窗套用红砖仿拱券线脚制成。大量使用玻璃替代传统建筑中的夹

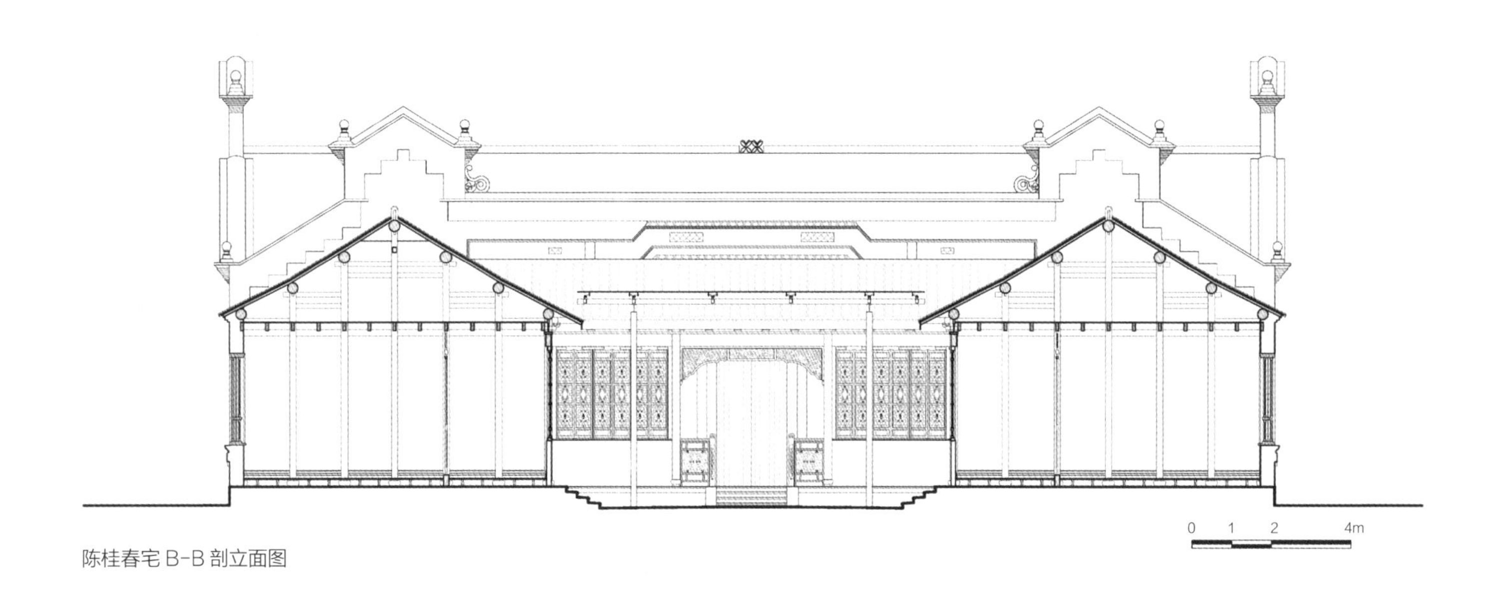

陈桂春宅 B-B 剖立面图

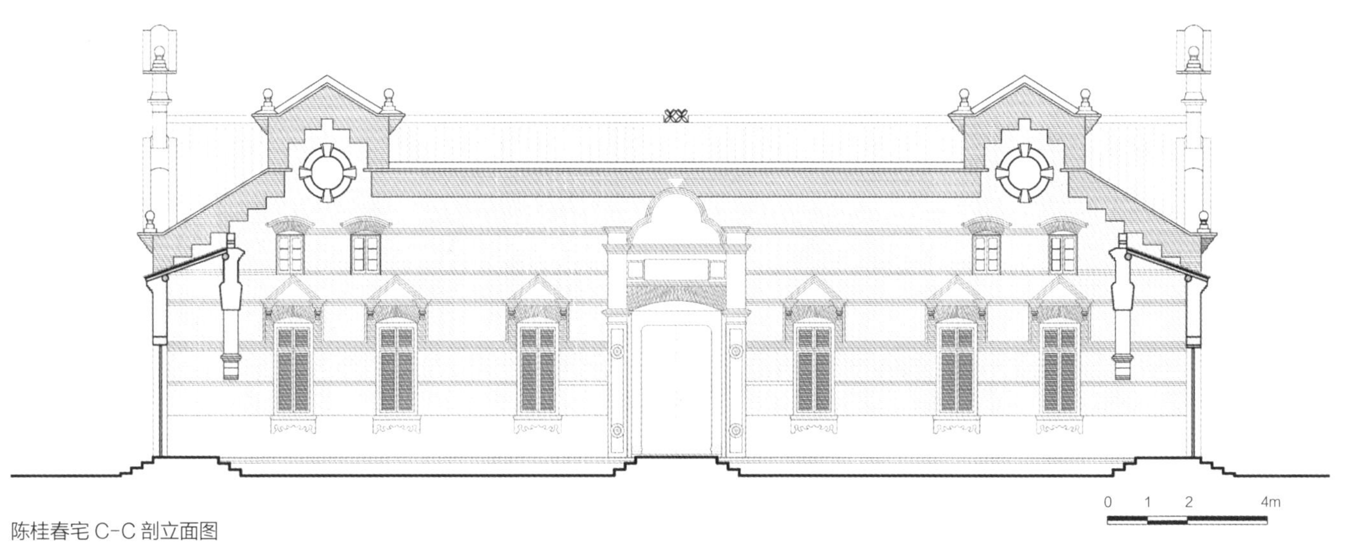

陈桂春宅 C-C 剖立面图

堂板，一方面增加了采光，另一方面也是当时先进技术的表现。局部门窗采用彩色玻璃。

建筑室内采用木地板及花纹地砖铺地，其中花纹地砖具有明显的近代特点。庭院和天井采用金山石铺地，金山石尺寸较大。在前厅内部及外墙面采用墨绿色釉面砖墙裙及花纹瓷砖铺地，代表了当时最先进的饰面技术。

细部和装饰

建筑做工精细，局部门槛使用铜皮包裹，前后厅堂装修精致，主要沿用中国传统做法，各处屋架门窗均精雕细琢，正厅更是使用了一般民居中少见的一斗九升斗栱，而山墙立面、檐口线条处处呈现出西方色彩，老爷房已经采用了石膏线脚装饰的抹灰屋顶，餐厅、茶室、卫生间等处装修则运用了西式木装修线脚和壁炉等，是当时先进设计建造工艺的代表。

就雕刻式样而言，除门窗雕有花鸟、八骏图、“平升三级”等之外，梁、檩、枋上还镌刻着整套《三国演义》故事，同时，法国固有的传统百合花、郁金香、玫瑰等花纹和中国古老的木刻工艺，在楠木等高级材料构成的屋架之间到处可见，被誉为“浦东雕花楼”。

凡是沿中轴线的房间，也就是比较重要的房间均采用中式的门窗、传统的雕花；而一些西式的壁柱、雕花、门窗则集中在厢房等相对次要的房间。外立面以西式做法为主。整体风格可谓中西交融，相互辉映。

保存现状

2014 年 5 月 8 日，陈桂春宅被列为上海市文物保护单位，现作为“吴昌硕纪念馆”对外开放。

陈桂春宅的雕刻艺术

陈桂春宅现作为“吴昌硕纪念馆”开放

川沙
陶长青宅

地　　址：合庆镇王桥路 999 号

建造年代：清光绪三十年（1908 年）

占地面积：1590m^2

建筑面积：1246m^2

保护级别：区级文物保护单位

陶长青宅外观

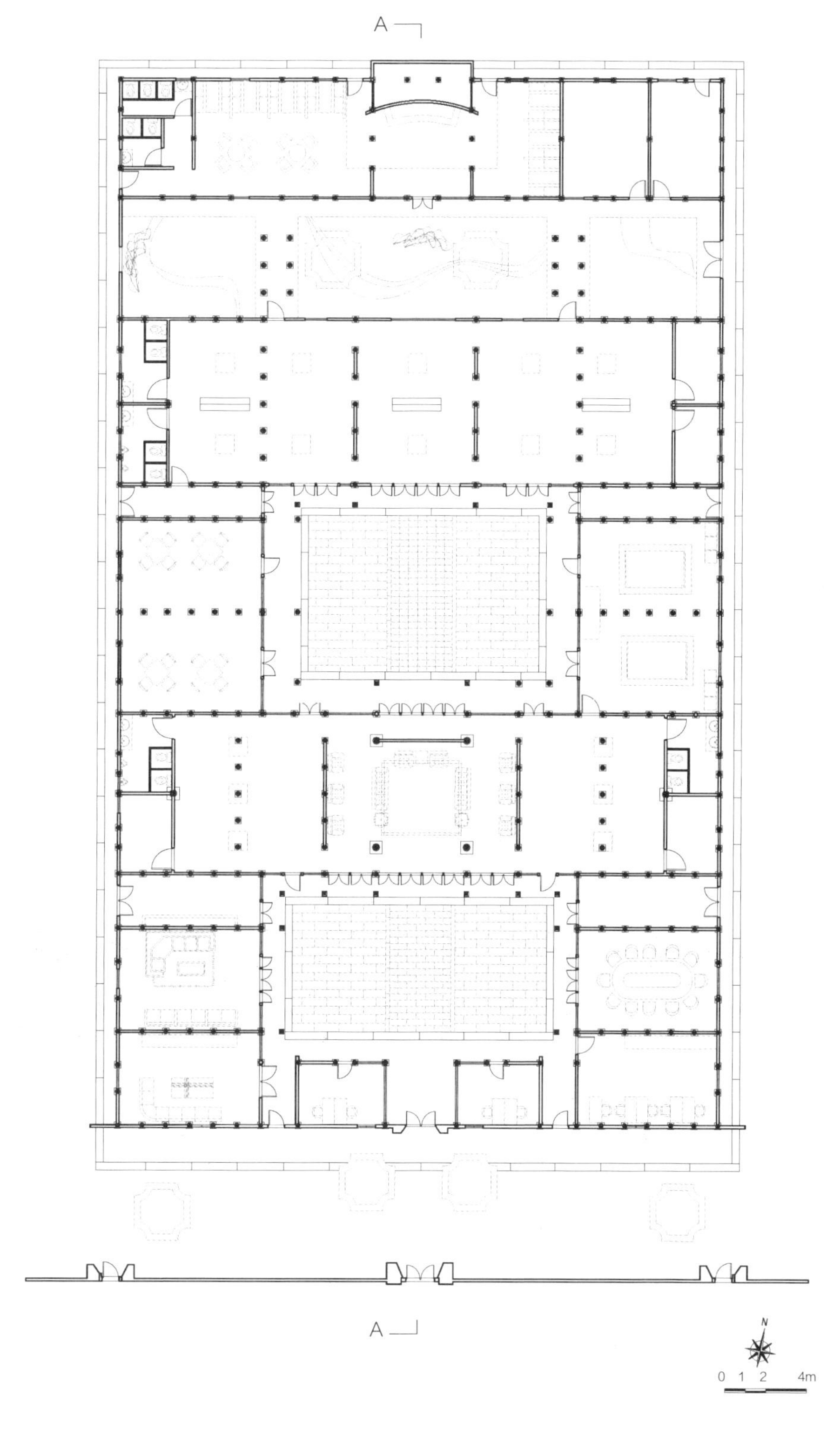

陶长青宅一层平面图

历史沿革

陶长青宅的房屋主人是陶长青，在民国时期做“地皮虫”生意（今称“房地产开发商”），发迹后建造了这座住宅。他请人在这里的墙门上题写了“歇浦流芳”四个字。“歇浦”是黄浦江的别称，题字的用意是希望自己的生意在沪上赢得口碑，陶氏家业能够世代流传，获得好名声。

中华人民共和国成立后，这座宅院曾先后被川沙毛巾三厂、跃进中学、黎申五金塑料制品厂、星光日用化学品厂作为厂址或校址。

建筑特征

平面和院落空间布局

陶长青宅为四进三庭心的四合院空间，坐北朝南，俗称

陶长青宅一进厅外立面形式

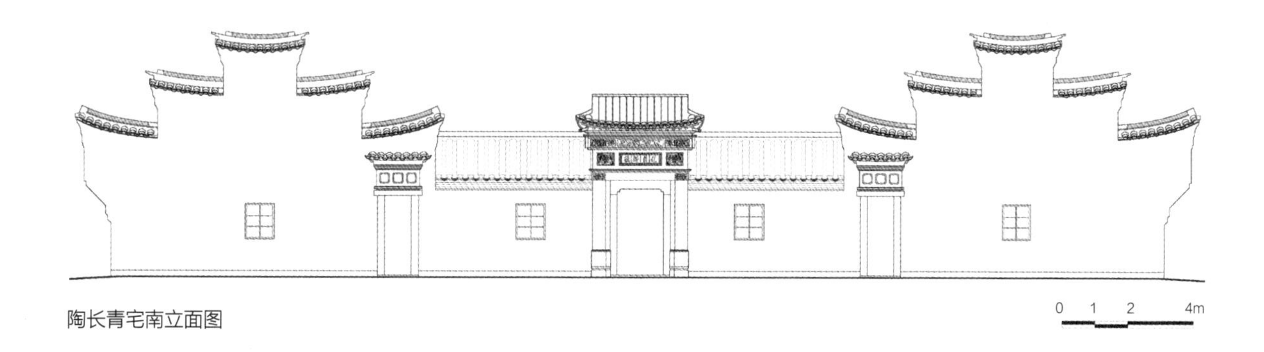

陶长青宅南立面图

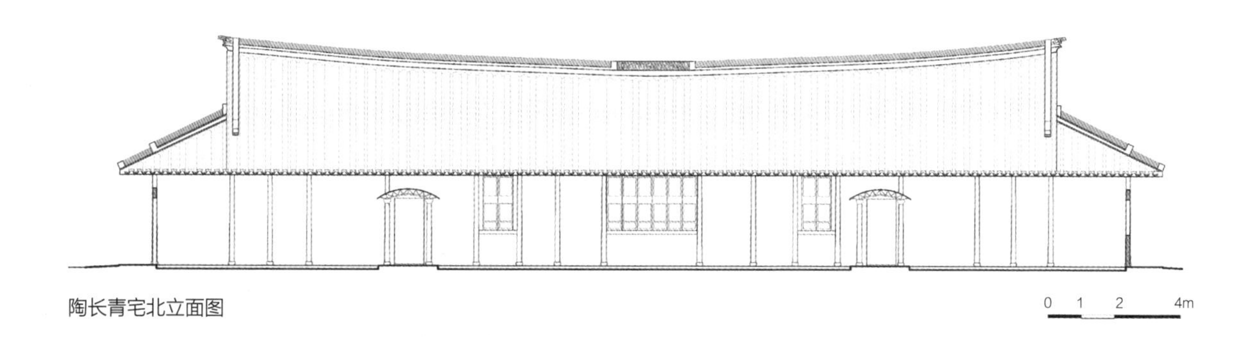

陶长青宅北立面图

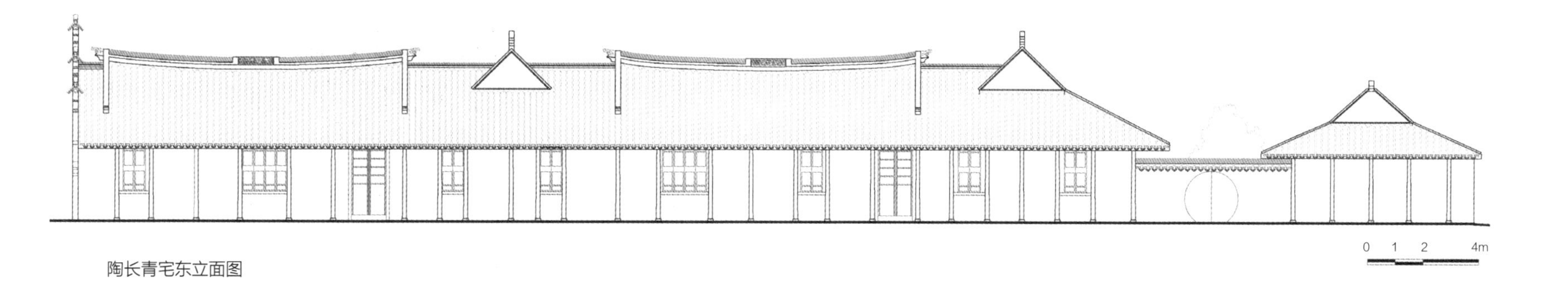

陶长青宅东立面图

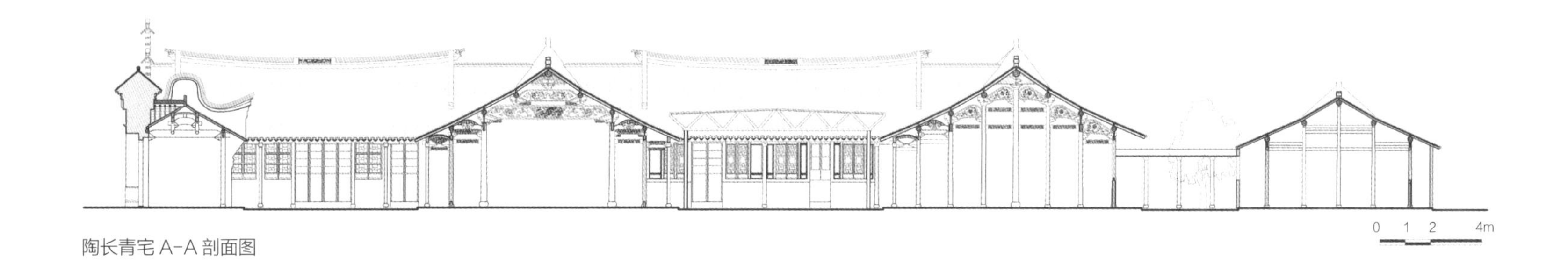

陶长青宅 A-A 剖面图

“绞圈房子”。平面呈中轴对称布置，由入口仪门、轿厅、正厅、厢房等部分组成，建筑皆为单层，占地面积较大且轴线、等级层次显著。

两厢的房屋进深较大，和厅堂的梢、尽间结合，成为主要的使用空间。同时也使得厅堂的梢间、尽间面阔大于次间甚至明间的面阔；轿厅进深较小，两庑只用槛窗隔开，形如门房间；建筑主体之外另设有西式围墙；前院除了主轴线上的仪门之外，在对应两厢前廊的位置又另开两个较小的仪门；另外，对应的南边围墙上也为三个大门，这和传统建筑只有一个主要门户不相同；前后厅堂前廊出两边厢房，形成通往东西两边的夹弄。

构造和外形

主体为传统木结构，入口大门为传统的砖雕仪门，形式庄重大方，雕刻精美。建筑山墙采用青砖砌筑，外做白灰，厢房山墙为马头墙。屋顶为传统的双坡顶，青瓦铺屋面，屋顶举折明显，整个屋面略有弯曲，有利于暴雨时的泻水；屋顶转角处的起翘，展示出稳定、舒展和飘逸的形象。门窗完全为传统木槅扇形式，小木作雕刻细部，十分精美。院落地坪为方砖铺地，室内正厅明间为方砖，次间、梢间为木地板。

陶长青宅砖雕仪门

陶长青宅正厅室内梁架结构

细部和装饰

总体风格为传统的江南民居，室内明间大木架采用月梁形式，上挂风拱细部，梁架上也有大量题材丰富、雕刻精美的木雕，屋瓦上的砖雕以各种自然物象表达吉祥之意，雕刻精细、别致。

不过该宅在一些局部装饰上，又较多地运用了西式的建筑装饰做法：围墙及其上的大门采用当时流行的“西洋”形式；建筑内部的一些斗栱故意变形，做成“玫瑰花”的形式；门窗槅扇的分格简化，上面镶嵌玻璃，设置铸铁轴。

建筑材料使用传统的木、砖、石头等，施工中既有大量的传统民间工艺，还有当时流行的一些“新式”材料和做法：围墙的抹灰为水泥混合砂浆并用其作线脚装饰；部分房间为架空木地板，并在外墙的下部设置通风孔，这些通风孔部分为铸铁构件。

保存现状

2002 年 1 月 14 日，陶长青宅被公布为浦东新区文物保护单位。

2006 年，中邦置业集团出资保护修缮此宅，并入围联合国教科文组织亚太地区老建筑保护奖，建筑布局、结构、做法等均得到较好的保留。现为中邦集团会所。

被活化利用的陶宅西立面

高行
杨氏民宅

地　　址：浦东高行镇牡丹园内

建造年代：20 世纪 20 年代初

占地面积：1200m^2

建筑面积：900 余平方米

保护级别：区级文物保护单位

杨氏民宅的西式装饰的大门

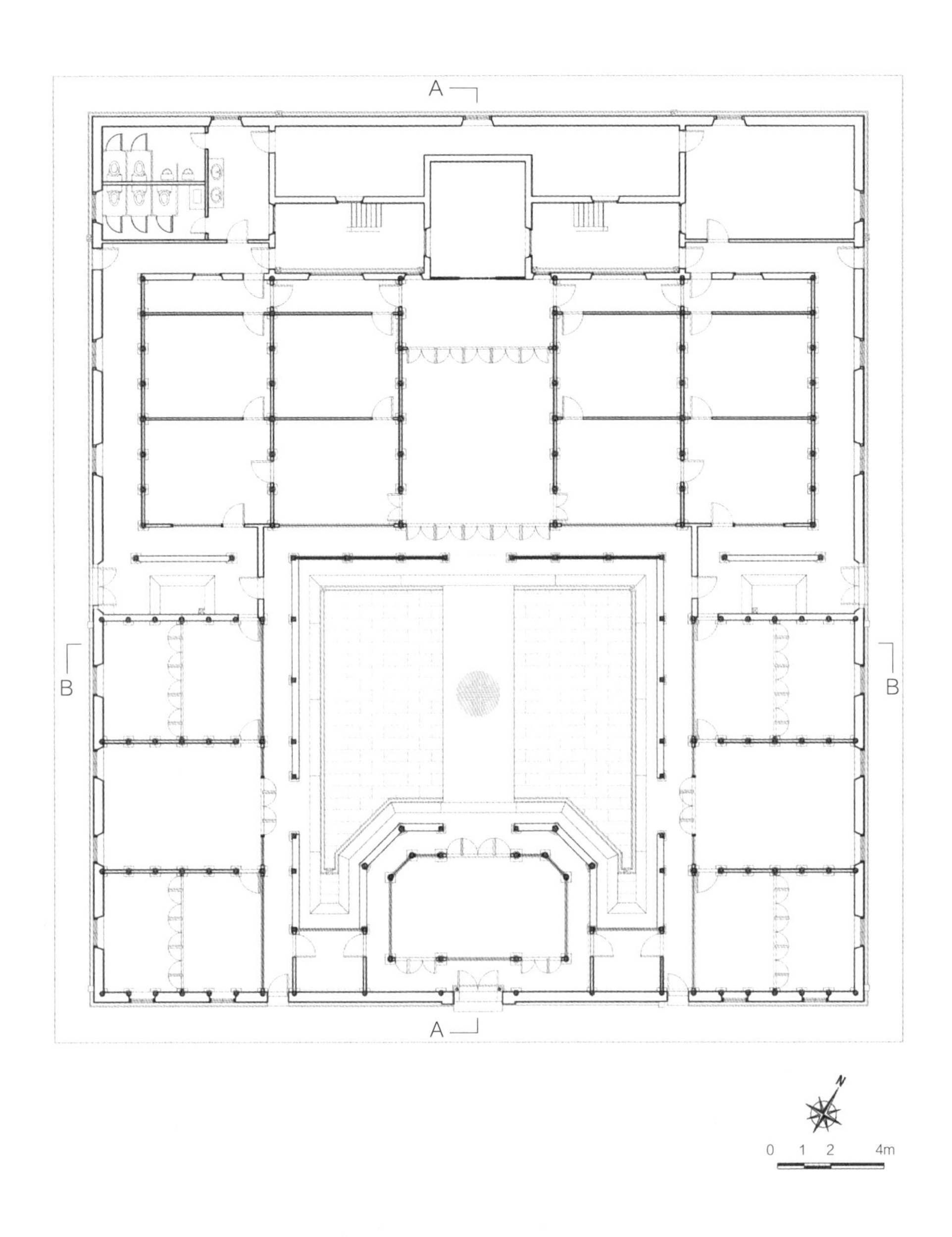

杨氏民宅一层平面图

历史沿革

杨氏民宅房主为杨洪生，他在上海六马路（今九江路）开设皮货商店，获利后在家乡建造此宅，后一直由子孙继承。原门额上题有“由义”二字。民居门额中常用的“居仁由义”一词，出自《孟子·尽心上》“居仁由义，大人之事备矣”。杨洪生的用意是告诫子孙：要做一个堂堂正正的人，心安于仁，行止于义。

杨氏民宅历经数十年，建筑主体基本完好，雕刻构件多数都被保存下来，大部分木构门窗仍转动灵活，彩色玻璃色彩鲜艳依旧，仅有少数几块脱落，保存较好。

建筑特征

平面和院落空间布局

杨氏民宅为传统的两进院落布局，建筑完全对称，由门厅、正厅、厢房、孝堂、杂间等部分组成。平面紧凑且占地面积不大。其中，大门紧接八角亭作为入口门厅兼作戏台的处理，是该民居平面布局上最大的特色，在上海现存的民居中还没有找到类似案例。

第一进院落空间宽敞，五开间的正厅三间露明，明间开间宽达 5.9m，这在浦东民居中算大的。院子宽达 11m（进深 12m）。梢间外侧还各有夹弄，山墙上开窗以通风采光，而在梢间与厢房山墙之间另辟有两个小天井，以供梢间和夹弄采光通风，靠天井的山墙上开有耳门通向建筑外，门头题字，东门曰“观潮”，西门曰“待月”。

严格意义上讲，第二进院落空间狭小，更像附属建筑。由于正厅后面有出一个孝堂，将二进院落分为两个宽 5.6m、进深 2.5m 的小院子，后进厅在这里被取消，缩小为一个进深仅 2.5m 的杂间，同时孝堂、杂间和二进厢房连成一体，做成平屋顶接正厅后檐，平屋顶可以上人，并且作女儿墙处理。

杨氏民宅院落内景

构造和外形

除二进院落的孝堂、杂间和厢房是砖混结构外，其他部分单体建筑是传统木结构。除八角亭有抬梁外，正厅和侧厅的明间梁架仍然采用穿斗做法，枋间做垫板，垫板和枋面上做有大面积的雕花。一进内院均有廊步环绕，廊步采用月梁，梁头挑出外挂垂花小柱，垂花柱之间还用挂落连接，次间廊柱之间有裙凳，上面均有大量精美雕刻。

山墙虽然还是观音兜的形式，但是在尺度上比传统的显得更加大而缓，使山墙和屋面错落有致，富有美感。与一般徽式民居的马头墙有所不同，突出地展示了江南民居特有的风格。屋面均有升起，上有垂脊。其中，观音兜脊和正脊上有大量的灰塑雕刻，最有特色的是在侧厅正脊两端还有用石灰制成的“喜”和“寿”。

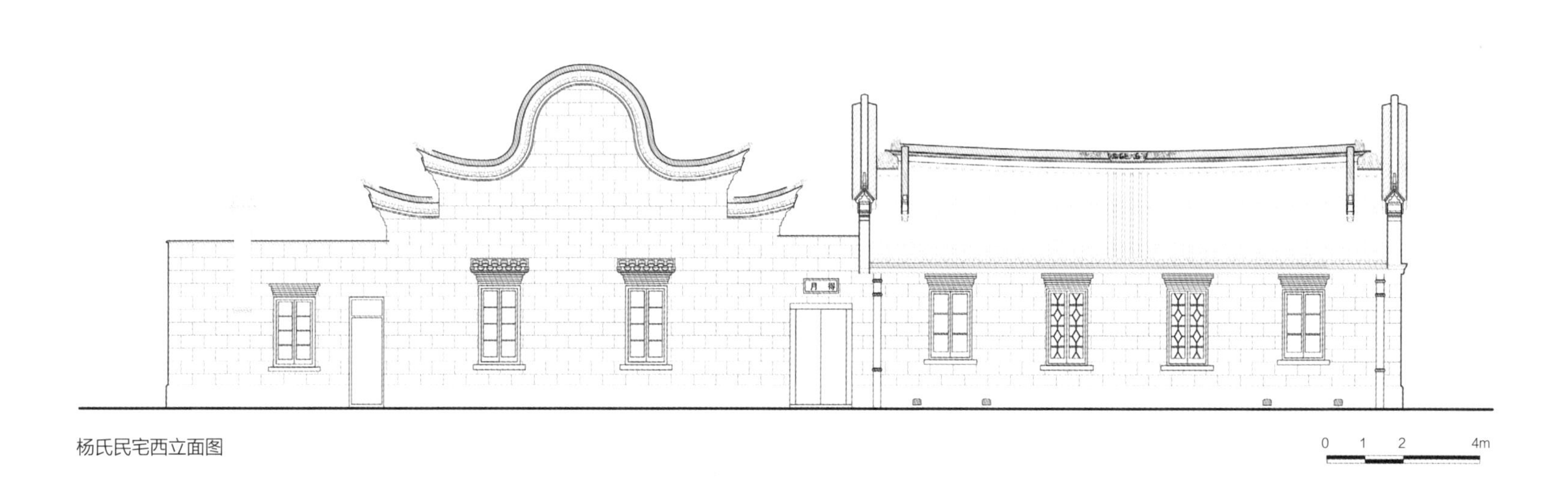

杨氏民宅西立面图

杨氏民宅南立面图

主体屋顶为传统的双坡顶，青瓦铺屋面。正厅、厢房明间等重要厅堂的门窗仍然是传统的木槅扇形式，但是在次梢间、房间隔断、附属用房等次要房间门窗则用了西式形式，而且在上面还装配了彩色压花玻璃。

屋内地坪、走廊、厅堂明间采用方砖，其余房间则用木地板，增加了居住的舒适性。为了避免因气候潮湿和地下水位高对地板的破坏，地板下面架空层达到19cm。院落阶沿用金山石，石面加工平整，棱角分明。院落地面采用水泥，一进院落中央地面还做成了红色的“福寿”纹饰，工艺精湛。

杨氏民宅的建筑风格有很多老式石库门建筑的特点，尤其是四个外立面用水泥抹灰做法，围墙下部有勒脚，压顶线条简洁，取代了传统的瓦檐做法，而大门采取西式构图，有

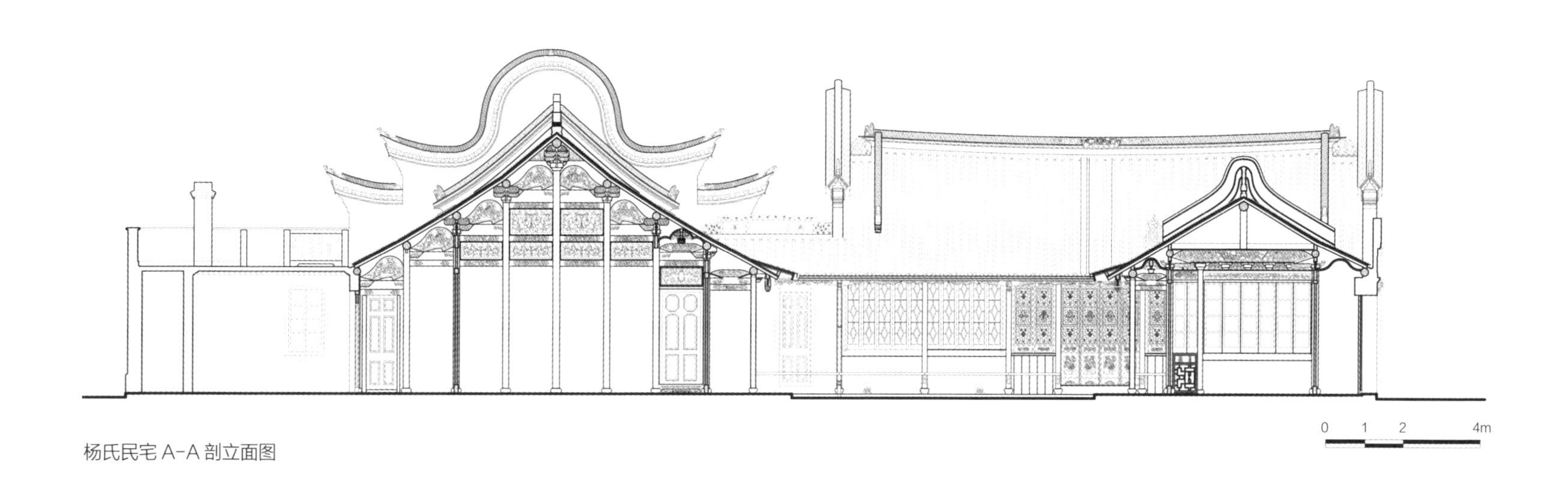

杨氏民宅 A-A 剖立面图

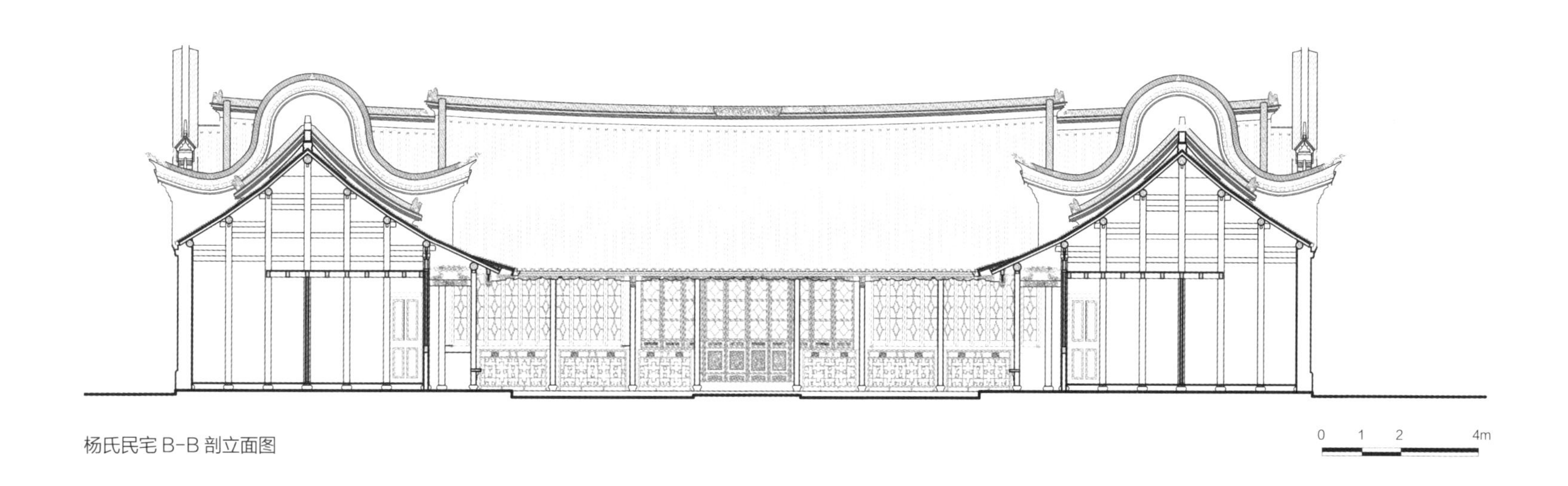

杨氏民宅 B-B 剖立面图

杨氏民宅八角亭装饰细部

杨氏民宅长窗雕饰

变形的爱奥尼壁柱，门头上则有镜面花饰，是上海浦西地区石库门的流行样式。

但是院内的建筑单体又基本上是传统地方民居风格，反映了在传统内核上求变的审美心理：一方面保留旧式民居满足乡村生活，另一方面，则在外观和建筑局部学习浦西的流行符号，满足自己追求时髦的价值取向。主人选择了这种石库门建筑的独门独户、厅厢格局、较大的院落等特点去适应当时浦东人的乡村生活，同时也得到了它的新鲜形式与装饰。

细部和装饰

杨氏民宅使用了传统木雕工艺，八角亭、正厅、侧厅明间的梁、枋、枋间垫板、拱垫板等部位，廊步的月梁、垂花柱、挂落以及所有的门窗、栏杆上，都有成组配套的木雕。雕花主要沿用明清时期的平地雕、透雕和圆雕工艺，以平地雕为主，局部空间采用透雕。木雕题材非常丰富，如郭子仪祝寿、八骏图、八牛图、暗八仙、岳飞传等，反映了主人对传统文化的偏爱。它们都位于人活动的主要空间里，在人的视觉尺度之内，便于鉴赏。这些精美的雕刻保存基本完好，是杨氏民宅的精华所在。

该宅朝向院子的墙体均用青砖清水做法，勾缝为外凸圆缝，俗称“元宝缝”，为近代砖砌工艺的典型做法。一些细部包括灰塑、清水墙砌筑、阶沿石活、水泥地坪等更体现出工艺的精湛。除木材外，还使用了不少近代特色鲜明的建筑材料和工艺，比如每个院子有水泥楼梯上下、水泥地坪、门窗上的铜制五金构件、窗户上的彩色压花玻璃、石膏线脚吊顶以及铁质排水天沟和落水管等，可谓典型的传统中追求时髦的做法，处处体现了很高的建筑工艺水准，反映了那个时代上海当地建筑技术的水平。

保存现状

2002 年 1 月 14 日，杨氏民宅被公布为浦东新区文物保护单位。

2006 年，为配合浦东新区重大工程“轨道交通 M6 线”建设，根据有关法律规定，上海市人民政府同意迁移保护杨氏民宅，建筑主体采用了落架方式，八角门厅采用整体吊装，向西移动了 85m（现位于浦东新区牡丹园内），同时对建筑已损坏的地方进行了修缮。

杨氏民宅门厅檐角

杨氏民宅建筑外观

三林
汤氏民宅

地　　址：三林镇三林路 550 号

建造年代：民国初年

占地面积：820m^2

建筑面积：550m^2

保护级别：区级文物保护单位

汤氏民宅院落内景

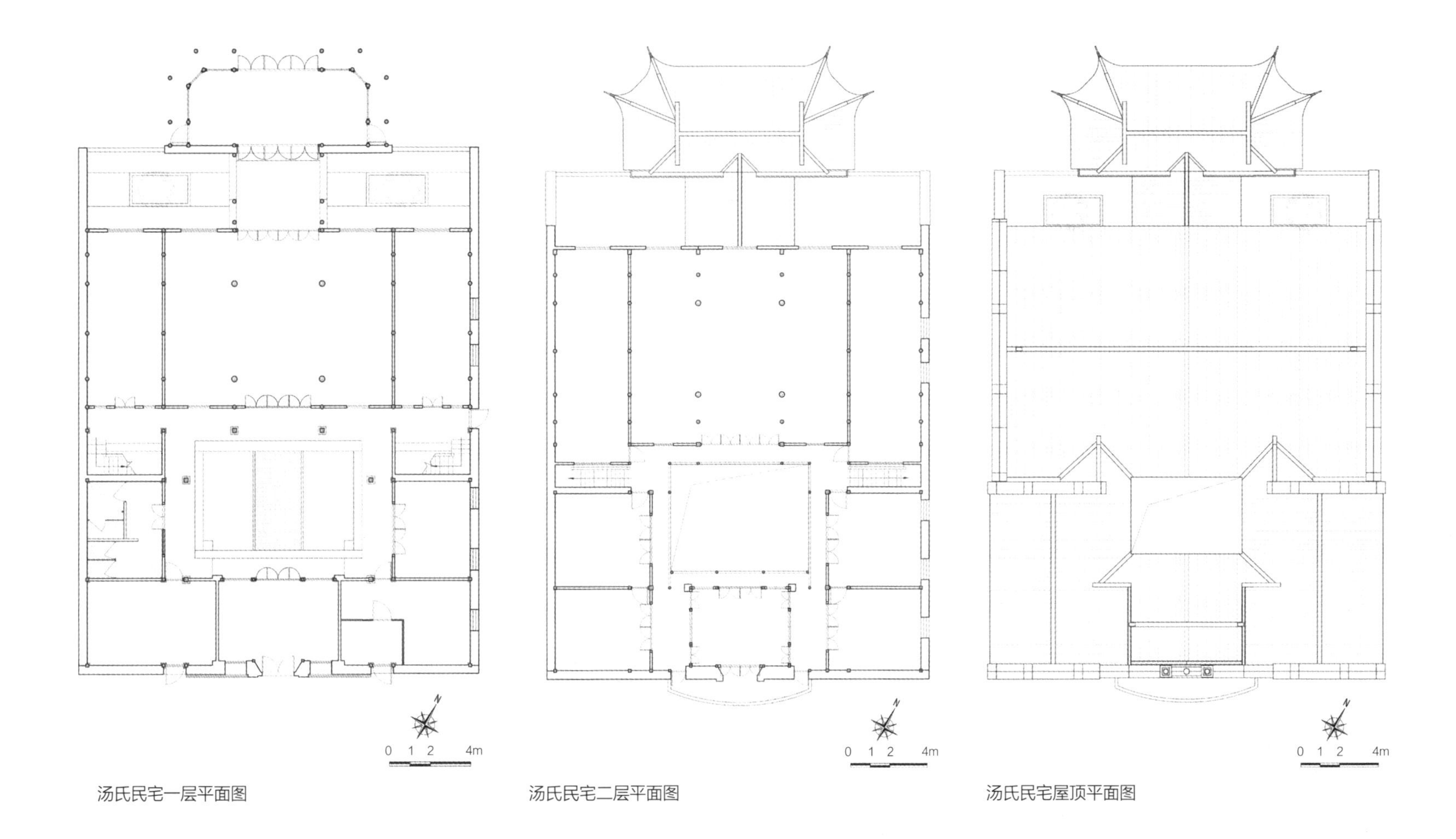

汤氏民宅一层平面图　　汤氏民宅二层平面图　　汤氏民宅屋顶平面图

历史沿革

汤氏民宅由巨商汤学钊（1851-1929）出资建造。汤学钊是浦东三林地区近代较有影响的人物，原来家在农村，家境殷实，后来在三林镇经商，经营布庄、米号、典当等店铺，其中以开设的布庄和生产的土布最为有名。他改进了土布的规格和质量，使土布细密耐用，风行北京和东三省，以至于有“三林塘标布进京城”的民谚。清宣统元年（1909 年），他以三林塘扣布参加比赛，获江苏巡抚、两江总督颁给的二等奖状和银质奖章。次年，其“元大牌”尖布、格子布参加南洋劝业会展览，获农商部银质奖章。民国 4 年（1915 年），京庄白套布参加农商部国货展览，获得金质奖章。汤学钊热心公益，发迹后不仅捐资建学，还经常赈济灾民，在家乡由他捐建的桥梁有十多座，每逢灾荒就施食、施粮，因此在当地百姓中具有良好的口碑。

民国初年，汤学钊在三林塘精心建造了这座中西合璧的住宅。

1960年～1992年，该建筑由上海刀片厂使用，主要用于办公及部分车间。上海刀片厂十分重视对该宅的保护，2000年出资80万元，在浦东新区文物保护管理署的指导下，对汤氏民宅进行了修缮，并对宅后的六角亭也进行了修复。

2001年，美国吉利公司成立100周年之际，美国休斯敦总部在中国举行了隆重的庆祝仪式，其中百年庆典——吉利系列产品汇展就放在了汤氏民宅。他们认为，将世界顶级剃须产品放在古老的民宅里展示，能够体现出中美人民之间的感情，也体现出中西文化的交融。

建筑特征

平面和院落空间布局

汤氏民宅为传统两进四合院布局，坐北朝南，主体对称。沿中轴线依次为门厅、院落及两侧厢房、正厅、后花园八角

汤氏民宅入口仪门

汤氏民宅挑出的西式阳台

汤氏民宅外观

丰亭等。正厅是两层楼房，保留有完整的天井，二楼连通形成走廊。后门南向山墙出挑露台。院落空间紧凑。

构造和外形

该宅体现了中国传统建筑的风格特征，同时也融入了西洋的一些建筑特色。中间四合院为两层砖木结构，正立面中间底层矩形门洞，石质门框，两旁砖砌方柱，柱头有花饰；二层挑出弧形阳台，以支架和椽承托，立宝瓶栏杆。建筑山墙采用青砖砌筑，外形体现西式特点：墙头造型为古典三角形山花，嵌精细花饰。两旁为弧顶山墙面，坡顶，灰砖清水外墙，红砖砌壁柱和水平带饰。

屋顶为传统的双坡顶，青瓦铺屋面。门窗为传统的木槅扇形式，形状简洁明快。院落地坪为方砖铺地，一层室内采用方砖和木地板铺地，二层和走廊则用木地板铺地。

细部和装饰

除去砖、木材料和砖雕、木雕等传统装饰工艺外，局部还使用了铸铁、水泥等近代的材料和工艺。走马楼采用西式的雕花廊柱和对称的卷花纹铁栏杆作装饰。扁圆拱的柱廊间有花瓶式立柱，别有情趣。门窗、梁枋、立柱等精工细雕有各种花卉图案，可以看出当时房屋建造者的用心。

山墙墙头、山花等部位有较为细致的红砖线脚。二层木廊柱有爱奥尼式雕花柱头，栏杆采用卷草纹铁花形式，外挑西式露台则为花式水泥栏杆。廊下撑脚也采用西式外观形式。

保存现状

2002 年 1 月 14 日，汤氏民宅被公布为浦东新区文物保护单位。现位于上海刀片厂（上海吉利有限公司）厂区内，作为企业的厂史陈列室和接待、会议用房。由于上海刀片厂曾对其修复过一次，所以保存状况较完好，但是有些地方仍然有破损，特别是雕花的地方，2009 年又由浦东新区出资进行了保养维护。

高桥
钟氏民宅

地　　址：高桥镇西街 160 号外高桥轻工技术学校

建造年代：20 世纪二三十年代

占地面积：2600m²

建筑面积：2095m²

保护级别：区级文物保护单位

被重新利用为校舍的钟氏民宅

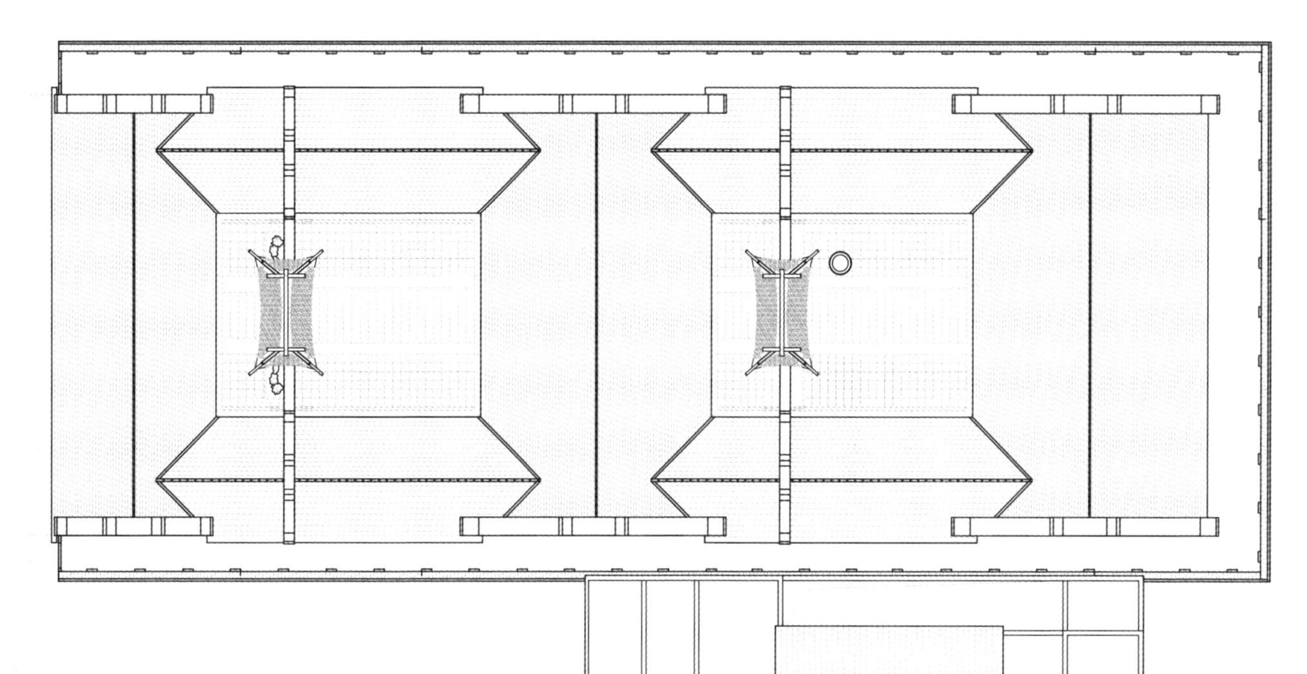

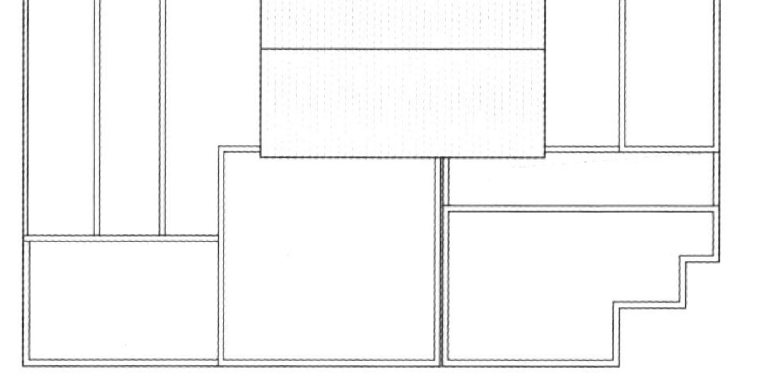

钟氏民宅总平面图

历史沿革

钟氏民宅由高桥首富、营造商钟惠山（1867-1933）建于20世纪二三十年代，大大小小共102间房，总投资20万银元。

钟惠山出身贫寒，自幼吃苦耐劳，从师学艺做泥水匠。因为手艺好，为人勤恳老实，深得东家信任，从包小工程逐步发展到在上海七浦路自创“钟惠记营造厂”。钟惠山识字不多，但很有远见和敢闯精神，能够抓住机遇。第一次世界大战期间，列强无暇东顾，上海迎来发展契机，钟惠山见机行事，在上海营造了不少里弄石库门房屋，获利倍增，在20世纪30年代初已有现银60万，不动产尚未计入。钟惠山发迹后，仍保持艰苦朴素的本色，生活十分节俭，但却积极捐资助学，补路修桥，造福乡里。

在建造自住的住宅时，钟惠山由于本身懂行，又亲自监工验收，要求近乎苛刻，其用料之讲究，工艺之精致，规模之宏伟，堪称高桥之最，至今建筑没有明显结构、构造问题。

钟氏民宅的钢筋混凝土走马廊

建筑特征

平面和院落空间布局

钟氏民宅整体布局尚属中国传统四合院形式，但从外观看已经有明显的西式风格，表现了上海浦东民居由古代传统住宅向近代石库门住宅转型的趋势。院落三进深，在南北向主轴线上建正厅、正宅、内室，每进院落正厅前后设仪门门楼和天井，整座宅院建筑单体全部为两层。正屋五开间，东西两侧建有厢房，正屋和厢房之间增设小天井。墙四周有“走马楼”，使房屋四通八达。建筑物两侧设长 20m、宽 2.5m 的长廊（备弄），使房屋内部明亮通畅。

构造和外形

结构形式为混凝土木材混合结构，局部木屋架，砖墙立柱，堂屋所有柱子为钢筋混凝土浇筑。从外观形式上看，第一进临街，明间开间为入口大门，传统木板门，浦东当地对此间称作“墙门间”，作为通向房屋第二、三进的入口通道。左右各两间皆为街面房。第二进和第三进入口设有仪门，仪门字碑上原雕刻“竹苞松茂”字样，寓家门兴盛之意，后因宅院改作校舍，遂改为“尊师重教”。

建筑主体山墙为硬山山墙，墙垛和山花顶带有西式风格，外观简洁，围墙为高达4m的封火墙，小青砖墙体，纸筋灰抹面。主体建筑屋顶为青灰色机坪瓦双坡硬山顶。门窗为传统木槅扇形式，但是没有任何雕花，线条简洁。院落地坪为水泥分缝样式，室内一层采用方砖铺地，二层为水泥地面，上铺木地板。

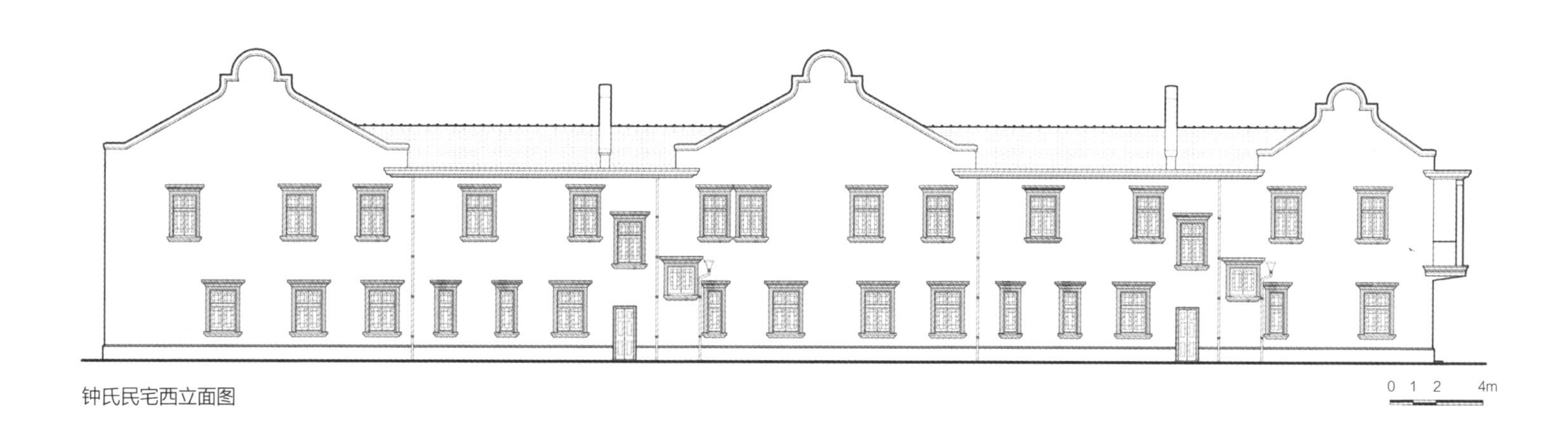

钟氏民宅西立面图

钟氏民宅中轴剖面图

钟氏民宅工艺精湛的铜铺首

钟氏民宅沿街南立面图

钟氏民宅二进院剖立面图

细部和装饰

整个建筑细部在传统的基础上简化，山墙墙头、仪门门头、檐口排水沟、檐下挂落、二楼的栏杆等都采用水泥砂浆塑造简洁的线脚。室内采用灰板条吊顶。所用材料以近代的混凝土、砖为主，柱子则用钢筋混凝土材料，天井内水泥印花铺地，门窗木料用柳桉，扶梯把手用香樟木，地板用柚木，五金件均用铜材质。建筑落水管道包在墙内，不外露。正厅宽阔，水泥圆柱，厅前置落地长窗，长窗上部为“口”字形方格亮子，中间嵌花式玻璃。南向沿街二楼设阳台，装有铁艺花式栏杆和木把手。整座建筑用料考究，施工工艺高超，不愧为高桥之最，也代表了 20 世纪 30 年代上海住房较高的建设水平。

保存现状

钟氏民宅自建成后钟家人从未使用，而是一直居住在上海市区内的石库门住宅内。该建筑曾是高桥育民中学分部用房，也曾经作为中国人民解放军的临时驻扎地，现为上海市轻工业外高桥技术学校校舍，发挥了社会效益。1999 年学校对该宅进行了修缮，整栋建筑迄今保存完好。2002 年 1 月，被列为浦东新区文物保护单位。

钟氏民宅室内格局

高行喻氏民宅

地　址：高行镇庭安路、兰谷路公园内

建造年代：1929 年

占地面积：不详

建筑面积：600m^2

保护级别：区级文物保护单位

喻氏民宅外观

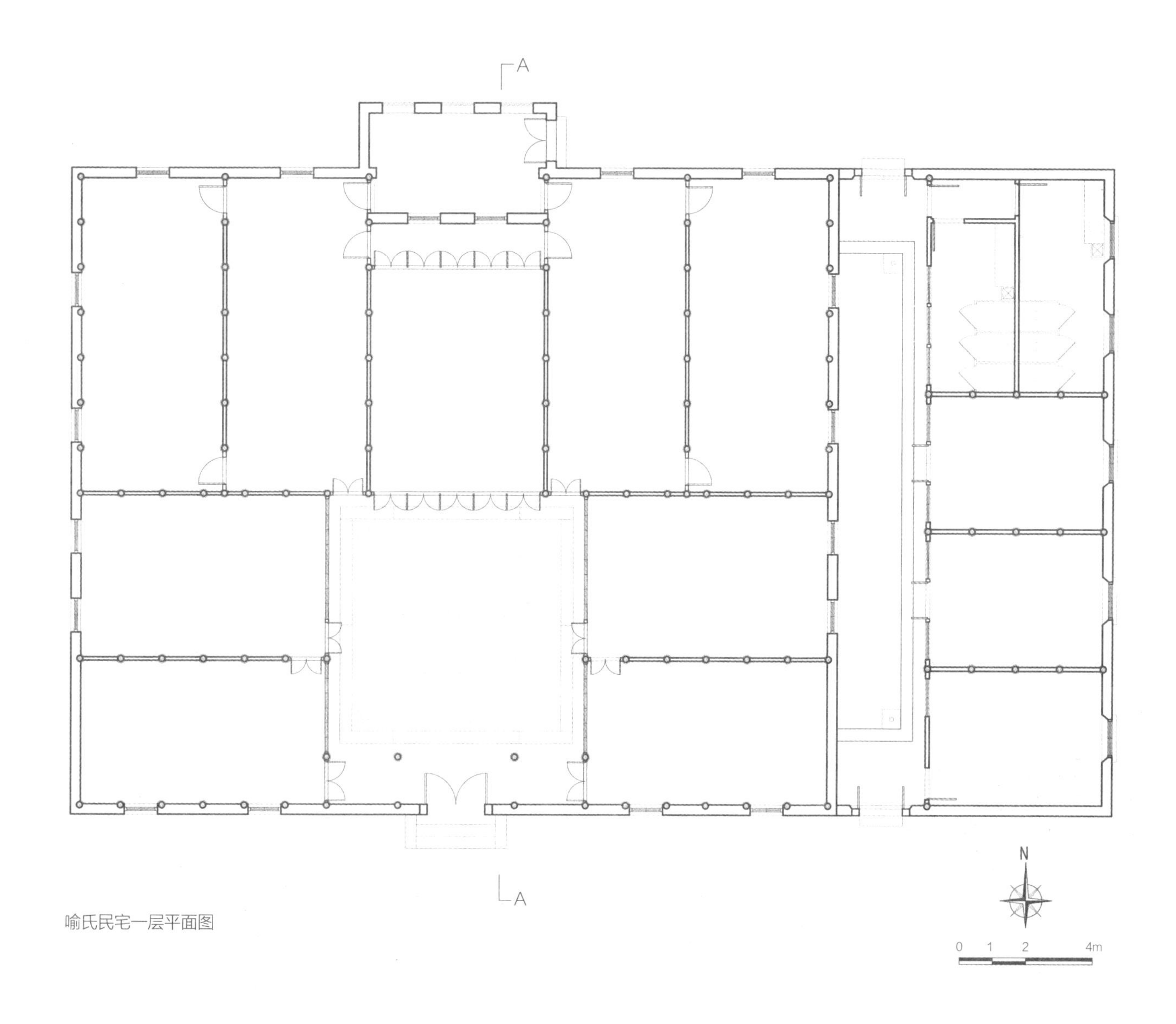

喻氏民宅一层平面图

历史沿革

喻氏民宅原位于浦东陆家嘴地区浦城路、东昌路交汇处西侧（陆家渡路215弄58支弄81号），房屋主人喻春华，早年在黄浦江做水上运输生意，发迹后聘请工匠建造此宅。据记载，清乾隆时东昌路一带已有喻氏子孙居住，至喻春华时，喻氏家族财力已非常雄厚，东昌路一带因此有“喻家门”“喻氏半条街”之说。

2002年，浦东新区旧城改造，喻氏民宅在旧房拆除范围内，当时施工单位已在拆除厅堂花格门窗，浦东新区文物保护管理署接到居民反映，迅速派员与有关单位联系，阻止了拆除施工。经多次协调，在外立面不作任何改动、内部结构稍作处理的前提下，将此宅搬迁至高行镇解放村牡丹园内，历时4个月完成。

建筑特征

平面和院落空间布局

喻氏民宅为传统一正两厢三合院布局，完全对称，建筑由入口大门、天井、正房、厢房、东跨院配房等部分组成。正房五开间，东西厢房各两间，皆为单层。正房和厢房各退进一跨作为游廊，所以天井显得比较宽敞。建筑平面紧凑且占地面积不大。

构造和外形

建筑风格与陆家嘴陈桂春宅相似，中西合璧，但侧重于中式。入口大门采用西式构图，为科林斯式的石库门，比例较为准确。石质门框，青红砖相间墙面，门头有镜花雕刻装饰。门额题有“凤集高岗”四字，来自《诗经·大雅·卷阿》“凤凰鸣矣，于彼高冈”，体现了主人对家族和事业前途的美

喻氏民宅的建筑形式和院落空间

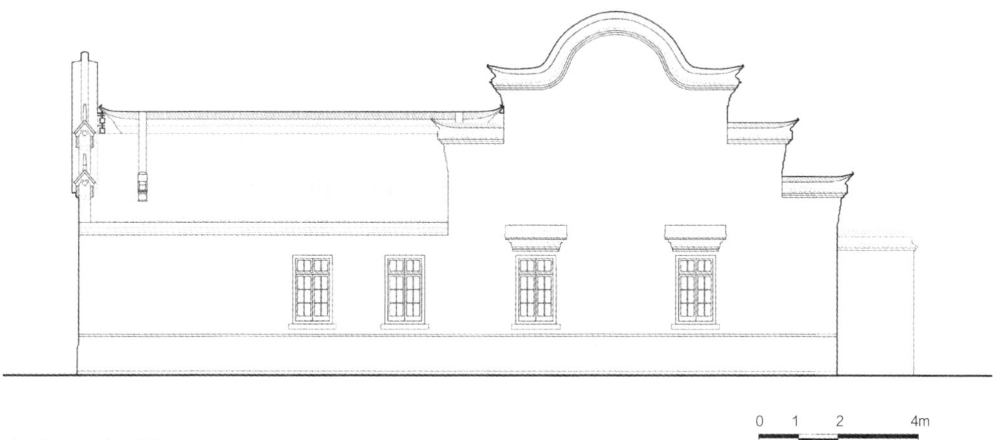

喻氏民宅东立面图

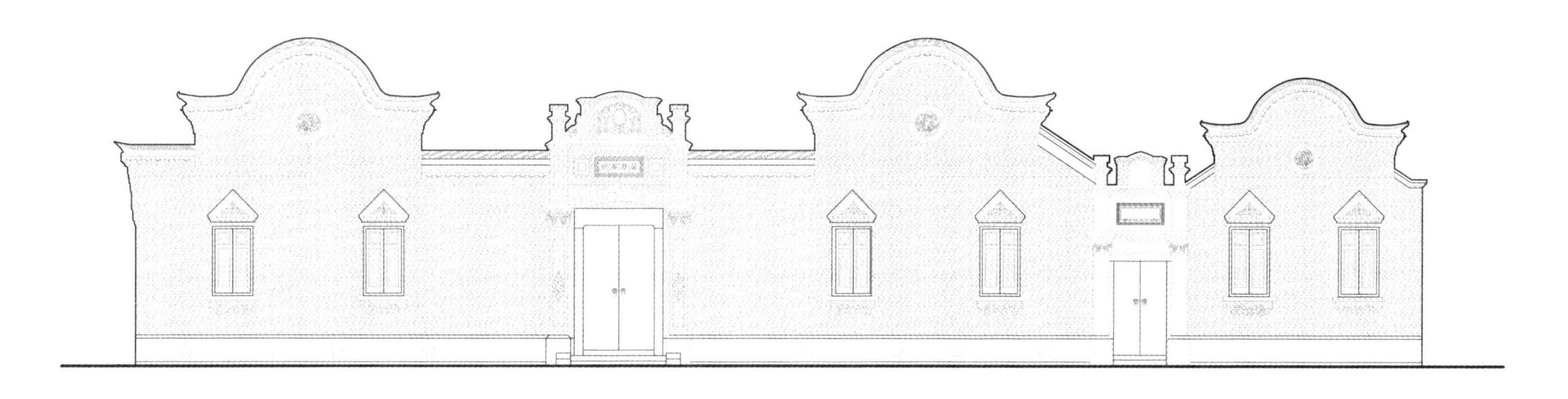

喻氏民宅南立面图

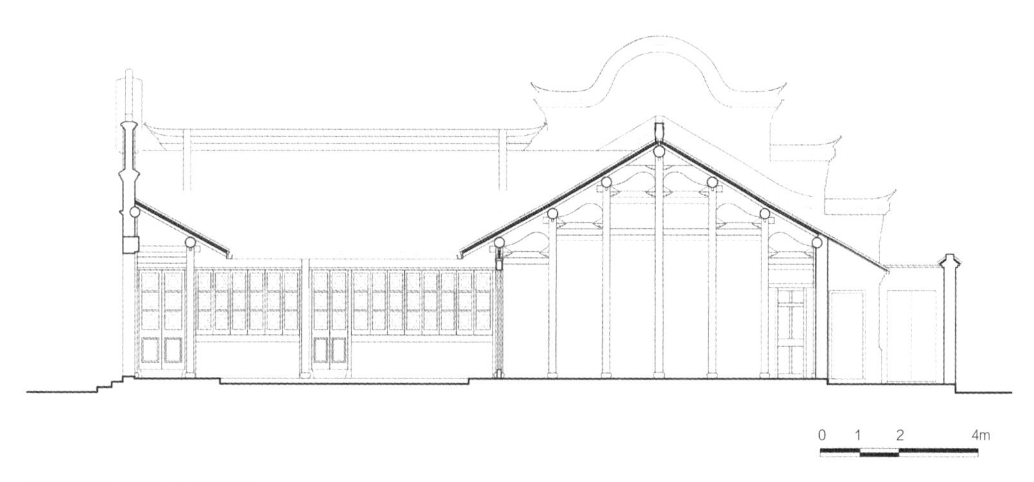

喻氏民宅中轴 A-A 剖面图

喻氏民宅山墙与东配房之间的窄院

好憧憬。建筑山墙采用红砖、青砖相间砌筑，南侧山墙为传统半圆形屏风墙，上头饰有圆形凤凰图案。

正房厅堂不分前后厅，也不用木屏门分隔，直统式，显得很朴实。屋架结构采用了传统的中式建筑手法，穿斗式木架，正间梁架上面有各种木雕图案。尤其值得一提的是其正房、厢房横梁为一梁直通铺，梁长 10 余米，这在上海地区也不多见，可见当时喻氏财力之丰厚。

屋顶为传统的双坡顶，青瓦铺屋面，两侧砌封火墙，采用西式装饰，简洁明快。门窗为传统木槅扇形式。南侧山墙窗户上有三角形窗楣，下为红砖砌筑而成的西式窗台构图。房间地面铺柚木地板，院落地坪为整块水泥预制砖。

细部和装饰

建筑外立面围墙檐口、转角处都有较为细致的西式线脚，落地水泥基座处也有简单的线脚处理。正房、厢房及门厅上的砖雕、木雕等传统工艺细致，题材丰富多样，形象逼真。西厢房梁枋上刻有鎏金的“寿”字，现仍保存完好。建筑局部还使用了石膏、水泥等近代材料和工艺。两侧厢房菱形的磨石子地面，反映了当时建筑材料和营造手段的演变过程。

保存现状

2002 年 1 月 14 日，喻氏民宅被公布为浦东新区文物保护单位。迁移到牡丹园后的喻氏民宅，开辟为“浦东民居收藏陈列馆”，展出历史文物和民间收藏等，而建筑本身也是展出作品，共同成为人们缅怀历史、追忆往昔的文化旅游景点。

高桥
黄氏民宅

地　　址：高桥镇西街 139 号

建造年代：始建于清末民初，1921 年完工

占地面积：670m²

建筑面积：745m²

保护级别：区级文物保护单位

黄氏民宅一进庭院

历史沿革

高桥黄氏民宅南临港河，北靠西街，宅主黄文钦（1858-1943）是本地人氏，早年在上海苏州河畔的乌镇路、溧阳路等处开设数家竹行，俗称为“黄家竹行”，从闽浙等毛竹产地，打成竹排运往上海。时逢第一次世界大战前后，上海建筑业兴盛，黄家逐渐致富，就在家乡建造了这所宅院。

住宅建成后，黄文钦又在镇北的慈善街建了一所“黄家祠堂”，也是一幢二进深两侧边厢的建筑，十分考究。黄文钦热心助学，抗日战争前，该祠堂作过日新小学校址。中华人民共和国成立后该祠堂曾用作高桥文化馆和图书馆，现已拆除，而黄氏民宅得以保存。

建筑特征

平面和院落空间布局

高桥黄氏民宅为传统院落式布局，建筑与围墙围合的庭院较为封闭，坐北朝南，原来是四进三庭心，由于河道两边环境改造，拆除了第一进的南侧入口，现在从原来第二进墙门（仪门）进入。整个宅院由天井隔开，前后房屋有分有合，各有天地，简洁实用。自南向北由仪门、天井、正厅、厢房、夹弄等部分组成，平面格局完全中轴对称，建筑整体占地面积较大，轴线、层次等级显著。

现存建筑第一进为一正两厢的二层楼房，正厅五开间，三明两暗，中间客堂内挂有“润德堂”匾额一块，楼房前后

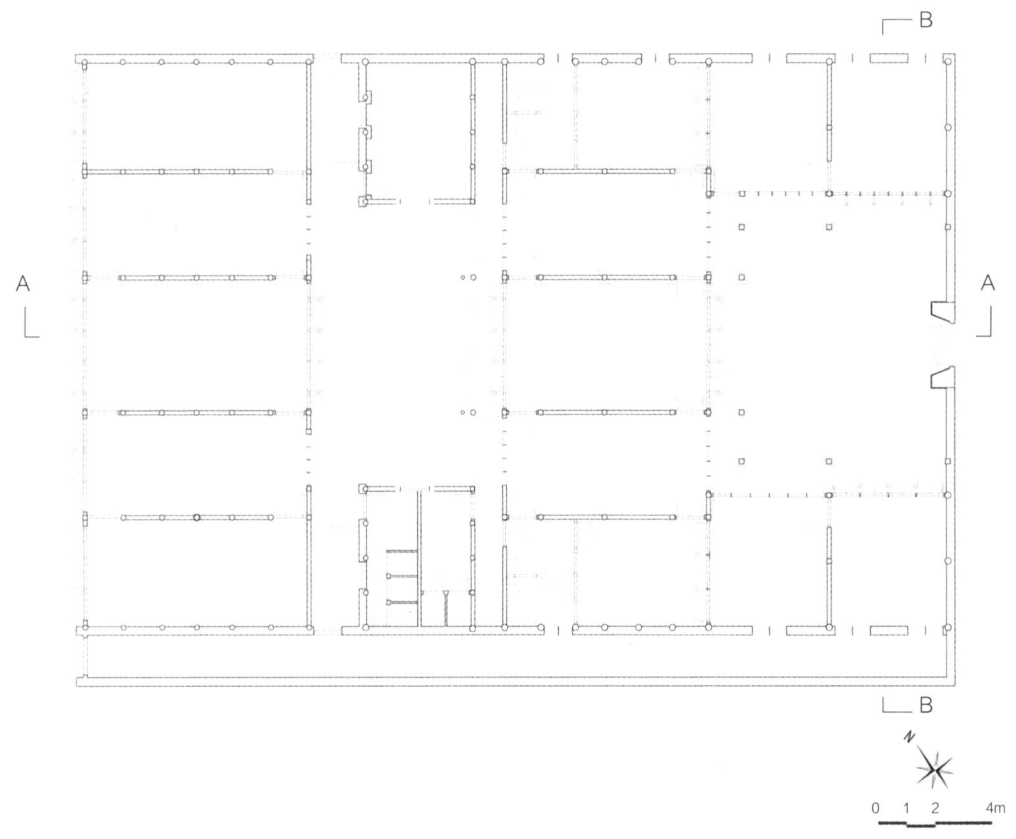

黄氏民宅一层平面图

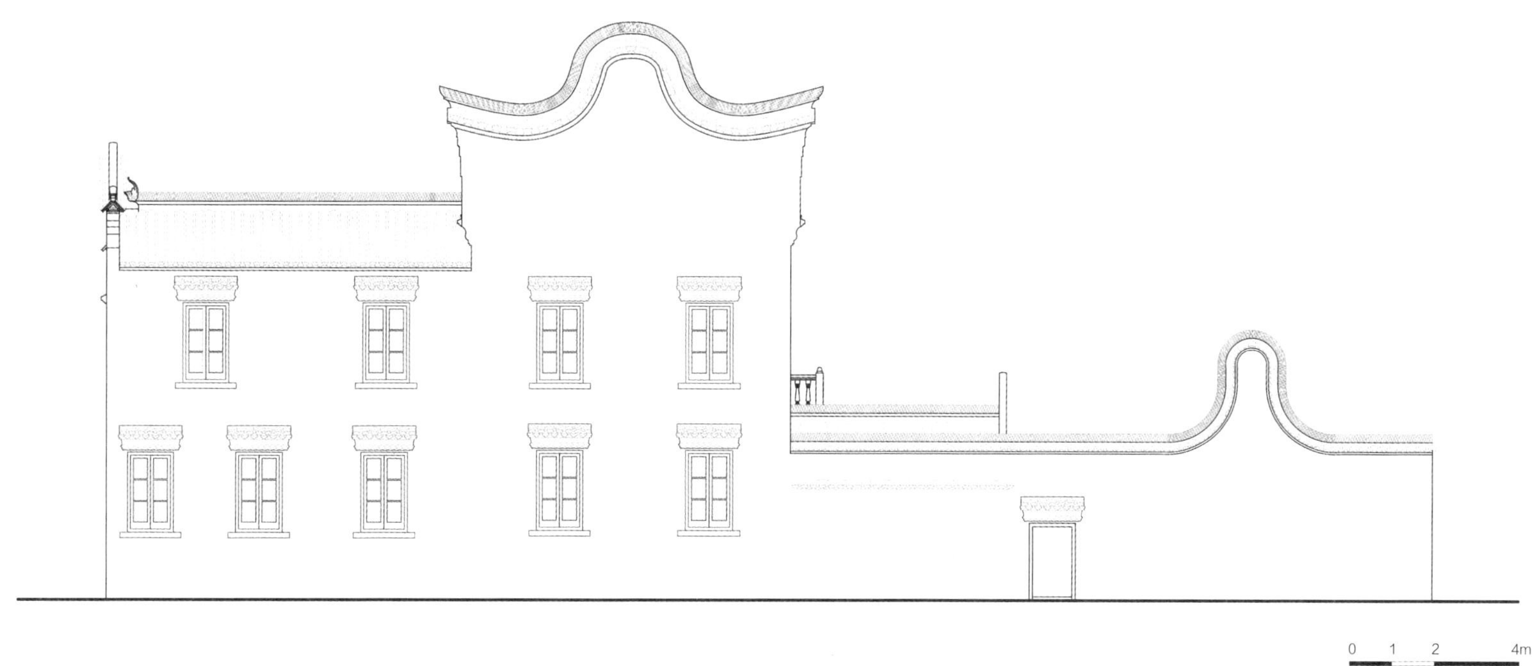

黄氏民宅东立面图

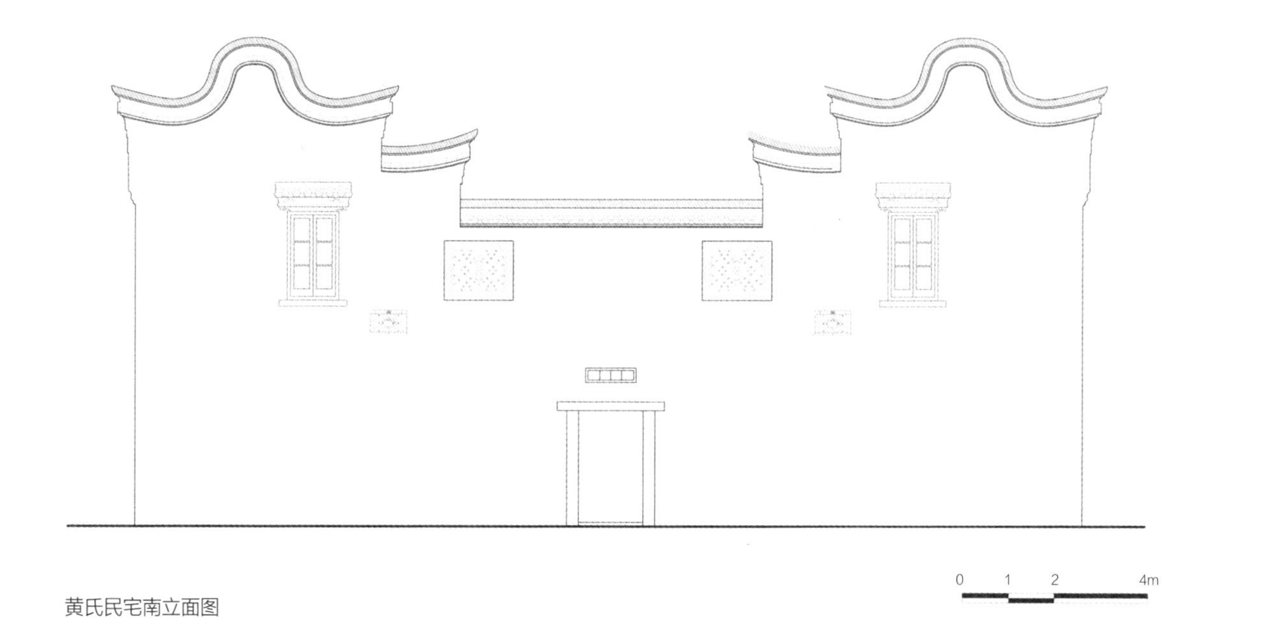

黄氏民宅南立面图

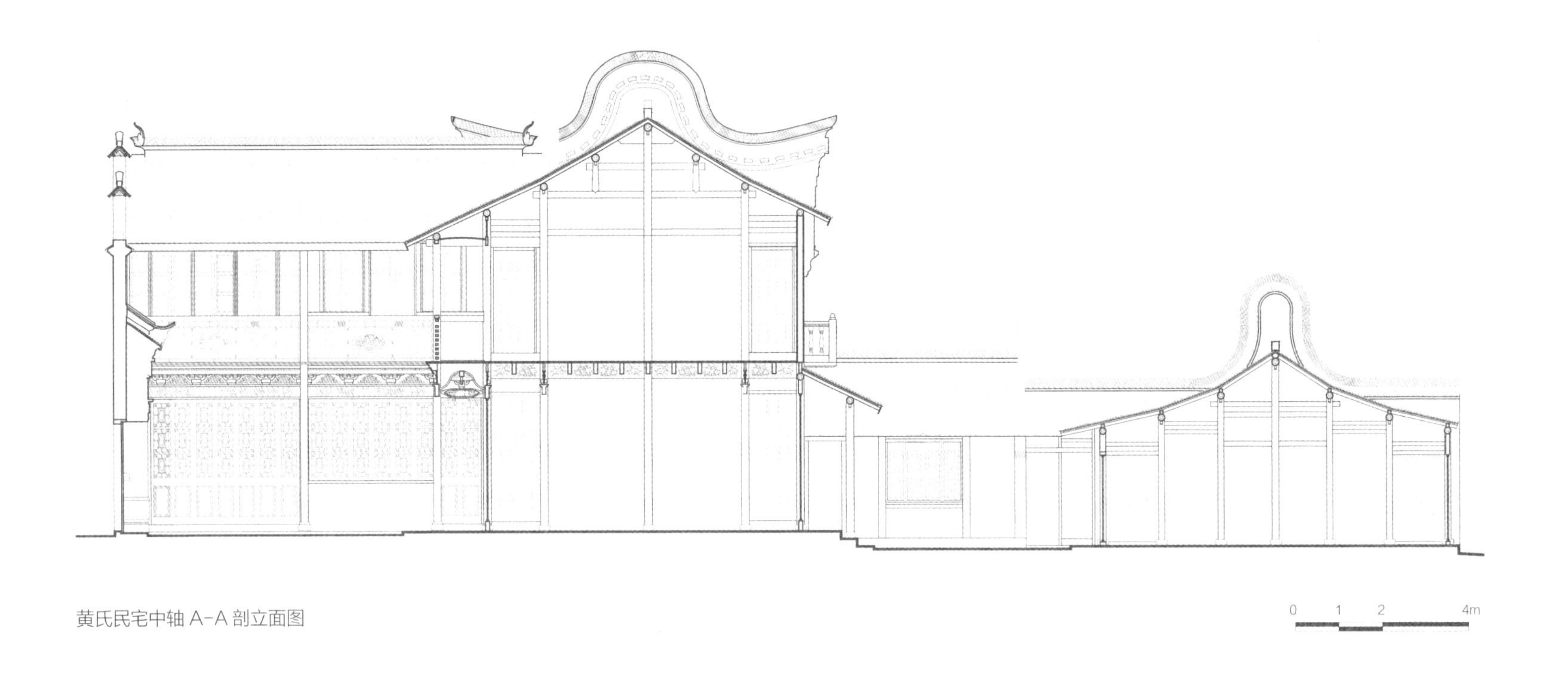

黄氏民宅中轴 A-A 剖立面图

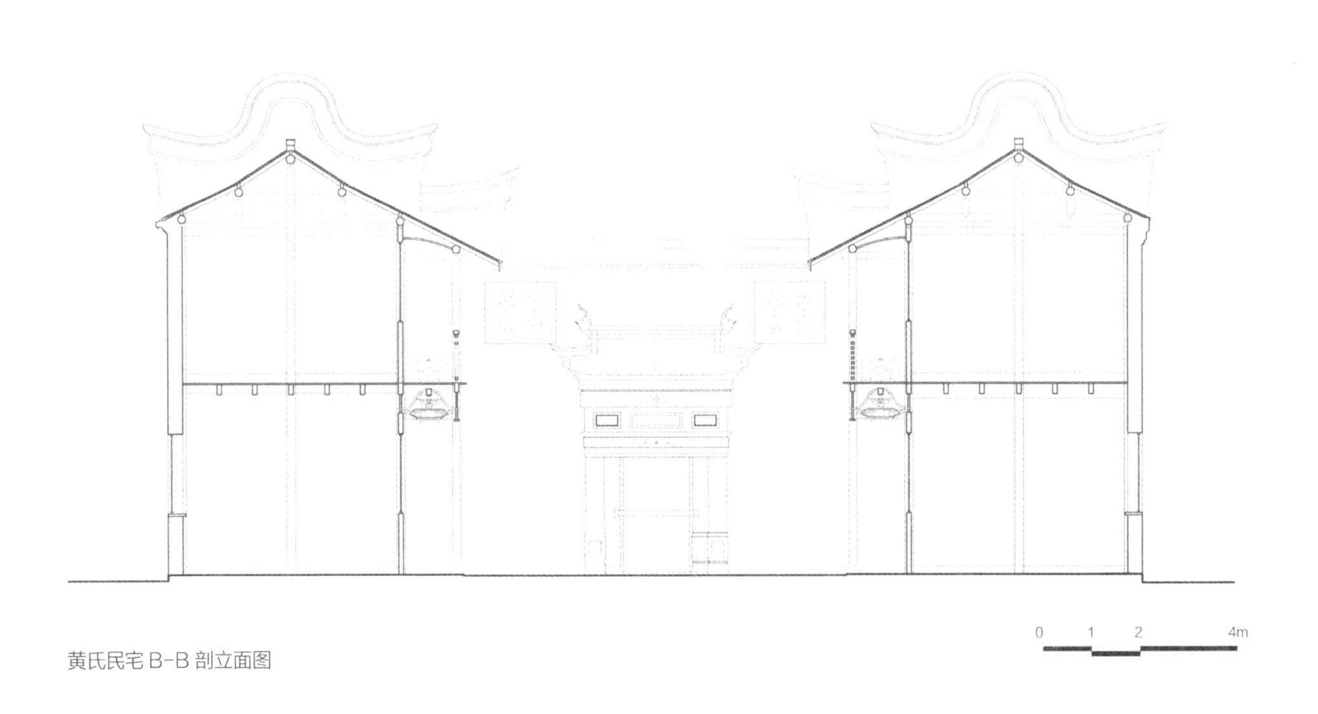

黄氏民宅 B-B 剖立面图

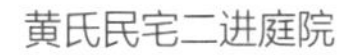

黄氏民宅二进庭院

黄氏民宅建筑局部

有走马楼相通，院落空间宽敞。现存最后一进建筑为一层，相对院落空间较小，院中有一口老井。

构造和外形

建筑为立贴木结构，青瓦粉墙，反映了传统民居的特有风貌。建筑山墙采用青砖砌筑，两侧山墙采用传统的观音兜，高过屋面以及屋脊，造型上不同于常见的半观音兜，而采取从廊檩起势增高的全观音兜的造型，落落大方，非常美观。

屋顶为传统的双坡顶，小青瓦屋面。正厅、厢房等重要厅堂的门窗仍然是传统的木槅扇形式，小木作雕花精美，但是在次要房间隔断处，也在局部采用西式的板门。外墙窗楣为传统砖砌批檐。

院落地坪为预制水泥花砖铺砌，第二进大天井地坪为印花水泥地面，其他天井则为青砖席纹铺砌。室内一层地面材质既有方砖也有木地板，二层楼板则为传统的木楼板做法。

细部和装饰

黄宅建造工艺十分精良，上下门窗、廊檐、栏杆等均有木雕图案等加以装饰。二楼回廊下有廊轩，立柱上架挑梁、斗栱和枋木，枋木、斗栱和拱垫板均有精美雕刻。仪门、墀头处，均有砖雕，题材丰富。建筑所用材料以传统木材、砖为主，只在院落地坪运用了水泥花砖，装饰和施工工艺上完全体现了传统的砖雕、木雕工艺所达到的高度。

保存现状

2003 年 6 月 25 日，此宅被列为浦东新区文物保护单位，并进行了保护修缮设计。目前，这里为上海东岸绒绣艺术研究中心，作为保护国家级非物质文化遗产“高桥绒绣”的展示场所，对外开放。

高桥敬业堂

地　　址：高桥镇西街124弄2号

建造年代：1920年

占地面积：933m^2

建筑面积：640m^2

保护级别：区级文物保护单位

高桥敬业堂仪门

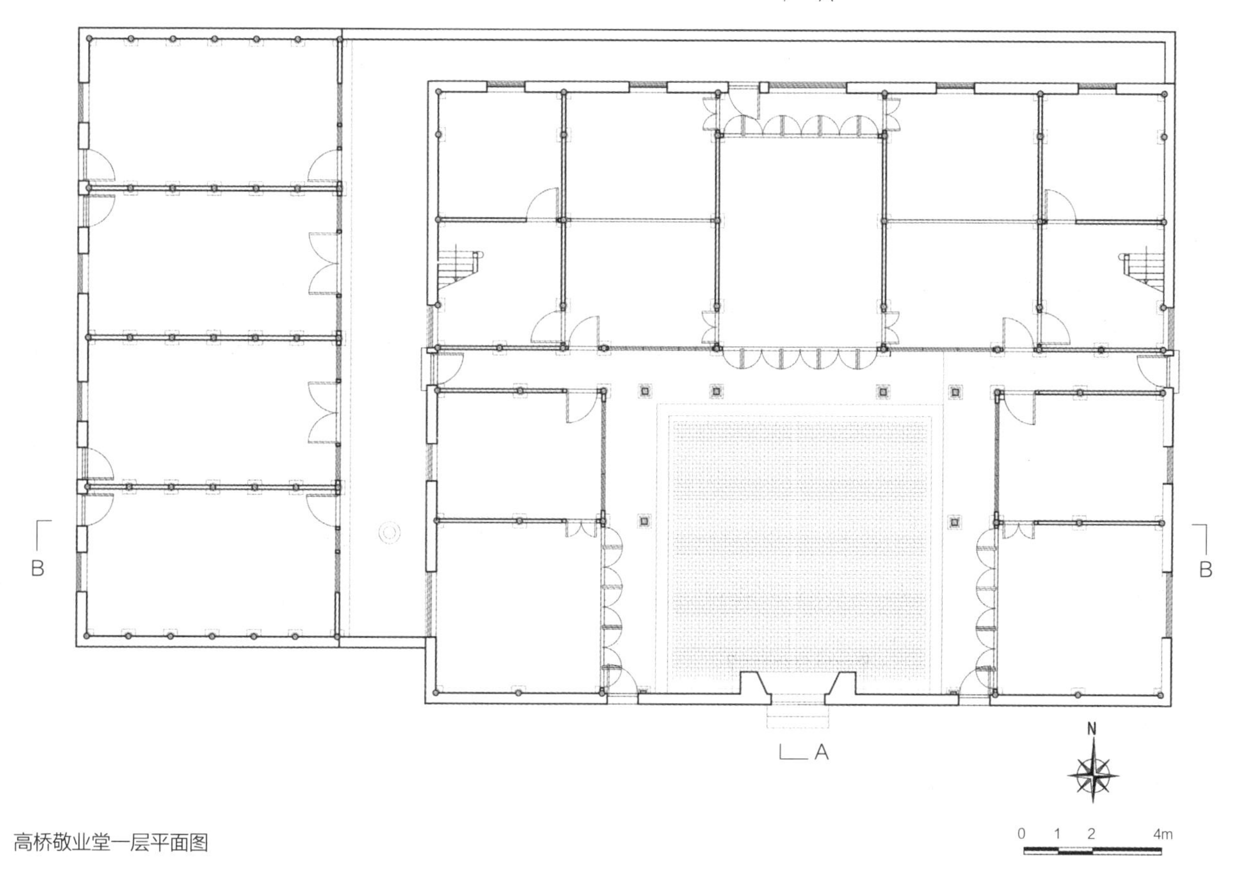

高桥敬业堂一层平面图

历史沿革

敬业堂的建造者为沈邦荣（1870-1950），相传祖上是中亚哈萨克人，元代成吉思汗远征中亚时来到中原，后有姓沈的一支流落定居在高桥。沈邦荣的父亲沈晓山家境贫寒，以种植蔬菜为生，老屋仅为三间破房。沈邦荣十多岁时到镇上一家点心店当学徒，到二十多岁时借钱开了一爿小饭店，辛勤经营，逐步积累，开了高桥镇首家大饭店“聚兴馆”。凭借勤奋努力，诚信经营，加上店面依街临水的有利位置，到50岁时已积累了不少的财富。

1920年，沈邦荣拆除祖传老屋，耗资1万余银元建成新宅“敬业堂”，寓意专心致力于学业与工作的美德。沈邦荣建造此宅的主要目的，是为他的独生子沈关镠准备婚房，但其子不幸在完婚两年后就染病身亡，没有子嗣了。之后，沈邦荣以亲兄沈荣福的二孙子沈鼎铨为嗣孙，让其继承了这份家业。

敬业堂建成多年后，在这块宅基地上又陆续增建了一些房屋：1930年在西面空地上修建了四间平房，约140m^2；1980年在东面空地上建造了两间平房和一幢三层小楼；1990年在西厢房南侧增建了一幢二层小楼房。这些后来续

高桥敬业堂院落空间，落地槅扇长窗上部为蛎壳窗

建的房屋共约 320m²，合计共有建筑面积约 1000m²。

中华人民共和国成立后，敬业堂除东厢房上下四间曾由房产科管理经租外，大部分房屋一直都由业主自己居住使用，院内搭建改造较少，保存比较完整。

建筑特征

平面和院落空间布局

敬业堂建筑整体布局共一进，平面为一正两厢带跨院的格局，主体建筑坐北朝南，轴线为南偏东方向。除了主楼西侧的余屋部分为一层外，建筑的主体部分均为两层。中间是客堂，客堂两侧各有一间次间、一间梢间，一层共五间。天井两边各有两间厢房，厢房一层为四间。前面的大天井有 60m²，院落空间宽敞。主楼东西两侧有两块供种菜栽花的空地，并各凿一眼水井。

构造和外形

敬业堂为立贴木结构，入口为一堵高大的屏风墙，大门上有朝向院落的砖雕仪门，形式庄重大方，山墙为青砖砌筑，有观音兜。正房为双坡硬山屋顶，小青瓦屋面，庭院内三面围廊。门窗完全为传统木槅扇形式，小木作雕刻细部，十分精美。客堂和厢房前的廊檐顶部是用鹤颈三弯椽做成的船篷轩，屏风墙开有漏窗。

室内包括门厅、正厅、厢房等的明间均采用传统方砖铺地，天井的地坪用进口法国水泥按小花格子图案铺砌而成。街沿用金山石，石面加工平整，棱角分明。二层的室内和走廊，均用木地板，增加了居住的舒适性。为避免因气候潮湿和地下水位高带来的对地板的破坏，地板下面架空层达 7cm。柱础用金山石。

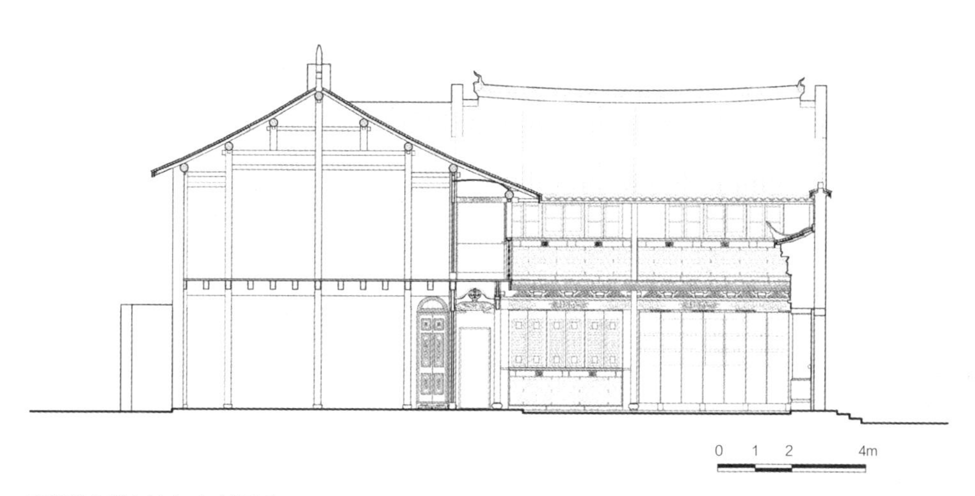

高桥敬业堂中轴 A-A 剖面图

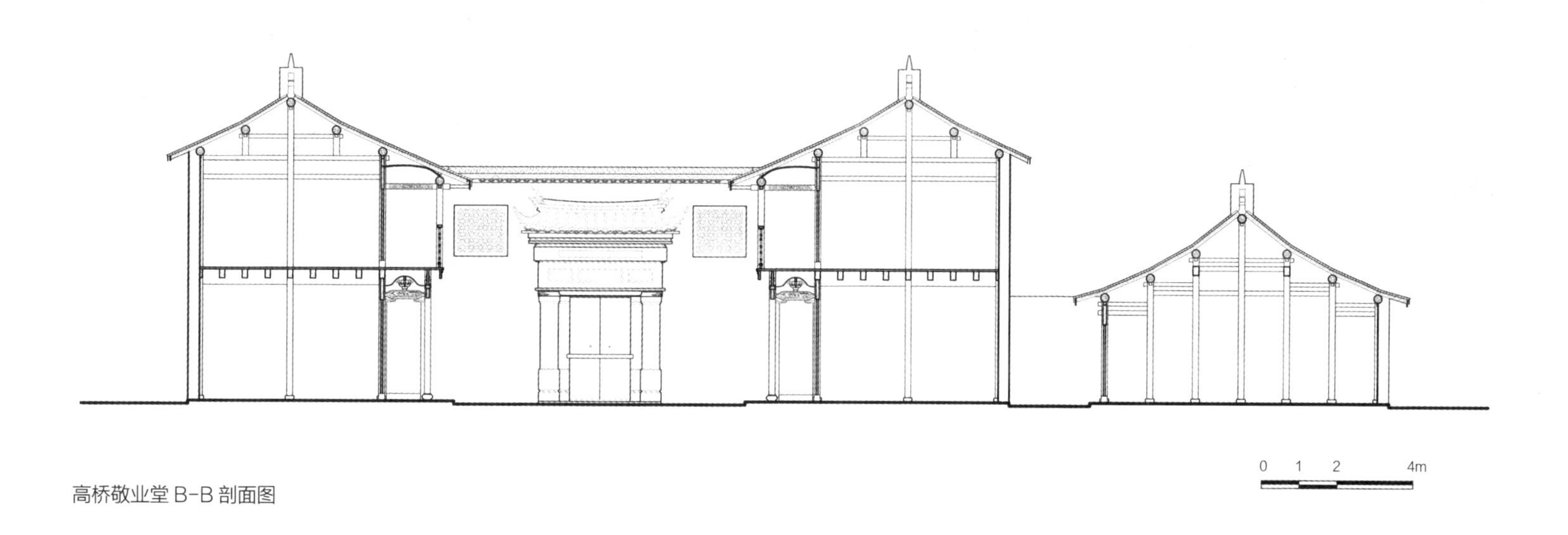

高桥敬业堂 B-B 剖面图

细部和装饰

敬业堂立面带有典型的徽派建筑装饰风格，客堂和两厢房采用了大量的雕刻装饰。大墙门的门檐上装饰有五幅精美的砖雕，中间是一方“欲修厥德”四个字的匾额，匾额上方是八仙过海，下方是状元及第，右面是刘关张三战吕布，左面是岳飞枪挑小梁王。门檐两侧是石雕狮子捧仙球。客堂背后的屏门上方是一幅 1m 高的满堂木雕，部分配有镂空花雕，非常少见，既是装饰又可起通风换气的作用。

高桥敬业堂栏杆细部

正房、厢房以及客堂楼和厢房楼前面都有木雕回纹花格栏杆，桁梁和挡板上也布满精美的木浮雕图案和传统故事。与一般中式宅院一样，客堂和厢房都采用落地槅扇窗门，共 24 扇，这 24 扇槅扇门的上部是用蛎壳做的小方格子蛎壳窗，槅扇窗门的下半部装饰有木刻浮雕。所有的门窗虽然材质和尺寸基本一致，但其上的雕花却各不相同，使每一扇门和窗都独一无二。

建筑用料也比较讲究，所用的木料大都是进口材料，门窗用柳桉，楼梯用柚木，桁梁用柳杉，楼板托梁用的是洋松和柳杉。两间正房和两间次间的房门装有四扇很特殊的门，木质坚硬重实，呈棕黑色，与周围所用木料完全不同。门面、门框和门槛上都刻有浮雕图案，完全是西方风格的作品。据说这四扇门是由高桥建筑巨商谢秉衡介绍购来的西洋房门成品，所用的木材是南洋的一种优质硬木，在高桥镇上绝无仅有。

保存现状

2003 年 6 月 25 日，敬业堂被公布为浦东新区文物保护单位。由于它一直承担着居住功能，在 80 余年的日常生活生产过程中，因使用需求对建筑有所加建改建，同时年久失修，建筑不可避免地有些老化。2008 年至 2009 年进行了保护修缮。目前，不仅整座建筑保存得相当完整，连内容丰富多彩的木雕和客堂间的蛎壳窗等细节也完整如初，而且是唯一一处没有改变用途的区级文物保护单位，至今大部分依然为沈氏后人居住生活。

川沙
陶桂松宅

地　　址：川沙新镇操场街 48 号

建造年代：1930 年

占地面积：1156.7m²

建筑面积：796.8m²

保护级别：区级文物保护单位

陶桂松宅外观

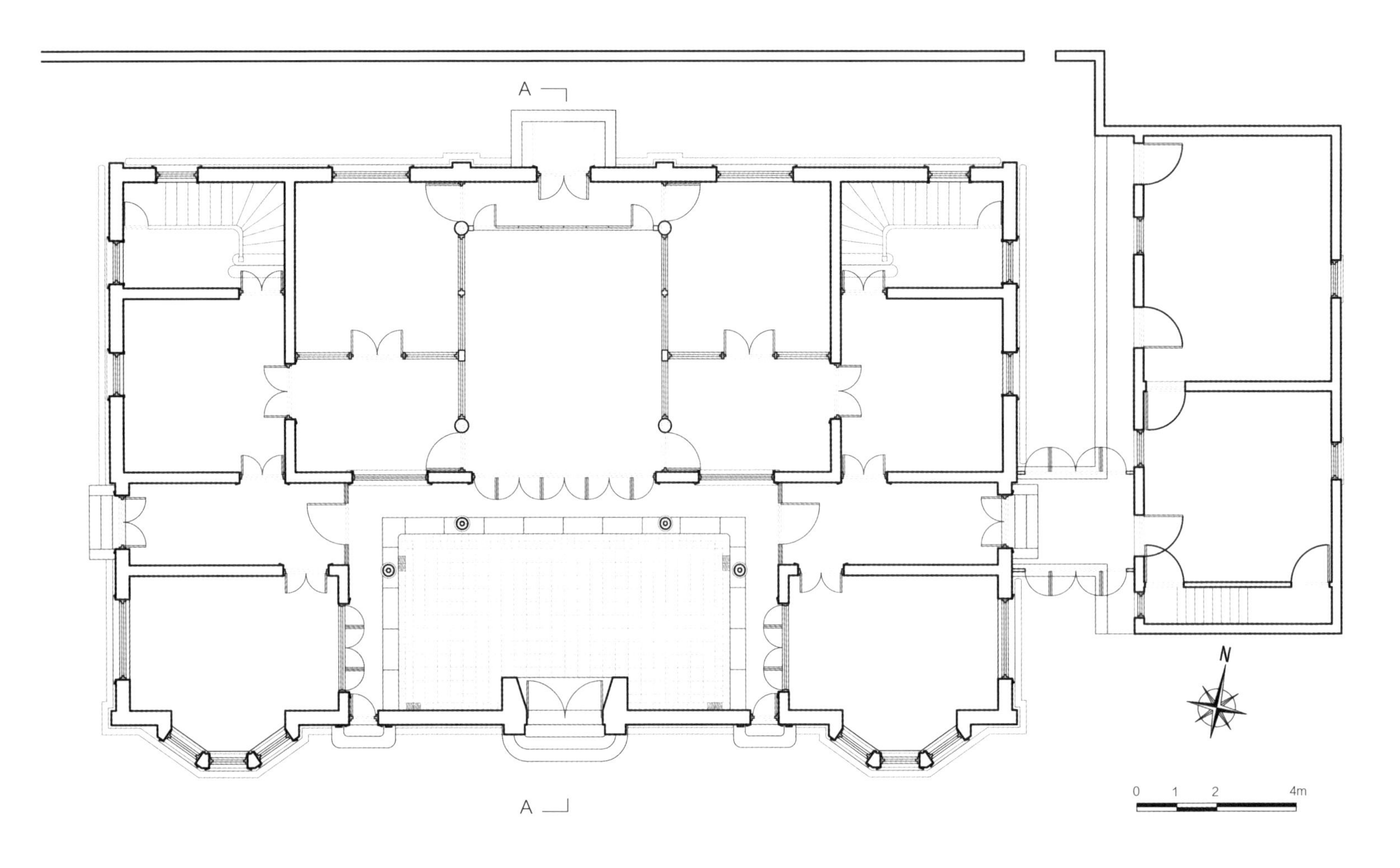

陶桂松宅一层平面图

历史沿革

陶桂松住宅，又名“陶氏精舍”，宅主陶桂松（1879-1956），浦东川沙蔡路镇人，为近代上海著名的营造商，陶桂记营造厂创始人。

陶桂松十分重视建筑质量，多次到欧洲学习、取经，坚持要将世界一流的建筑理念带回中国，深得中外客户的信任，因此建筑业务长年不衰。20世纪二三十年代，上海的许多著名建筑都出自他的手笔，先后承建了上海国际饭店、永安公司新大楼、中国银行大楼、龙华飞机场、美琪电影院、迦陵大楼、康绥公寓、巨福公寓等大型建筑。曾担任过上海市营造业同业公会理事、陶记营造厂总经理、大元冶坊董事长兼总经理、上川交通股份有限公司常务理事等职。

发达后的陶桂松在家乡亲自设计并建造了自家的这座住宅，自然也是精益求精、追求极致的作品。

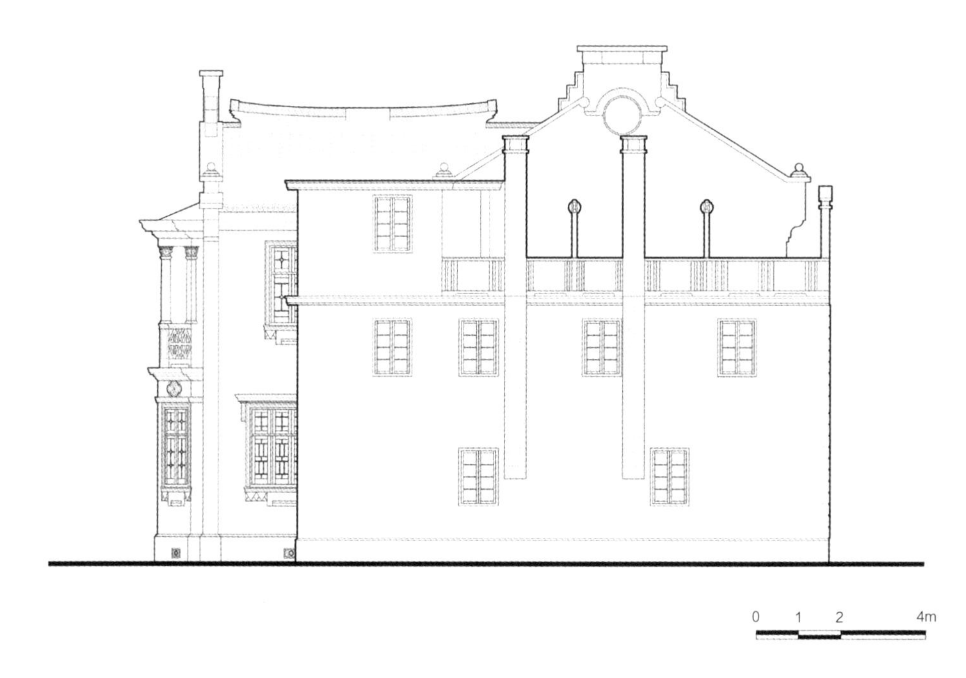

陶桂松宅东立面图

陶桂松宅南立面图

中华人民共和国成立后，该宅被分配给部队，一直由老干部居住，在使用过程中并无大的改建，门窗等构件丢失较少，整体风貌保存较为完好。

建筑特征

平面和院落空间布局

陶桂松宅主要建筑单体包括：主楼、副楼、柴房和街面房等。主楼坐北朝南，为传统的一正两厢布局，二层有回廊连通，局部有地下室；天井正中为高大的仪门，上空有钢架玻璃顶棚覆盖，使得传统的天井变成既能采光遮雨、又能透气通风的半室内空间。副楼位于主楼东侧，为砖混结构二层楼房，平屋顶，主、副楼间采用架空楼梯相连，这些特点在传统民居中较为少见，当是主人受浦西影响的创作。

由于基地条件的限制，其花园位于主体建筑的东北侧，使得建筑的总平面布局形成了不规则的“L”形。

构造和外形

建筑风格为中西合璧式，立面带有典型的西式建筑装饰风格。入口大门为典型的浦西石库门形式，用水泥制作成外凸门头和门柱。建筑外墙面均为传统的青砖砌筑，水泥砂浆

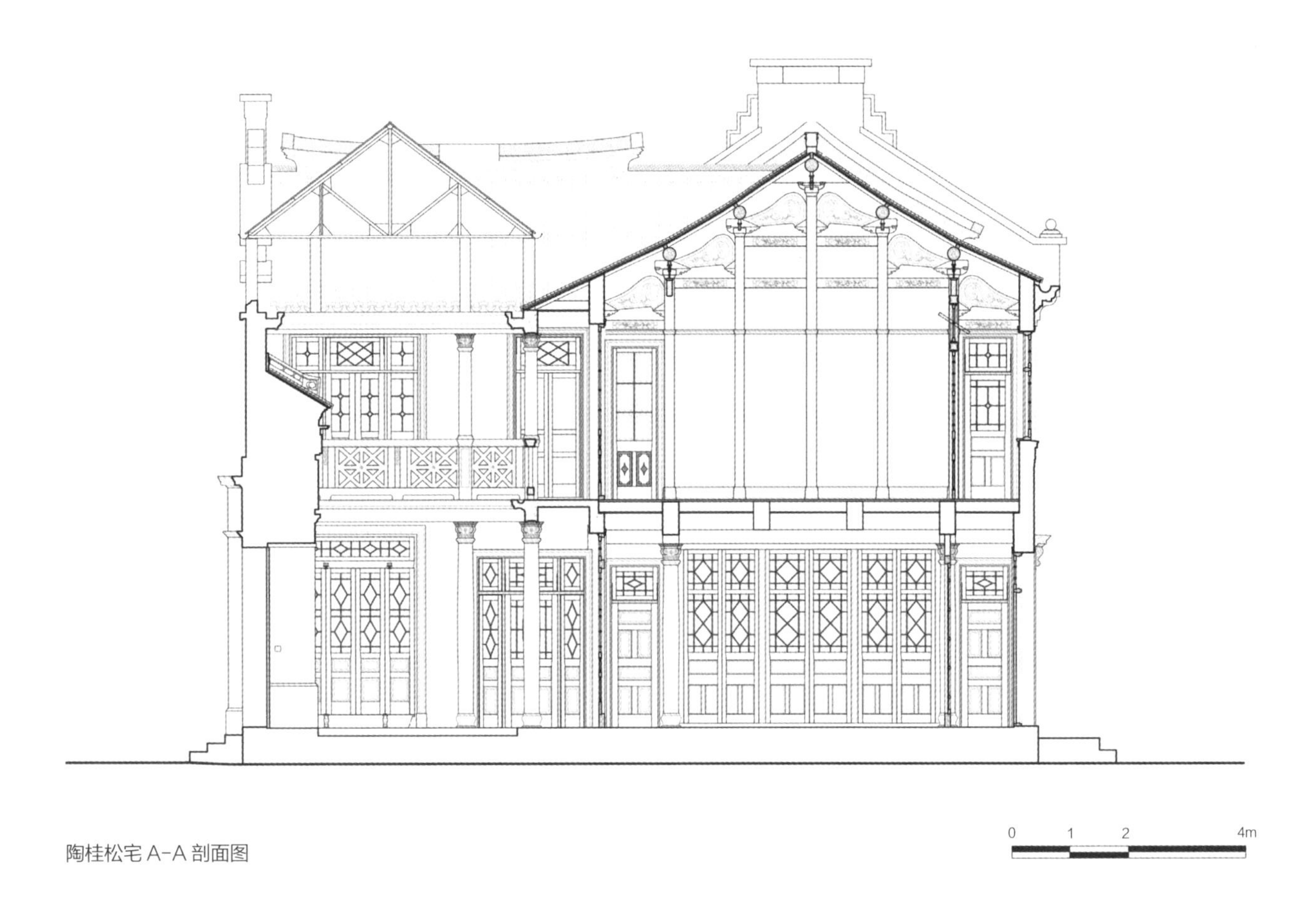

陶桂松宅 A-A 剖面图

勾平缝，山墙做西式山花，顶部还有西式浮雕，底部用水泥制作线脚。主楼屋顶为硬山顶，采用青瓦铺作。副楼为平屋顶女儿墙。南立面厢房与传统石库门式建筑做法不同，仿花园洋房式特点，向南凸出半六角形的空间，并在二层形成阳台，有四根爱奥尼柱装饰。天井上覆盖有歇山形式的钢架玻璃顶棚，一、二层廊檐均为爱奥尼柱头装饰柱，内包雨水管，形成内排水系统。

门窗为木槅扇形式，以方格、菱形图案为主，较为简洁，没有太多的雕花装饰。外墙门窗套均做细致的西式线脚。主楼一层内檐及室内门窗多装有彩色压花玻璃。

主楼一层室内除梢间有长条形木地板外，其余均为六边形的陶瓷锦砖，以白色和绿色为主，内走廊与天井内则为民国时期流行的彩色拼花地砖。二层檐廊也有彩色拼花地砖，明间室内为拼花木地板，其余房间多为席纹木地板。室外走道则为黄水泥压花铺地。副楼一层走廊为彩色拼花地砖，室内为陶瓷锦砖，二层现状为水泥地坪。

主楼为砖木与钢筋混凝土的混合结构形式。内檐柱及正厅一层明间均为混凝土柱，二层明间则采用木柱，其余的皆为砖墙承重。其中，二层明间按传统做法，采用穿斗式结构，每根柱头均以斗栱承托檩条，枋上为一斗三升。所用木料多为杉木。主楼其余部分多为钢筋混凝土梁板柱结构。副楼为砖混结构，砖墙承重，钢筋混凝土楼板，局部有钢筋混凝土梁。

细部和装饰

主楼室内装饰精美。正厅一层顶棚上有大量的石膏线脚及西式图案。二层正厅明间为露明做法，其余各间及檐口均有泥幔板条的吊顶。

主楼细木装饰考究，每层室内均有挂镜线及踢脚板等。副楼装饰较简洁。

陶桂松宅主附楼之间的楼梯

陶桂松宅仪门

陶桂松宅建筑局部外部

墙面顶部和底部各有简洁的线脚处理，院落内回廊柱采用水泥爱奥尼柱式，入口石库门门楣、外窗窗楣等处均有西洋的图案装饰，入口外挑阳台栏杆为西式水泥塑造，还有铁制落水管构件，后部还有两个高耸的水泥烟囱。

建筑中水泥、青砖、木等传统和近代材料结合得较好，而且工艺都比较高超。

保存现状

2003 年 6 月 25 日，陶桂松住宅被公布为浦东新区文物保护单位。

2009 年，浦东新区政府出资对陶桂松住宅进行了整体修缮，现保存较为完好，作为办公空间使用。

陶桂松宅建筑局部外部

航头
朱家潭子

地　　址：航头镇方窑村 5 组

建造年代：1927 年 ~ 1930 年

占地面积：3547.03m^2

建筑面积：4339.43m^2

保护级别：区级文物保护单位

朱家潭子入口及保护铭牌

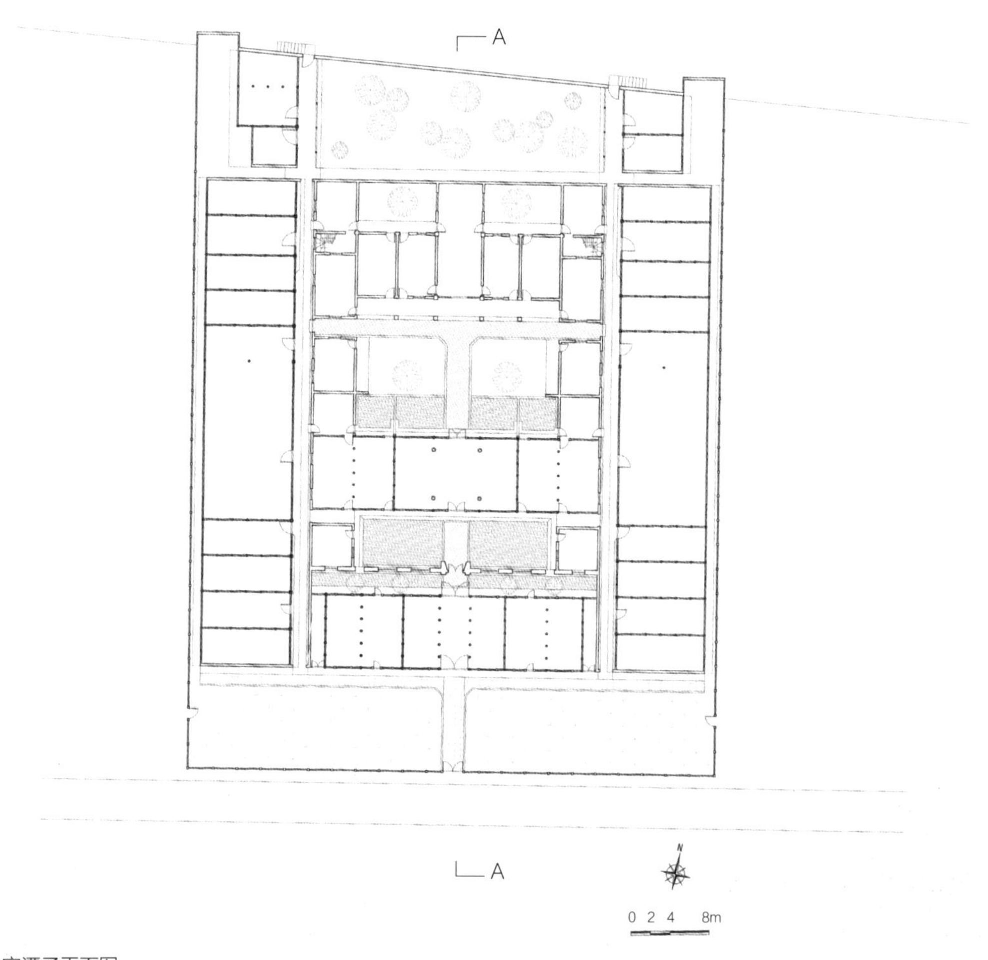

朱家潭子平面图

历史沿革

朱家潭子又名“朱家老宅”，由朱氏家族的朱鸿圻为主建造。朱氏家族当时为朱鸿圻兄弟三人。大哥朱益圻，职业医生，居住在上海常熟路。二哥朱兆圻，是首先在上海开店、开厂的生意人。朱鸿圻排行老三，是大中砖厂的创办人，中华人民共和国成立后被评为工商资本家和开明资本家。

建造初期，朱家潭子自西向东分为祠堂、住宅、花园三部分：东段北片为朱氏宗祠堂，建于1927年，为一间单层大厅，东段南半片为龙潭小学；中段为居住区；西段为花园，建于1933年，位于西段住宅群隔墙以东。现仅存中段的居住部分。

建筑群完成后，最初作为住宅供户主家族使用，中华人民共和国成立前作为治疗伤病员的医院。1950年～1954年，

朱家潭子西立面图

朱家潭子 A-A 剖面图

东半部院落作为下沙区人民政府办公地。1955 年使用权归属南汇粮食局，改建为市级粮食储备仓库，作为粮食基地。建筑外立面因应粮仓功能需求进行了改变，将原有的窗更改为上悬高窗，原有的门改为木板门，室内隔墙也拆除了大部分。1986 年后，中国由计划经济体制逐步转变为市场经济体制，此处因不需要再作为粮食储备仓库而空关。随后断续有少量房间出租作为工厂使用，整体功能以仓库储藏为主。

建筑特征

平面和院落空间布局

朱家潭子整体平面为传统民居院落式布局，共三进，坐北朝南。从南侧主入口进入第一个院落，院后为第一进前厅，

朱家潭子仪门及院落

两侧各有一条弄堂通向后院和各个厢房。前两进厅为平房，第三进厅为二层楼房，二楼三面围合，南侧一层为外廊，二层为阳台。三进后院临河有埠头。楼房竖向交通仅在尽间与左右厢房之间各有一个楼梯通往二楼。

构造和外形

该建筑群整体为民国时期中西合璧风格居住类建筑。这种建筑模仿历史上的各类建筑风格，自由组合各种建筑形式，不讲究固定的法式，只讲究比例匀称，注重纯形式美。

第一、二进厅和厢房均为砖木混合结构，三进厅为砖、木、混凝土混合结构。外立面墙体饰面，主要采用纸筋灰和黄砂水泥抹面，其中第一、二进房屋与两侧厢房的前后两个立面为传统纸筋灰立面，其余山墙与第三进房屋外墙均为黄砂水泥抹面。山墙顶部有山花，黄砂水泥墙面都有黄砂水泥勒脚。

立面窗因墙体的材料不同而不同。纸筋灰墙面窗户为老的

朱家潭子厅堂室内细部

槅扇窗，黄砂水泥墙面的窗户为民国时期的小方格子窗。门除因墙面材质的不同而不同之外，同时也因位置的不同而不同，例如院墙上用板门，房屋上用槅扇门。围墙局部有水泥花窗。楼房大厅铺彩色缸砖地坪。

细部和装饰

立面除了墙体门窗之外还有很多细节特色，如东西两侧水泥砂浆立面上门窗有门楣、窗楣。二进厅南立面雀宿檐上有垂花，二楼阳台为预制水泥栏杆，二进厅立面的窗下槛墙上的水磨石墙裙、梁柱下口的线脚等都是该建筑立面较有特色的装饰细部。它也是当地较早使用水泥砂浆做墙体外立面的宅子。

建筑的主人本身开窑厂，很多建筑材料用的是自己窑厂生产的，建筑造型沉稳，简洁大方，对于材料的运用在当时是超前的，在工艺上，房屋主人更多地想走在时代前列，尝试将中式传统的纸筋灰小青瓦和木材与西式花砖铺地、黄砂

朱家潭子外墙细部

朱家潭子厅堂梁架

水泥墙面等元素结合、统一，体现出中西合璧、兼容并蓄的社会价值观与审美观。

保存现状

2010 年 11 月 3 日，朱家潭子被公布为浦东新区文物保护单位。

在长期的使用过程中，朱家潭子出现了一定的病害与破坏情况，2016 年对其进行了保护修缮设计，重新翻修屋面，修缮了檐沟、斜天沟及落水管等，同时根据使用功能需求进行了室内空间局部改造，并对整体环境进行整饬，恢复了建筑的外观外貌。

新场张氏宅

地　　址：新场镇新场大街 271 号

建造年代：清宣统年间

占地面积：680.22m²

建筑面积：1160.14m²

保护级别：区级文物保护单位

新场张氏宅院内建筑走马廊

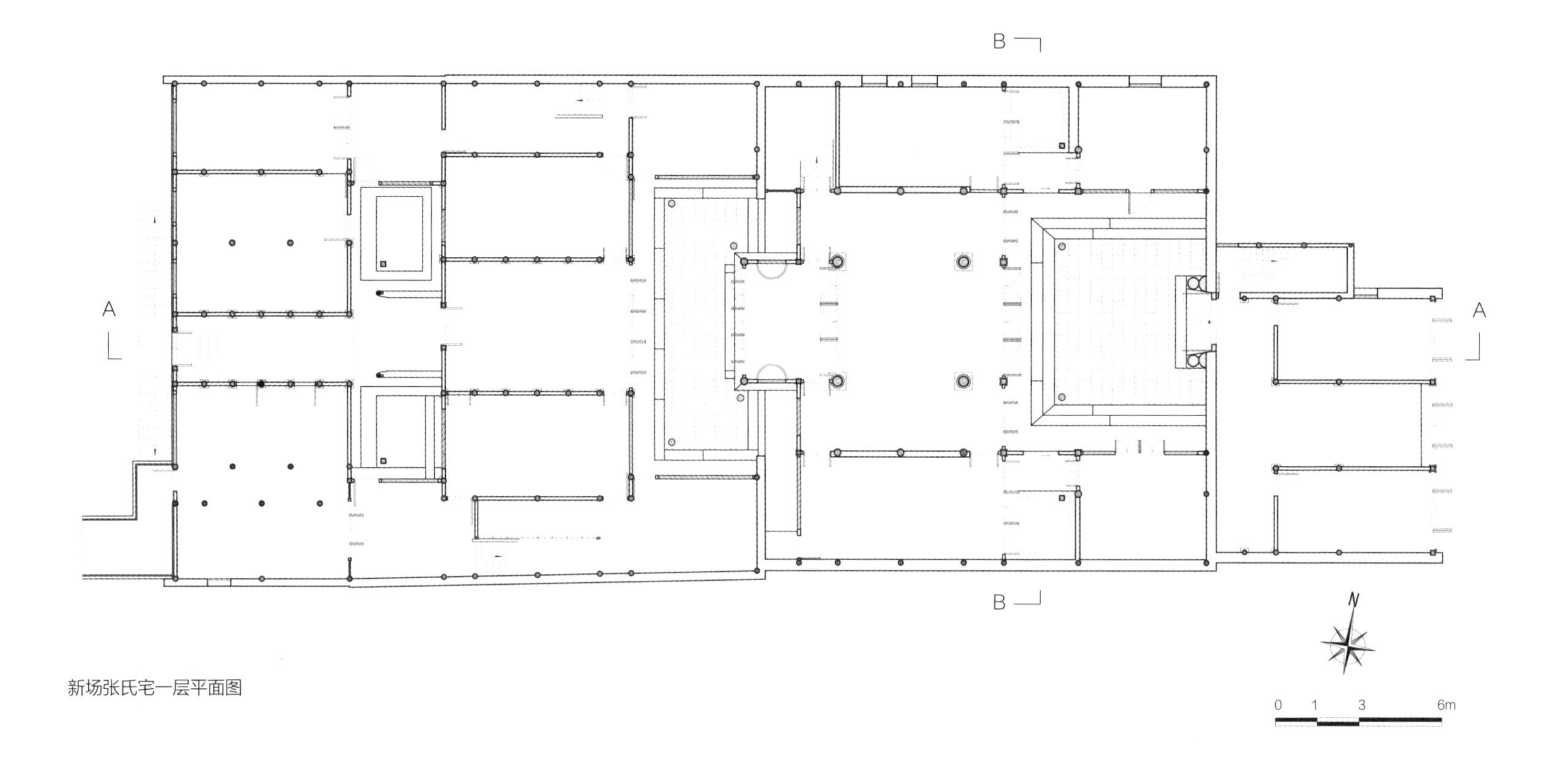

新场张氏宅一层平面图

历史沿革

张氏宅由新场富户张氏家族所建。张家靠经营绸缎起家，在清宣统年间（1909年～1911年）开始建造家宅，其中第一、二进较第三、四进建造略晚。到了民国张信昌弟兄成家的时候，对建筑进行过装修改造，主要体现在第二进（厅堂）的整体装修，以及第三进轴线以南的门窗装修和仪门加建的罗马柱。张家后来沿马路加建了两层沿街楼面，用于开设“张信昌绸布庄”。此外，张氏还在新场大街开设有“信隆典当”，即现在的“新场历史文化陈列馆”。

中华人民共和国成立前，张氏宅的主人张于道为中共地下党员，利用祖上所开的绸布庄为掩护，以富商的身份从事秘密联络活动，为革命根据地传递情报，解决物资困难，多次协助中共地下党员脱险。1944年，张于道在搜集敌情时病故。张家后人中有多人受其影响参加了革命。

中华人民共和国成立后，“张信昌绸布庄”关闭，张氏宅原有房屋产权发生更迭，先后作为政府办公场所及民宅使用。1958年，第二进房屋的生铁铸花回廊栏杆被拆，用于“大炼钢铁”，换为简陋的木栏杆。“文革”期间，建筑装饰被人为破坏，包括仪门上的文字及砖雕等十分具有价值的细部。

建筑特征

平面和院落空间布局

张氏宅面朝新场大街，背靠后市河，具有典型的江南民居选址特色。其最早的格局和做法完全是吴地传统民居形式，目前整体格局基本完整，没有大的缺失和改建。

新场张氏宅 A-A 剖面图

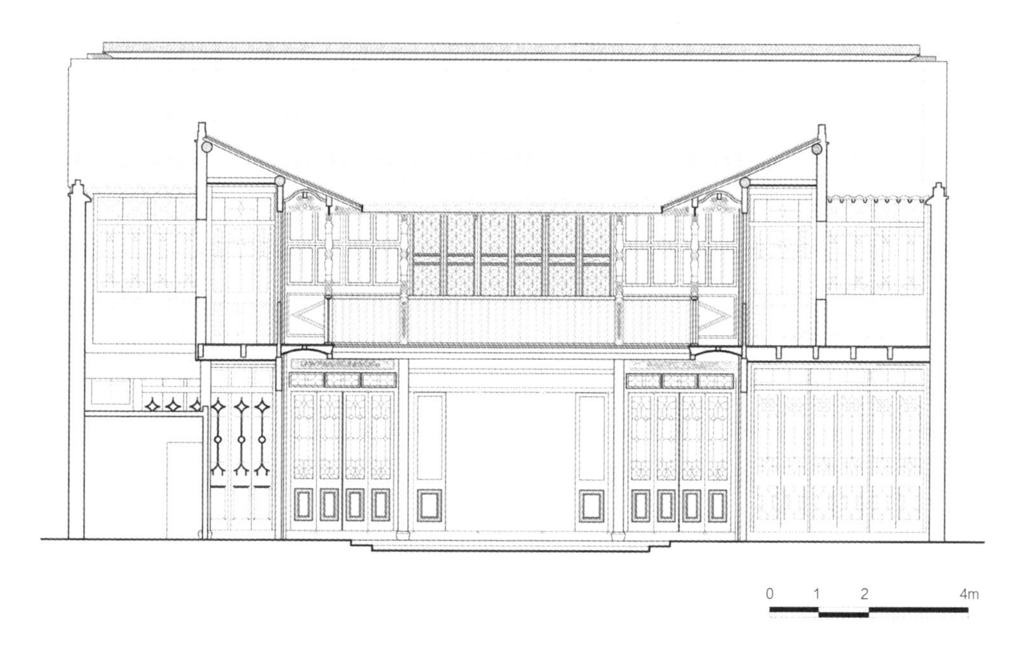

新场张氏宅 B-B 剖面图

新场张氏宅一进厅堂细部

新场张氏宅中西合璧的仪门

建筑整体布局为院落式，共四进三庭心，沿东西向的主要轴线展开。因位居城镇中心，地价不扉，所以除沿后市河杂间房为一层外，其余所有建筑都建成两层。中轴线上正屋一层明、次间为厅堂，院子两侧建厢楼与正屋二楼相连，形成当地所谓的“走马楼”形式。这类建筑布局紧凑，节省土地，主次分明中又不失灵活性，比如厢房窄的地方直接为廊，宽的地方可以为次屋，又如厅堂楼上可仍然设作二楼的起居厅，也可以当做卧房，带来了空间多元、多样变化的可能。

沿新场大街四开间（北边有一小间楼梯间）的两层楼，为张家所开商铺“张信昌绸布庄”，一楼经营绸缎生意，二楼用作店铺伙计起居。沿河的一层建筑，为厨房与餐厅，靠近水源，方便日常洗漱。明确的功能划分，体现出民居建筑布局的实用特性。

构造和外形

整体风格为中西合璧式，布置华丽，装饰精美，在新场古镇独树一帜。整体结构较为简单实用，为传统的砖木结构。正屋都为双坡硬山屋顶，而前两进厢楼为单坡硬山顶，均坡向内院，第四进厢楼为歇山顶，山面朝向后市河。

第一进街面房后面设有中西合璧式仪门一座，造型结构在当地也属特别。有两扇向院内开启的黑漆大门，门上以红底黑字写有对联“曲江养鸽，京洛传钩”，表达的是家族的张姓渊源。仪门面向内院天井一侧，上部门头为传统的歇山顶砖雕门楼，青瓦屋顶。大门两边立有两根圆形的罗马柱，上小下大，在新场古镇绝无仅有。

第二进厅堂在张宅建筑院落中保存最为完好、装饰最为精致。建筑为五开间双坡顶，硬山青瓦，厅堂明间四根立柱与柱础尺度明显大于其他部位，尽间两端脊柱落地，中间三间为抬梁结构。二楼原为彻上明造，身内梁架完全露明，梁架做工考究，山雾云、垫板、斗栱上的雕刻十分精美，后来张信昌结婚时，由于其本人和妻子都是新派人物，所以在二楼整体做了吊顶，把这些传统工艺全部遮挡在上面，再后来进行修缮测绘时才被发现。

门窗从选料、做工到小五金件很有特色，受当时时髦的西方装饰主题影响痕迹明显。木材多用杉木，彩色玻璃镶于内侧，摇梗、转轴、门锁、把手等多为铜质，做工精细，与传统形式的门窗搭配，别有韵味。门窗样式灵活多变，除中国传统样式外，还有上下推拉窗、上下半开门、折叠门、铜质纱窗等当时流行的样式。

院内铺装以长方形金山石为主，二进晒台及西侧屋檐下为红色水磨石铺地。二进厅堂及廊下三边的进口马赛克拼花铺地为张氏宅第一大特色，上海至今保存完好的已为数不多。其余用作起居的地面均为木地板铺装。阶沿为条状金山石，二进厅堂最长街沿石长 4.15m，宽 0.42m，足见当时张家的阔绰。

细部和装饰

张氏宅有大量建筑雕花，基本保存完整，主要分布在一进院子南北厢房廊下，二进明间、次间的梁、垫板和斗栱上，二进正屋二楼外廊的柱子、挂落、轩梁等处，三进明间的垫板上，在人的视觉范围内。雕花主要沿用明清时期的平地雕、透雕和圆雕工艺，以平地雕为主，局部空间采用透雕。

除使用了传统木材和工艺外，还采用了近代特征鲜明的进口材料和新工艺。材料包括陶瓷锦砖、彩色压花玻璃、铜制五金件等，题材中增加了西式玻璃花格门窗、罗马柱式、小型爱奥尼柱式、装饰性烟囱等，施工上有了彩色水磨石墙面、水洗石等新工艺。

保存现状

2010 年 10 月 12 日，张氏宅被公布为浦东新区文物保护单位。由于建筑经历上百年沧桑，遭受自然侵蚀与人为改造破坏，整体风貌受到较大损毁，作为“新场镇城镇总体规划”重要的节点之一，2006 年，对其开展了保护修缮设计，但因为住户过于稠密，以及预算太大，尚未动工。

新场张氏宅长窗花格

周浦
傅雷旧居

地　　址：周浦镇东大街 48 号

建造年代：清代末年

占地面积：752.88m²

建筑面积：559.9m²

保护级别：区级文物保护单位

傅雷旧居入口

历史沿革

傅雷旧居原名“曹家厅”，位于浦东新区周浦镇周川公路南，周市路和关岳路路口西北角。我国著名翻译家、文学艺术家傅雷（1908-1966）4 ~ 12 岁时，曾跟随母亲寓居周浦，租住在这座宅院的西厢房，在这里度过了影响至深的青少年时期。

建筑特征

平面和院落空间布局

傅雷旧居是原上海郊县住宅，房屋与围墙连接，在住宅中间围合庭院，具有典型的中国江南民居特色和空间布局。建筑坐北朝南，整体布局为一正两厢，中轴上设置入口仪门、内庭院和正房，正房后有后院。内庭院左右两侧有东西侧厅和厢房相对峙，并用围墙隔开，形成东西窄院。

正屋东西阔七间，南北深六间。正中三间大厅，东西侧厅梢间、尽间沿中柱各分两间。大厅前有檐廊，后双步做槅扇门分隔室内。

东西厢房各两间，以中轴线左右对称。厢房正屋用窄院隔开，以短廊相连。

构造和外形

傅雷旧居为江南传统民居风格，采用传统木立贴结构形式，墙体为条形基础，柱下做独立基础，屋身除正厅用扁作外，其余均做圆作，小青砖砖墙围护，用以分割空间。

建筑单体均为传统木构架，整体上结构比较简洁。正厅进深为八椽架，梁枋扁作，上有雕刻，题材为祥云、花卉、卷草等图案，正厅廊下原有一支香轩。除正厅两榀正贴为抬梁式外，其他贴式为穿斗做法。

屋顶均为硬山顶，厢房山墙高出屋面，做观音兜形式。正房两侧硬山无特别装饰。双坡小青瓦屋面，瓦下铺望砖，

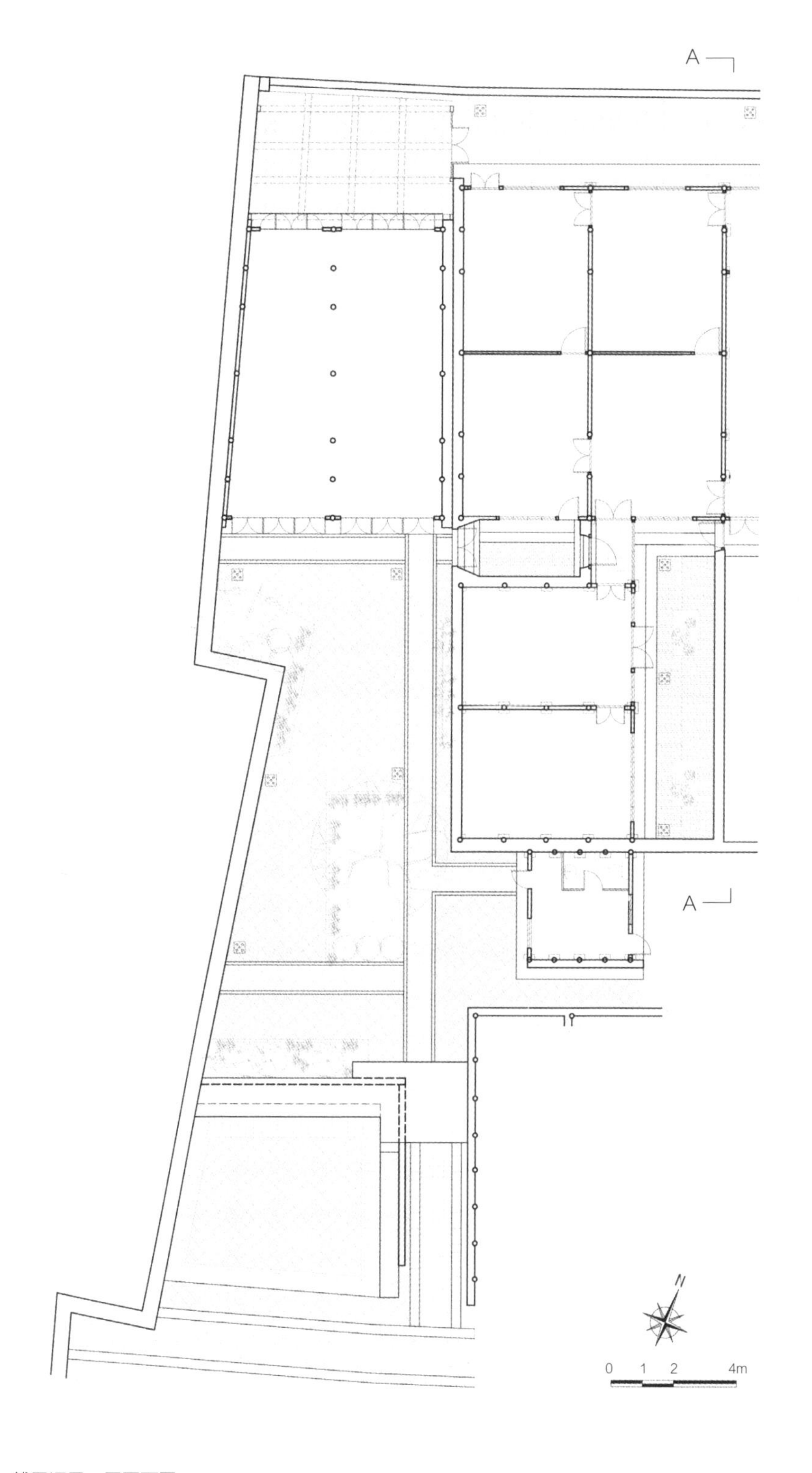

傅雷旧居一层平面图

檐口有瓦当、滴水，采用自然排水。正房廊檐做飞椽。

入口仪门做三飞砖内八垛门，内院槅扇门及槛窗均做书条式。仪门正脊采用砖瓦叠砌，脊头采用哺鸡脊。正厅脊饰为凤凰脊，寓意吉祥，体现屋主对生活的美好愿望。

建筑室内包括正厅、厢房均采用传统方砖铺地，内院和天井则采用小青砖铺地。街沿用金山石，石面加工平整，棱角分明。其余室内均用木地板，增加了居住的舒适性。为避免因气候潮湿和地下水位高对地板的破坏，地板下面架空层达 15cm。柱础用金山石，外墙为厚 33cm 的空斗浑水砖墙。

傅雷旧居院落内景

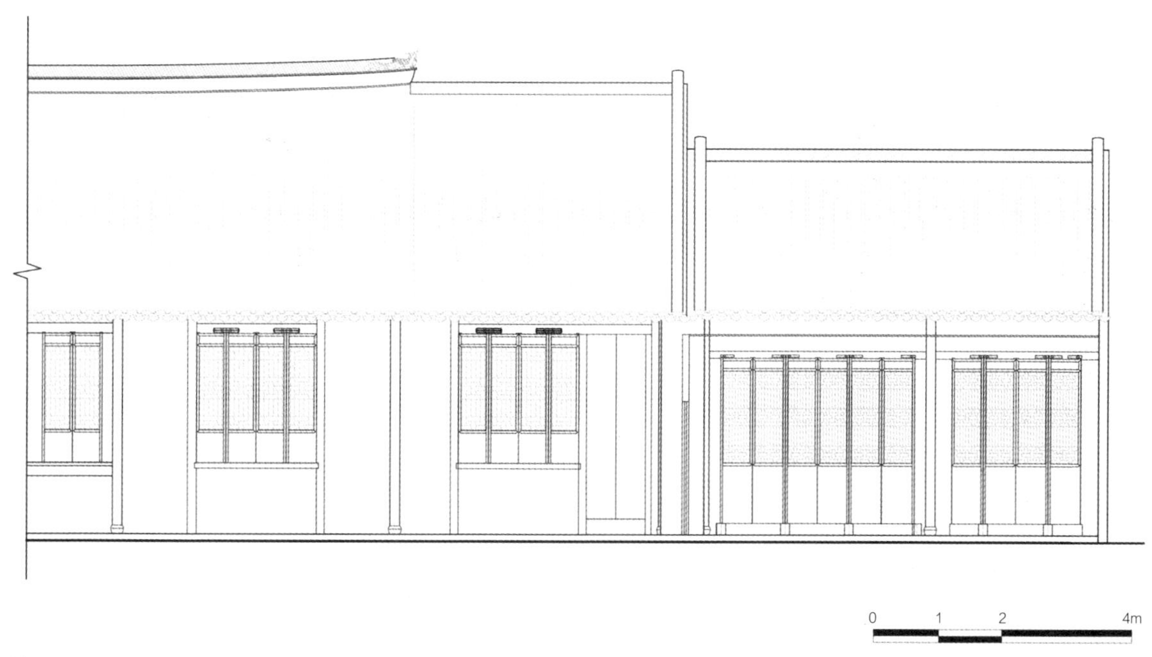

傅雷旧居北立面图

傅雷旧居 A-A 剖面图

傅雷旧居槅扇门及槛窗

傅雷旧居建筑细部

细部和装饰

正厅梁架上有木雕，丰富了建筑形象，雕刻题材为蝙蝠、花卉、人物、山水等，寓意吉祥如意。脊檩上有可挂灯笼的铜构件。

旧居体现出高度的建筑艺术。仪门、院墙和观音兜组合成富于韵律变化的立面，屋面形式高低丰富而有秩序，具有丰富的木装修和砖石雕刻等造型美观、做工细腻的艺术品。旧居的工艺考究，比例合适，繁简得当，是当时先进建造工艺的代表，记录了建筑技术的不断发展和进步。

保存现状

2002 年 4 月 17 日，该宅由南汇区人民政府挂牌为“傅雷旧居”，成为南汇登记文物保护单位。2010 年 11 月 3 日，被公布为浦东新区文物保护单位。

历经变革，傅雷旧居已不再完整，旧居西面及北面改建了多层大体量仿古建筑，东面原住宅均被拆除，部分危房亟待进行保护修缮。2017 年，对傅雷旧居与周边地块进行了整体保护修缮，2019 年局部开放为傅雷旧居。

其昌栈花园住宅

地　　址：陆家嘴街道东方路 11 号

建造年代：1935 年

占地面积：2250m^2

建筑面积：1030m^2

保护级别：文物保护点

其昌栈花园住宅外观

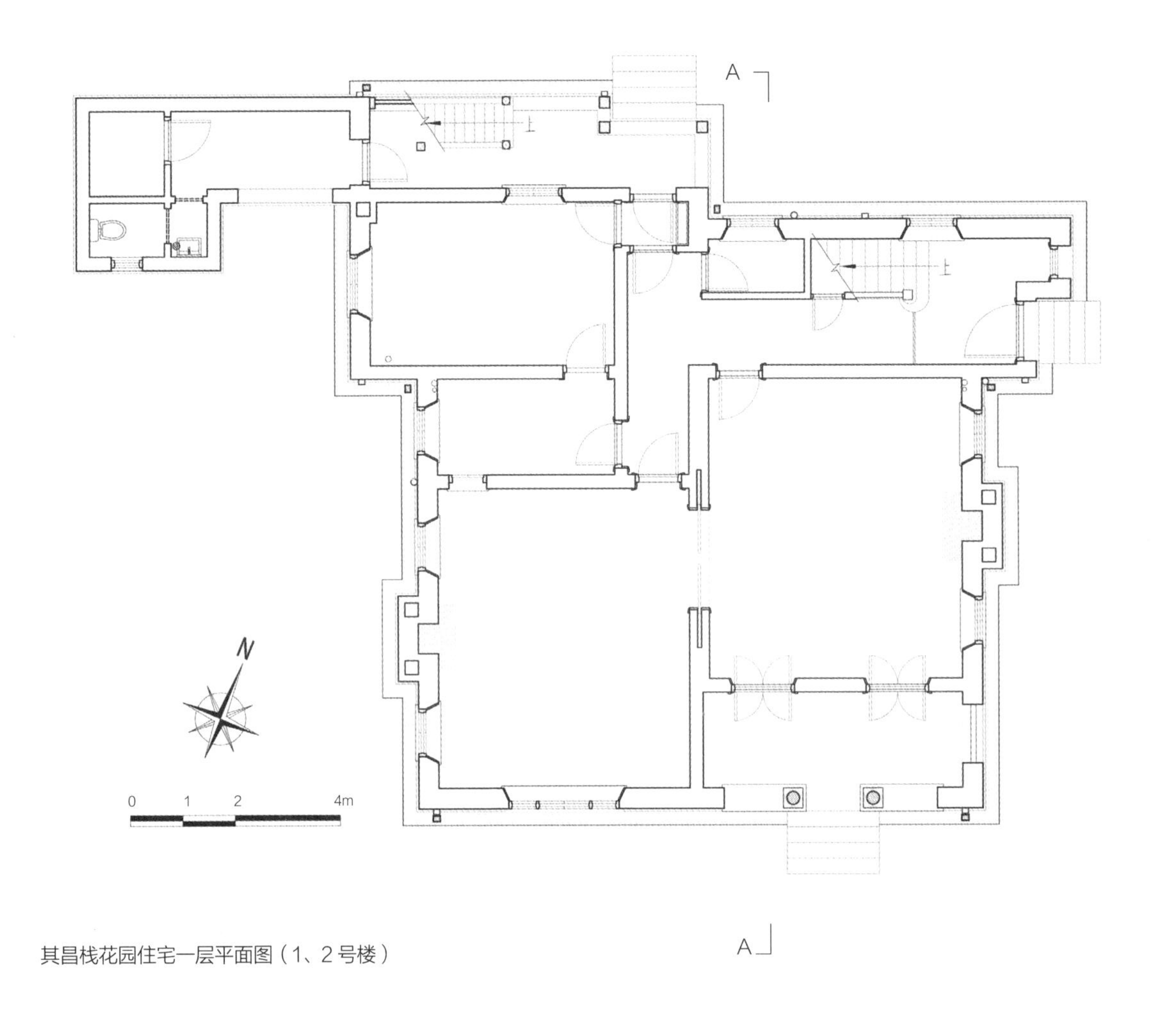

其昌栈花园住宅一层平面图（1、2号楼）

历史沿革

其昌栈花园住宅位于上海市浦东新区东方路新华港区内，毗邻陆家嘴金融贸易区，原为三幢上海公和祥码头有限公司的高级职员住宅。

1873年，英商怡和洋行在上海开设怡和轮船公司，操纵中国沿海和长江内河航运，并建立上海公和祥码头有限公司，拥有在上海的虹口、顺泰、华顺及浦东其昌东栈和其昌西栈等五座码头，在上海港码头仓库中占首位。

20世纪30年代初，其昌西栈完成了基础设施后，上海公和祥码头有限公司总裁委派了三位高职称人员：技术总监、总会计师、翻译兼华人监工，以加强对浦东码头的管理。因此，在当时交通发达的其昌栈轮渡站一侧，码头西大门口近处，建造了三幢给洋人居住的欧式花园别墅，即现其昌栈花园住宅。

1941年太平洋战争发生后，怡和被日本三井公司接收；日本投降后，于1946年恢复营业。中华人民共和国成立后，怡和洋行被中华企业公司接管。

建筑特征

平面和院落空间布局

其昌栈花园住宅为三幢独立式花园洋房，均坐北朝南，纵向并行排列在黄浦江畔一侧，整个地块呈狭长方形。

南边两幢布局相仿，分为主楼和辅楼。主楼部分平面接近方形，底层朝南入口前有一门廊，采用西班牙式螺旋柱装饰，往内为客厅和餐厅，中间用推拉门隔开，北侧为厨房和楼梯间；二层朝南为两间卧室，东面一间带有内凹的阳台，北侧为两间仆人房；阁楼层为两间小卧室。每层均有卫生间。西侧向外伸出单层的辅楼，主要用作储藏和仆人的卫生间。北侧另有外露的木楼梯供仆人上下。

北边一幢主体部分与南边两幢相仿，没有辅楼，建筑南入口前门廊，也采用西班牙式螺旋柱装饰，具有西班牙式建筑特色。

这种花园住宅发源于地中海西岸，由于建筑体形活泼，造价经济，一度在美国很流行。20 世纪 30 年代初传入上海，在旧上海中期花园住宅建造较多，但在浦东地区的住宅中较为少见。

原每幢楼前后均有绿化花坛围绕，环境优美。

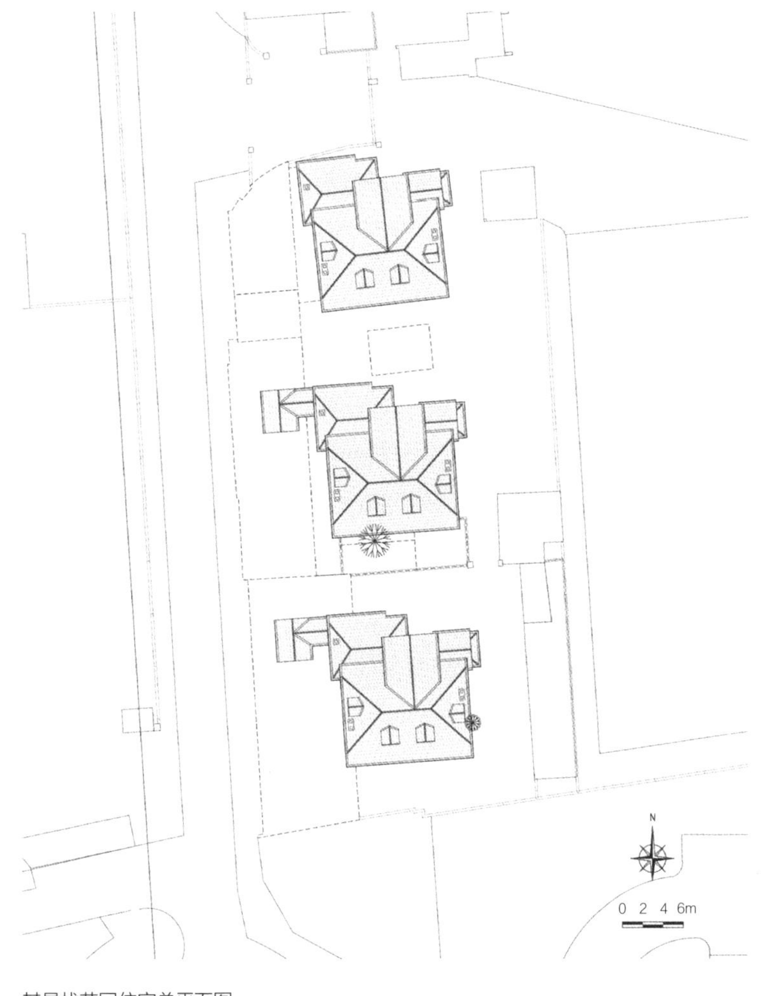

其昌栈花园住宅总平面图

构造和外形

三幢建筑均为砖木结构假三层，花园洋房小别墅入口形式，承重墙体采用青砖砌筑，主体红瓦四坡顶，开双坡老虎窗。建筑体块穿插多变，外观变化丰富，烟囱等处外砌有红砖。

建筑外墙面为干粘石面层，南面两幢楼卵石粒径 5mm ~ 15mm；北面一幢楼卵石粒径 15mm ~ 30mm。北面一幢楼与南面两幢楼南入口处略有不同，北面一幢二层阳台为木质螺旋形栏杆。三幢建筑东侧次入口处局部为虎皮石外墙，勒脚为黄砂水泥仿虎皮石形式。烟囱为清水红砖形式，顶部

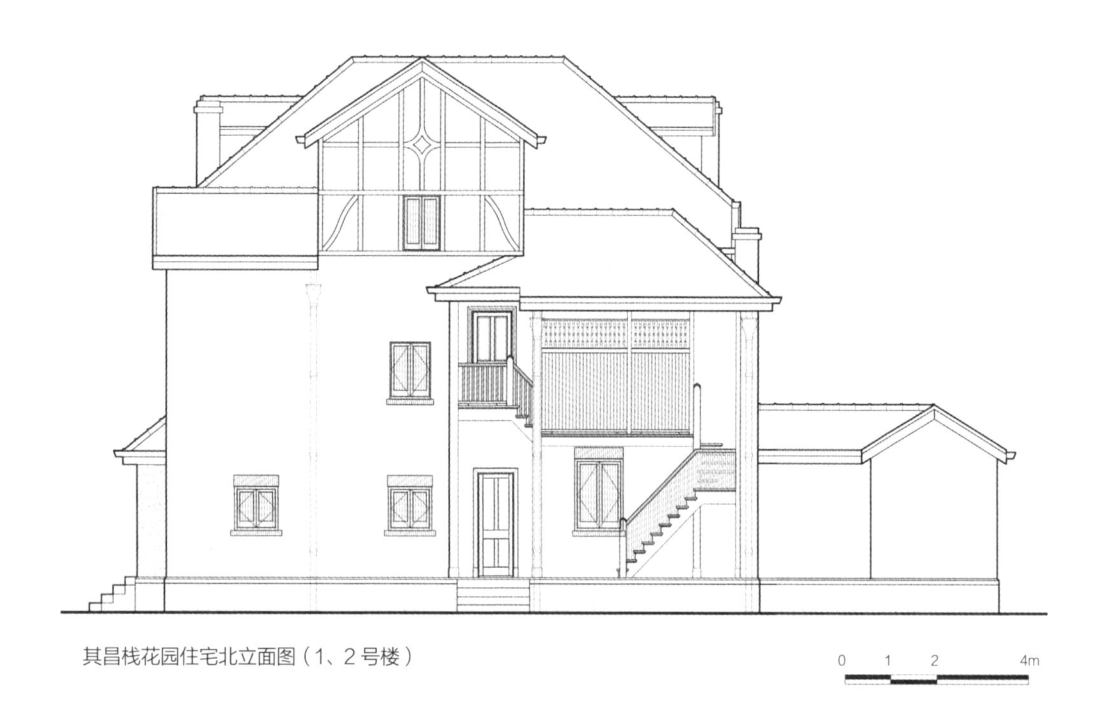

其昌栈花园住宅北立面图（1、2 号楼）

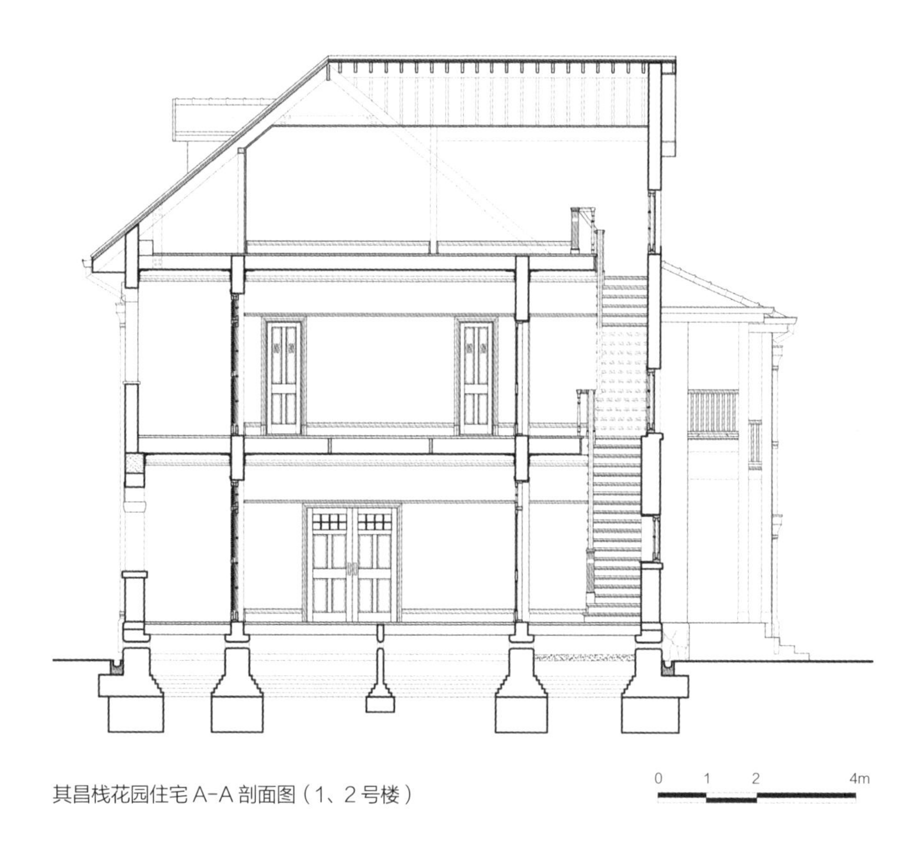

其昌栈花园住宅 A-A 剖面图（1、2 号楼）

其昌栈花园住宅 3 号楼外观

有铁质耙钉。北立面与东立面三层有局部木构架外露。

建筑室内地面以长条形木地板为主，均为洋松，一层局部为水磨石，卫生间则贴白色瓷砖，壁炉处为彩色瓷砖。木格栅下吊平顶，为泥墁板条，外立面窗均有百叶或障水板，其中部分外层小窗采用玻璃外贴菱形的钢丝网，室内各门均为门套。室内皆为木楼梯，室外踏步皆用金山石、花岗石。

保存现状

2003 年 3 月 19 日，其昌栈花园住宅被公布为浦东新区登记不可移动文物。2017 年 1 月 25 日，被公布为浦东新区文物保护点。

2009 年对其进行了全面保护修缮，现状保存较好。

高桥
凌氏民宅

地　　址：高桥西街 161 号

建造年代：1918 年

占地面积：840m²

建筑面积：760m²

保护级别：文物保护点

凌氏民宅砖雕仪门

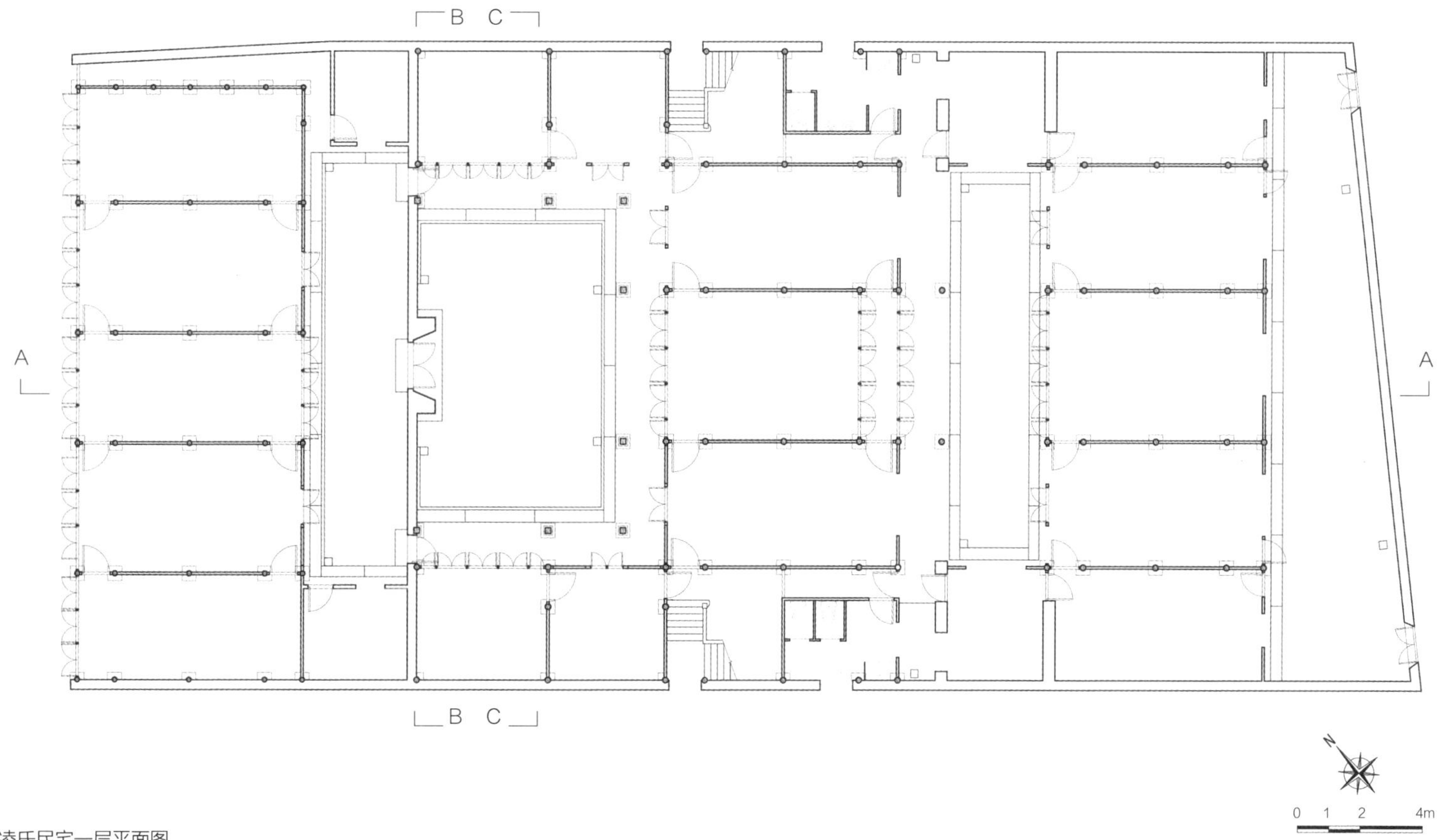

凌氏民宅一层平面图

历史沿革

凌氏民宅又名“三德堂”，主人凌祥春，1886 年出生于高桥西凌家宅，家境贫寒，13 岁时去上海学做皮革生意，由于勤奋好学，聪明能干，后来在上海大东门的如意街开设了“义丰”皮革店，积累了不少财富。32 岁时，凌祥春花三万银元在高桥镇西街置地，请当地著名工匠建造了这座宅第。凌祥春为人敦厚，乐于助人，曾修桥补路，造福乡里。抗日战争期间，凌祥春为解决全家生计，将院中多余房屋出租给他人使用。到 1958 年左右，凌宅已被多次改建，原貌损坏较为严重。

建筑特征

平面和院落空间布局

凌氏民宅为传统的院落式布局，前后共三进两厅心，由街面房、天井、仪门、正厅、厢房、临河平房、后院等部分组成，建筑整体占地面积较大且轴线、层次等级显著。主人

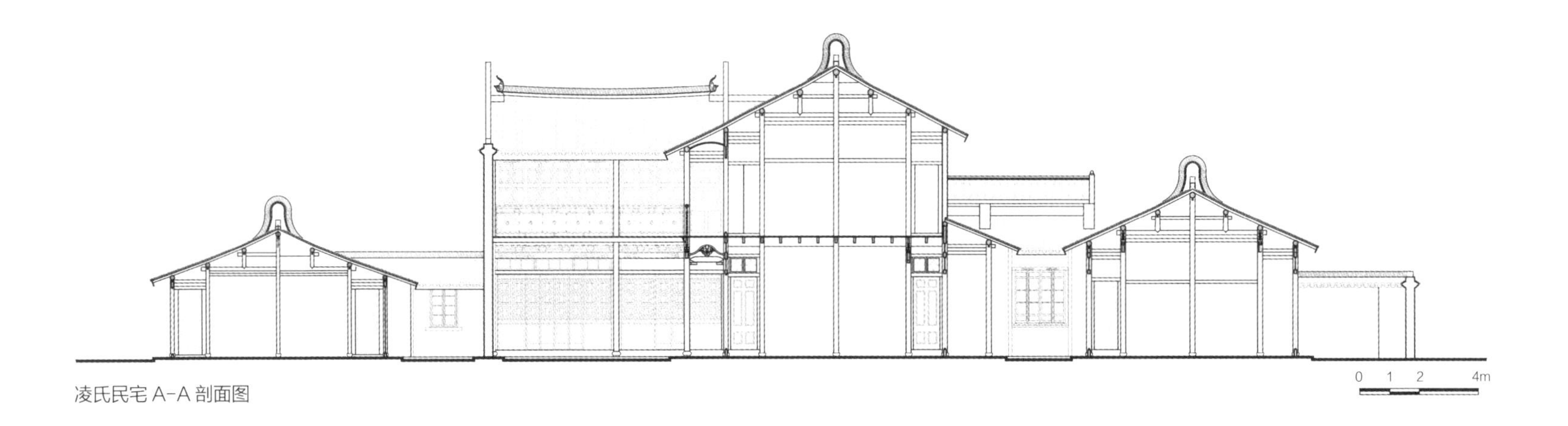

凌氏民宅 A-A 剖面图

口朝北，从北边西街进入宅院，建筑南边临河有后院，院墙上设有小的院门两座。

由北向南，房间依次是：第一进五间平房，面临西街，为单层街面房，院落空间狭小。第二进空间较大，正厅、厢房等为两层，二层形成三面环绕的内廊，正厅五开间，三明两暗。最后一进为五间高大平房，院落空间狭小，后院用围墙相隔。其中，第一、二进院落间由仪门和院墙相隔。

构造和外形

主体采用传统砖木结构，但其三进厢房的晒台则部分采用钢筋混凝土结构。整体外观采用了当地传统的街面房入口形式，街面房门均为传统木板门。建筑山墙采用青砖砌筑，形式上为传统的观音兜，不过比同一街道上的黄氏民宅要小，兜形窄瘦，从金檩开始，坡度随屋面，这种做法叫半观音兜，也是浦东传统民居的典型特点之一。

屋顶为传统的双坡顶，小青瓦屋面。门窗完全为传统木槅扇形式，小木作较为简洁。外墙窗头有传统砖砌窗楣。院落地坪为整块预制水泥砖，室内一层既有方砖也有木地板铺地，二层楼板则为传统的木地板做法。

凌氏民宅二楼外走廊

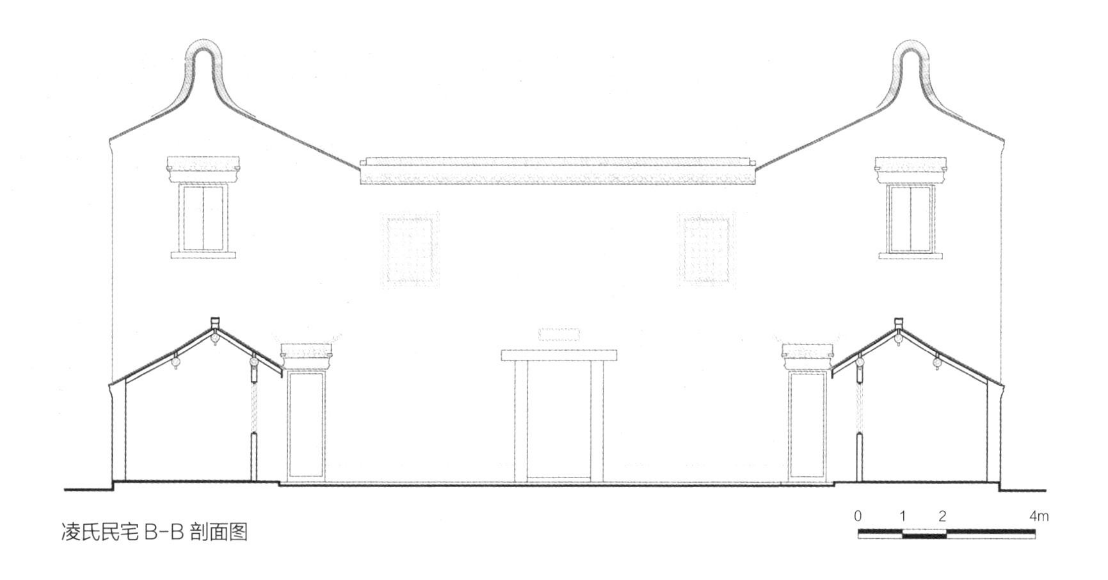

凌氏民宅 B-B 剖面图

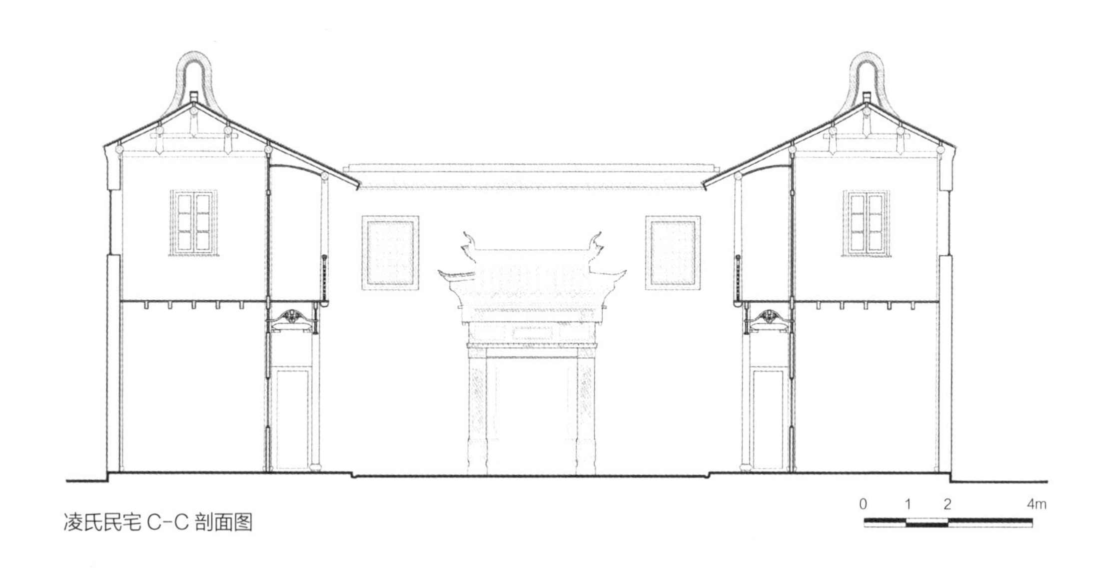

凌氏民宅 C-C 剖面图

细部和装饰

建筑细部都为传统做法。正厅廊步皆有轩，槅扇门窗镶嵌玻璃。部分梁枋上施一斗三升拱，拱间采用拱垫板封。梁架、二楼木栏杆、拱垫板上都有木雕等装饰。第一、二进院落间砖雕仪门形式庄重大方，仪门两边八字形砖垛，布满雕花装饰。第二进后二楼还有对称的两个水泥阳台，栏杆为水泥预制西式风格。

从建筑所用材料来看，基本以传统木材、砖为主，只有在院落地坪、二楼阳台运用了水泥材料，传统的砖雕、木雕

凌氏民宅室内楼梯

凌氏民宅窗上镶嵌的彩色玻璃

凌氏民宅槅扇窗细部

凌氏民宅院落内景

凌氏民宅长窗上的雕花

工艺都达到了相当的高度，对于近代水泥材料的使用也比较娴熟。

保存现状

2005 年，镇政府动迁租户，对凌氏民宅进行了全面修缮。2017 年 1 月 25 日，凌氏民宅被公布为浦东新区文物保护点，并作为“高桥人家陈列馆”，向公众开放。该陈列馆按照房子的结构与造型，借助收集起来的高桥各处的旧时家具物事，再现了当时高桥一个大户人家的生活与居住情景。展馆内的几百件陈列物品，充满着江南人家的韵味。

唐镇
小湾区公所

地　　址：唐镇小湾村北街 11 号

建造年代：1934 年

占地面积：1950m²

建筑面积：677m²

保护级别：文物保护点

小湾区公所大门

历史沿革

小湾区公所原为小湾镇一栋临河民居，西傍东运盐河，西北角处有建于清乾隆二十五年（1760 年）的报恩桥，北侧为小白路。小湾聚落约于清乾隆年间形成，因老护塘的塘身在此略向北转弯，故名小湾。至清末民初，小湾已俨然成了一个像模像样的江南小镇，到 1926 年上川小火车通到小湾时，更成了十里方圆一重镇。

据浦东文博资料显示，小湾区公所建于 1934 年，建造人不详。有说为朱春山，此人在报恩桥铭文中有记载：因原有桥面狭小，1934 年，朱春山与其他几人发起改建加阔了报恩桥。因资料有限，朱春山的生平以及是否建造了小湾区公所，未能发现相关依据。

不过此宅依傍的东运盐河，本身就是小湾当地主要的运输河道，屋主选择在此置业，就是看重其水路交通便利的优点，因为在中华人民共和国成立前，浦东道路交通不甚发达，水路运输是当地居民重要的交通方式。

1949 年 5 月 15 日，川沙解放，小湾隶属于川沙县第三乡镇联合办事处，1949 年 12 月底，成立合庆区人民政府，政府所在地就设在小湾这栋临河民居内。之后历经几次行政区划调整，政府机关陆续迁出，“小湾区公所”作为此宅的代名词，成为了历史。

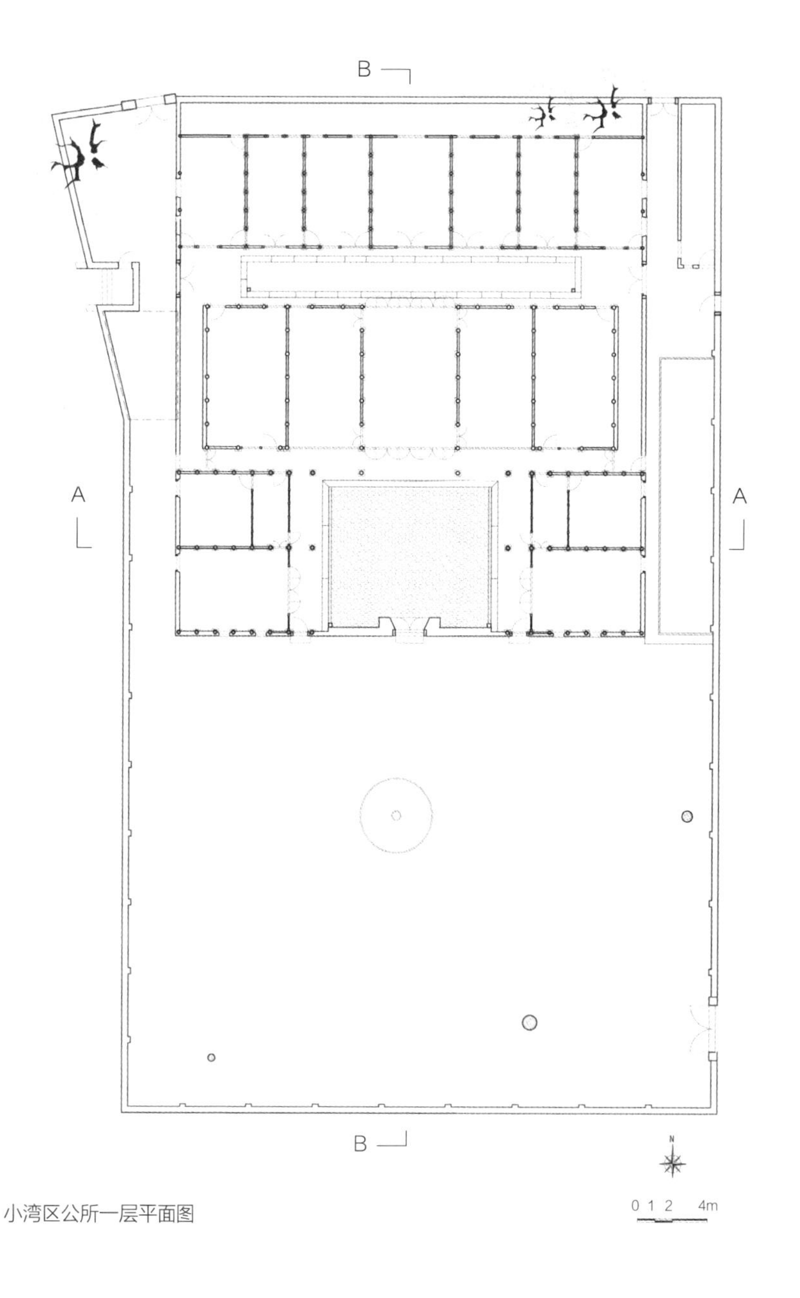

小湾区公所一层平面图

建筑特征

平面和院落空间布局

小湾区公所为三合院布局，坐北朝南，一正两厢房，北面有单层配房，天井内有半圈回廊。宅院的正屋和厢房形成三合院形式，三合院前方为一片自留地，中间有一个圆形的井台。在主体建筑和自留地外围有一圈封闭式围墙，东南角、西北角、西侧临河处各开有一个出入口。在临河的西墙处开有水门一座，建有埠头，埠头之上可见残存的屋檐。

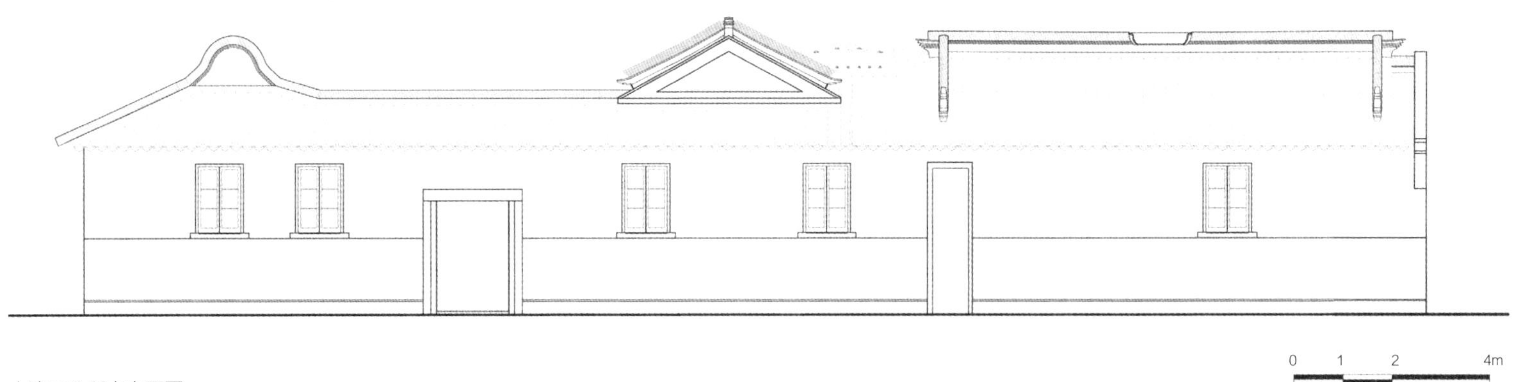

小湾区公所南立面图

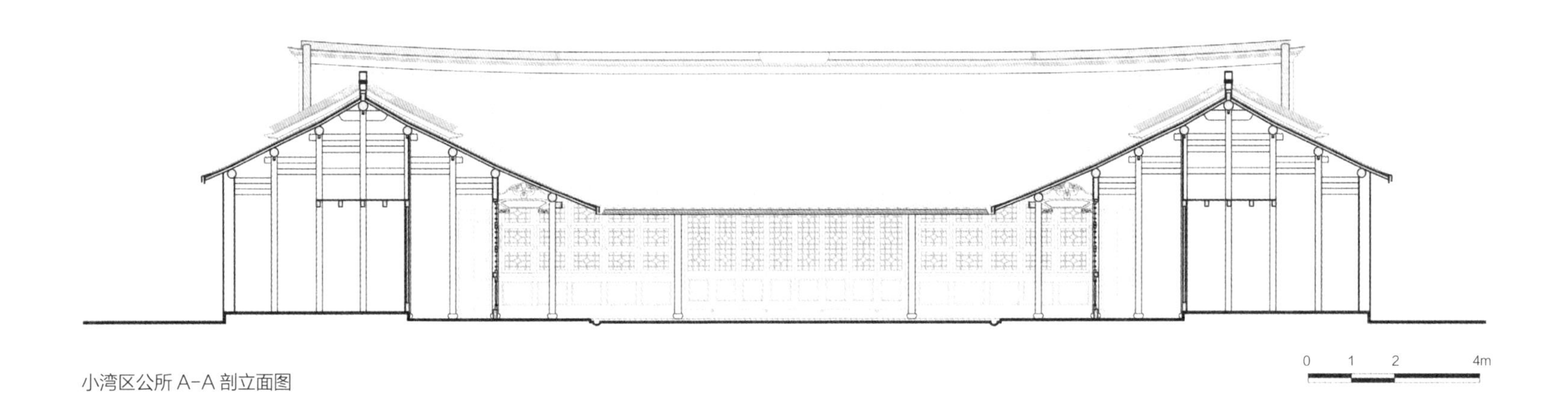

小湾区公所 A-A 剖立面图

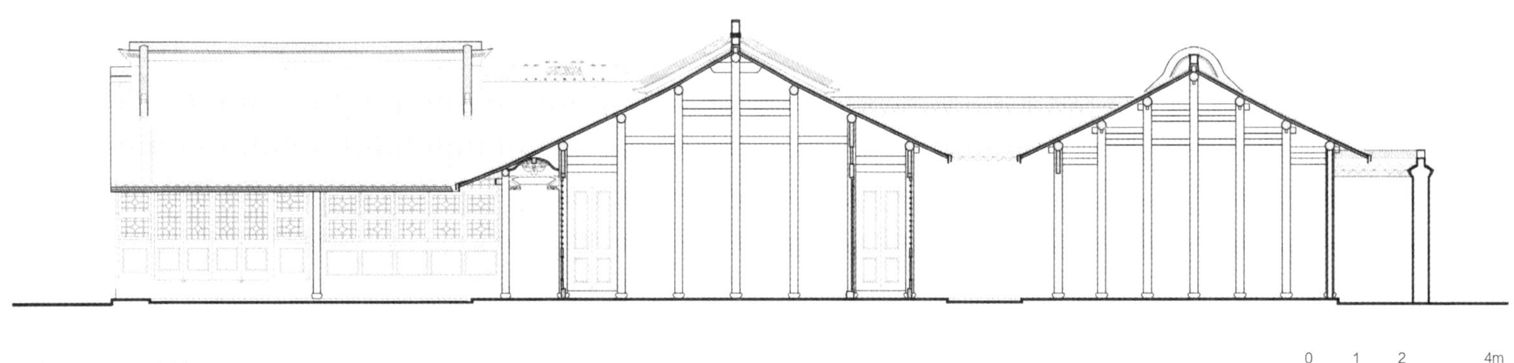

小湾区公所 B-B 剖立面图

小湾区公所院落内景

小湾区公所回廊上的鹤颈轩

构造和外形

小湾区公所为木立贴结构一层，整幢建筑白墙黑瓦，歇山屋顶，正房和厢房均建有落地长窗，下部裙板上未见花纹，但上部木格窗做工精致，镶有彩色压花玻璃。房屋东西两侧厢房南墙各有一扇小门，可容一人进出，石质门框上部各铺有两块青砖，左侧门额题有“左宜”，右侧门额题有“右有”。“左宜右有”常用来比喻人极有才华，无所不能，题额表达了屋主对于家族和后代能够多才多艺、品性和才能无所不宜的美好期望。

该宅围墙为清水砖墙面，临河一面围墙上镶有琉璃砖装饰的漏窗。围墙西北角开有一道大门，门套用水刷石做法，顶部为三角形山花。

细部和装饰

小湾区公所屋内房檐、梁柱等木结构上有众多精美的人物、花草等木雕装饰，回廊前的挂落木雕和垂花柱头保存得很完整，挂落装饰主题为“喜上梅梢”。

小湾区公所回廊前的挂落木雕和垂花柱

保存现状

2003 年 3 月 19 日，小湾区公所被公布为浦东新区登记不可移动文物。2017 年 1 月 25 日，被公布为浦东新区文物保护点。

由于破损情况较为严重，搭建改建也很多，2009 年进行了大规模的保护修缮工程，基本恢复了其历史风貌，现保存良好。

培德商业学校旧址

地　　址：唐镇一心村

建造年代：1920 年

占地面积：1148m^2

建筑面积：945m^2

保护级别：文物保护点

培德商业学校旧址外观

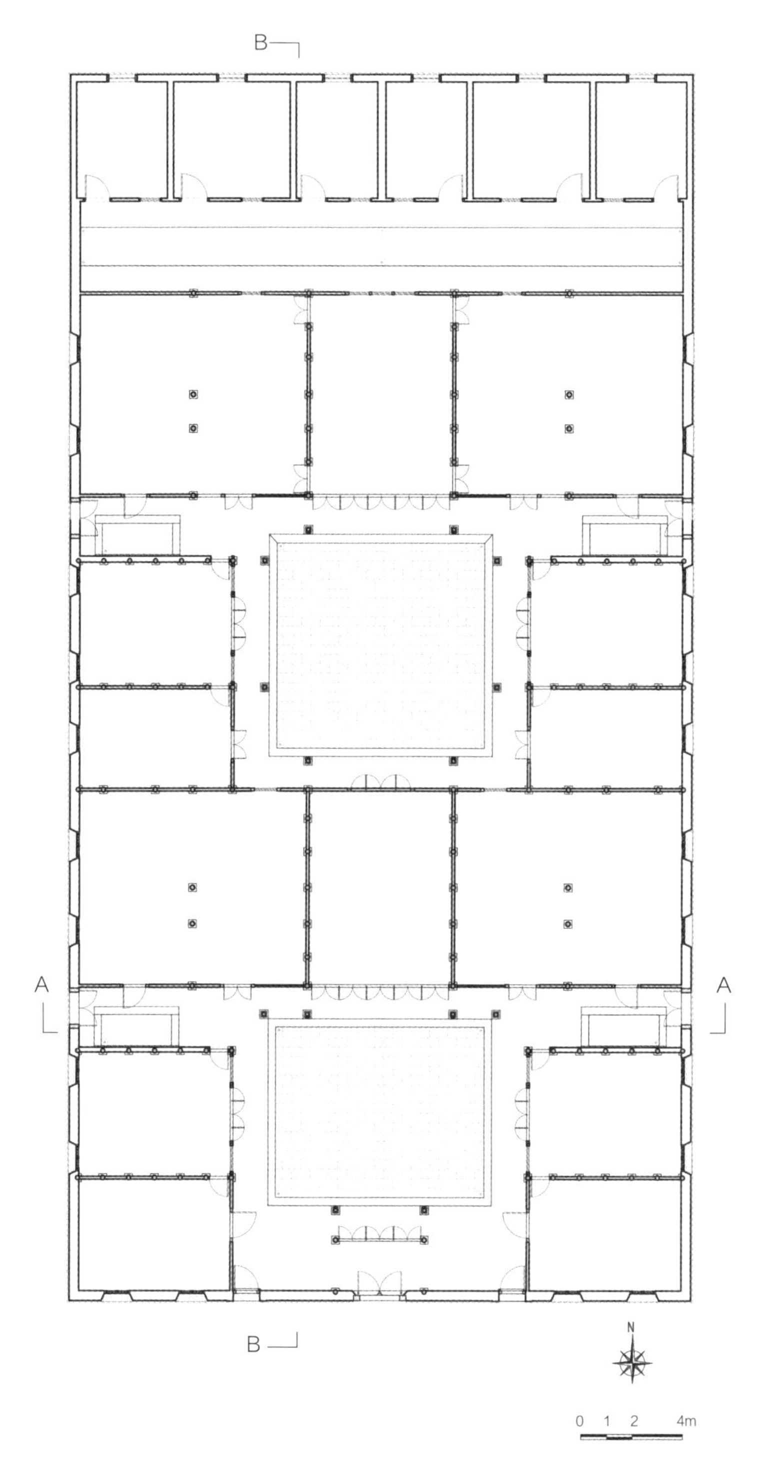

培德商业学校旧址一层平面图

历史沿革

培德商业学校旧址又称宋家宅第，建造者为当地富商宋搢渠。宋搢渠事母极孝，1920 年筑“培德堂”以奉晨昏。其母宋冯氏关心教育，1919 年就曾捐建普明国民学校校舍。培德堂建成后，宋搢渠内奉母命，外感时局，就将宅第培德堂作为校舍，斥资分屋立商业学校，并借舍名“培德”为校名，是为浦东第一所职业学校——私立培德商业学校。

培德商业学校学制两年，收工班为一年，以制度严格、教育有方闻名，曾获教育部三等金质奖章，北洋政府大总统黎元洪赠“敬教劝学”匾额，黄炎培题“勤信恭敏”作校训。培德商业学校开创了近代浦东职业教育的先河，反映了民国初期知识分子敢于进取的开拓精神，同时这种舍宅为学的模式，也成为传统建筑功能自由的佐证。

“文革”之后，建筑作为厂房使用，破坏严重，后处于闲置状态，2009 年大修。

建筑特征

平面和院落空间布局

培德商业学校坐南朝北，为三进院落。第一、二进布局均为一正两厢，东西厢房以中轴线左右对称，具有典型的中国江南民居特色和空间布局特征。第三进院落没有厢房，且结构、形制后期均有较大改动。原有 44 间房，已拆掉 10 间，西、北侧曾有的学校食堂和宿舍已无存。

构造和外形

该宅为传统砖木结构，建筑单体均为传统木构架，整体上结构比较简洁，除入口门廊部分为抬梁结构外，其他均为穿斗做法。建筑外墙各立面均为纸筋灰浑水墙面，正厅厢房屋脊中有灰塑，山墙出观音兜。门窗外观简洁，多用障水

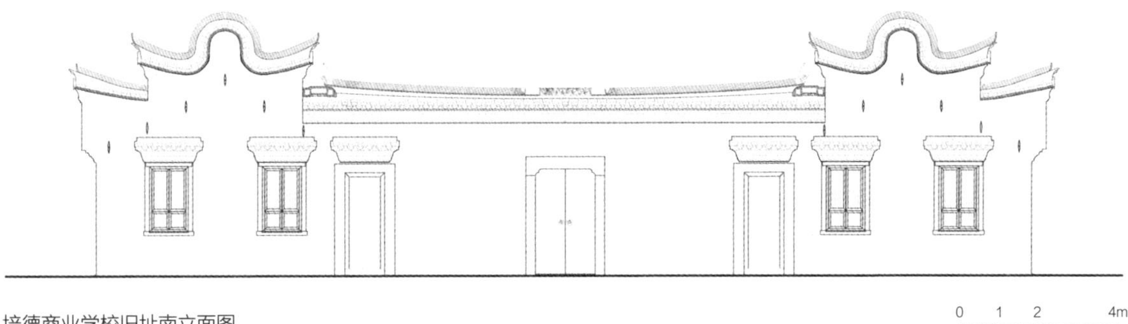

培德商业学校旧址南立面图

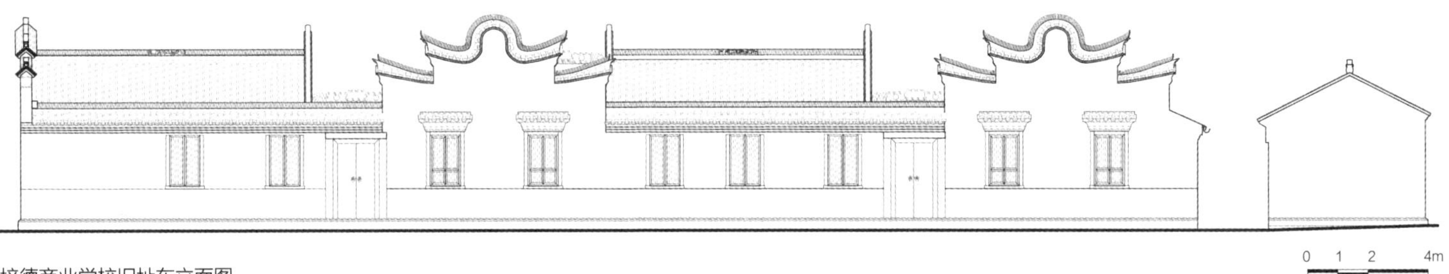

培德商业学校旧址东立面图

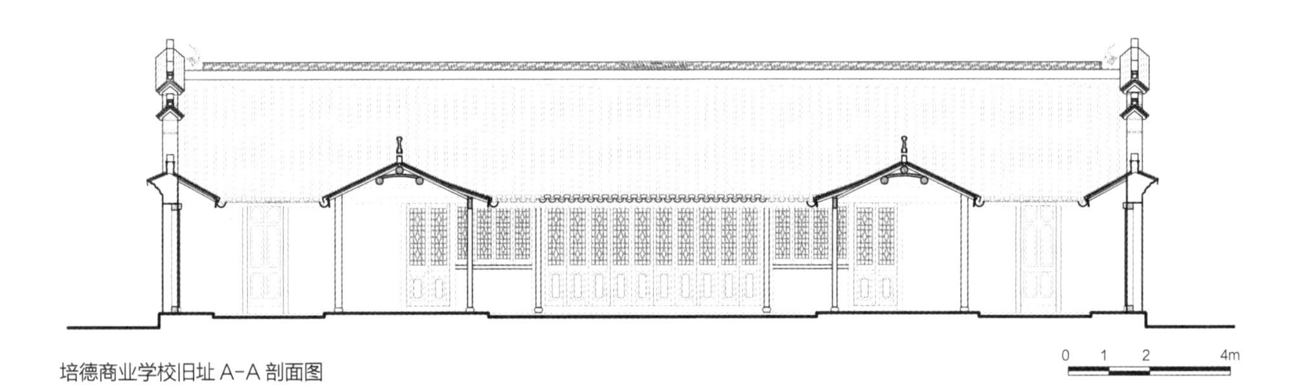

培德商业学校旧址 A-A 剖面图

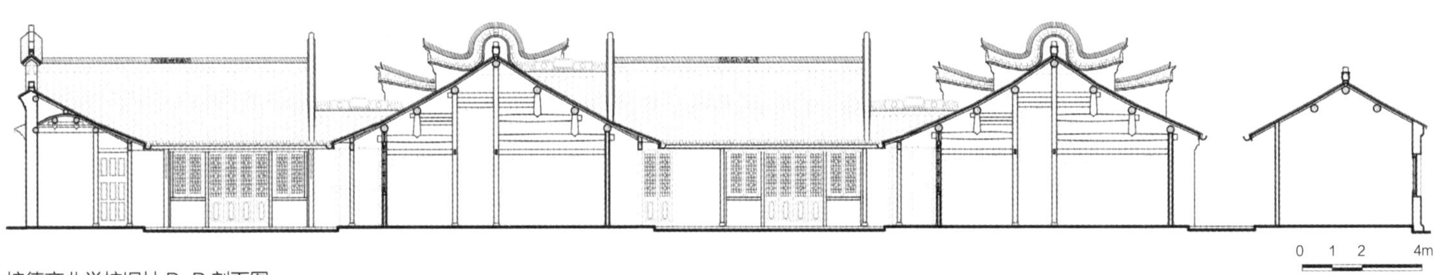

培德商业学校旧址 B-B 剖面图

培德商业学校旧址院落空间

板，外墙底部为勒脚，为典型的传统民居做法。

室内正厅、厢房采用传统方砖铺地和木地板两种形式。屋顶采用铸铁天沟排水，庭院为地漏暗沟的系统方式。街沿以金山石铺成。除厢房梢间采用木地板外，正厅各间和厢房明间均采用方砖铺地。柱础用金山石。

细部和装饰

该宅使用了砖、木、石等传统建筑材料，以粉墙为底，配以灰黑色的瓦顶，粟壳色的梁柱，灰色的门窗框架，形成了素净明快的色调。梁枋木雕精美，斗栱、拱垫板、步枋、山雾云等构件简洁工整。纸筋灰浑水墙面、黛瓦、屋面及观音兜的做法也反映了传统民居的风貌，可以说是当地的代表性建筑。

保存现状

2003 年 3 月 19 日，培德商业学校旧址被公布为浦东新区登记不可移动文物。2017 年 1 月 25 日，被公布为浦东新区文物保护点。

该宅自落成后，数十年间遭到诸多破坏，尤其是作为厂房使用期间，门窗、地坪甚至部分梁架都遭到严重损毁，2009 年进行了全面保护修缮。

高东
黄氏民宅

地　　址：高东镇革新二队花园子 42 号

建造年代：1934 年

占地面积：不详

建筑面积：500m^2

保护级别：文物保护点

黄氏民宅建筑外观

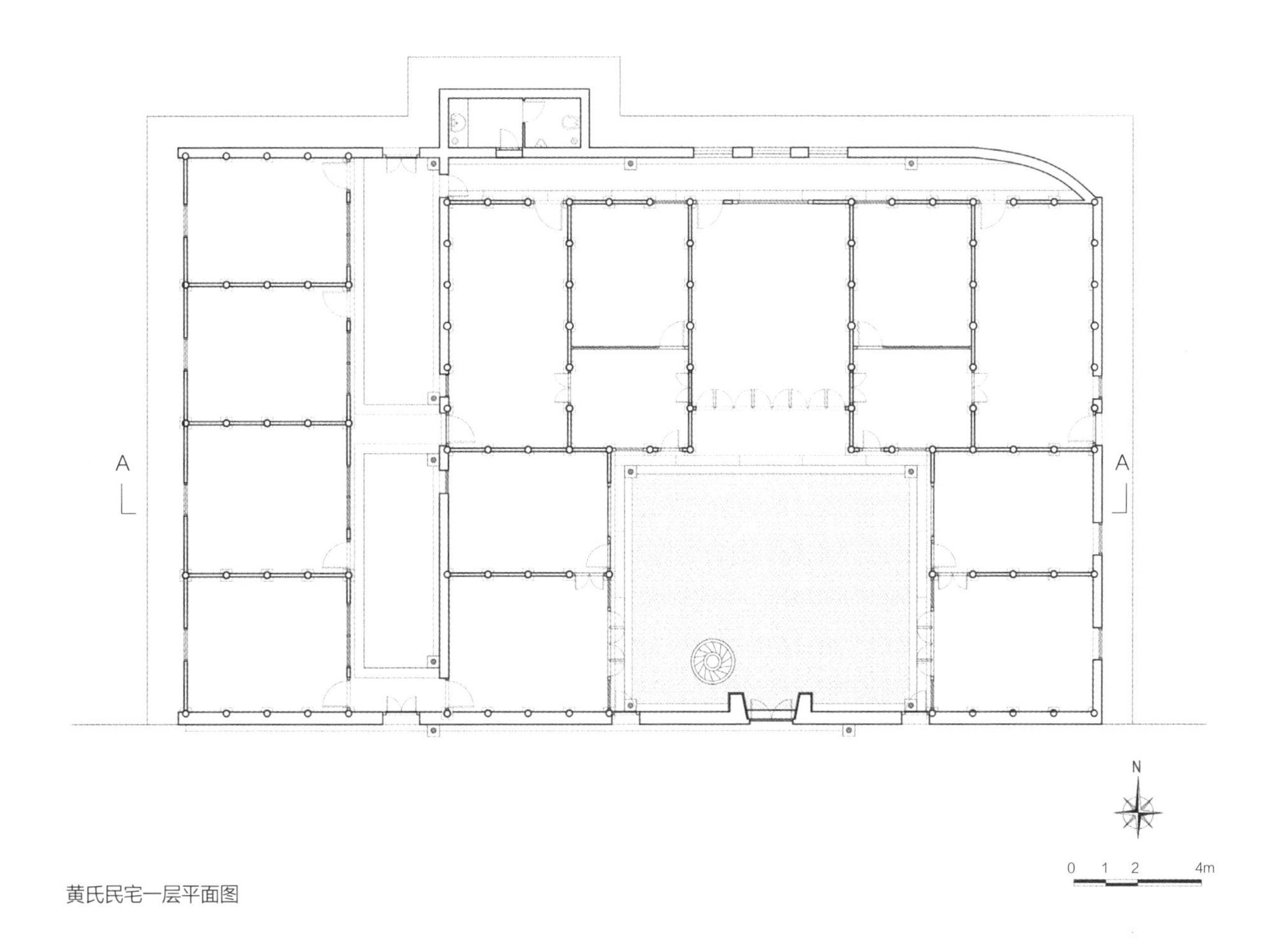

黄氏民宅一层平面图

历史沿革

高东黄氏民宅被誉为“川沙朝北第一块牌子”，建造者为黄顺祥。他原住川沙牛桥，自幼家境贫苦，仅有小屋两间，靠父亲的泥水匠手艺生活。13岁时到上海市区学手艺，16岁就到香港从事建筑行业，回沪后在外国营造厂干活，精于“汰石子”及“磨石子”工艺，在当时亚洲第一高楼国际饭店建造期间，黄顺祥包下了其中的“磨石子”和“汰石子”活，从此在业界声誉卓著。后来他自己开设了“黄顺记营造厂”，从事各类大小建筑工程的承包，累积了一定的财富。

1934年6月，黄顺祥以时币1200元购地4亩，又用16000银元请人建造住宅，其中仪门、房屋地坪及部分墙面使用的“磨石子”及“汰石子”工艺，就是黄顺祥亲自带头做的，工艺精湛，建筑质量极高。

黄氏民宅刚建成时，南有小河，北有界河，西有大道，交通十分便利，而且左右和后方遍植树木花草，环境非常优美。

此宅一直由黄氏后人居住使用。

建筑特征

平面和院落空间布局

黄氏民宅坐北朝南，平面为传统一正两厢三合院布局，左右对称，由大门、天井、正厅、厢房以及两侧配房等部分组成，建筑皆单层，正厅五开间，三明两暗。南墙面向院内一侧铺有屋顶，形成廊檐，并与左右厢房连成一圈，下雨天可供行走，不至淋湿。建筑占地面积不大，天井较为宽敞。

构造和外形

黄氏民宅具有中西合璧的建筑风格。采用传统砖木结构，入口建有石库门式仪门一座，门头高出围墙，外形简洁、有一定的线脚，采用“汏石子”工艺制成，门额上题有“厚德载福”四字。大门门口处有一块采用“磨石子”工艺铺设的彩色地面，表面为菱形和花朵图案，这是宅主人黄顺祥的拿手绝活，虽历经几十年风吹雨打，依然光滑如镜。

山墙由青砖砌筑而成，外形上体现西式的设计手法，墙头采用西式水泥压顶半圆形观音兜，看上去略显简洁。屋顶为传统的双坡顶，青瓦铺屋面。院子内部则是传统做法，粉墙黛瓦，有精致的垂脊及灰塑。门窗为传统木槅扇形式，使用彩色压花玻璃。

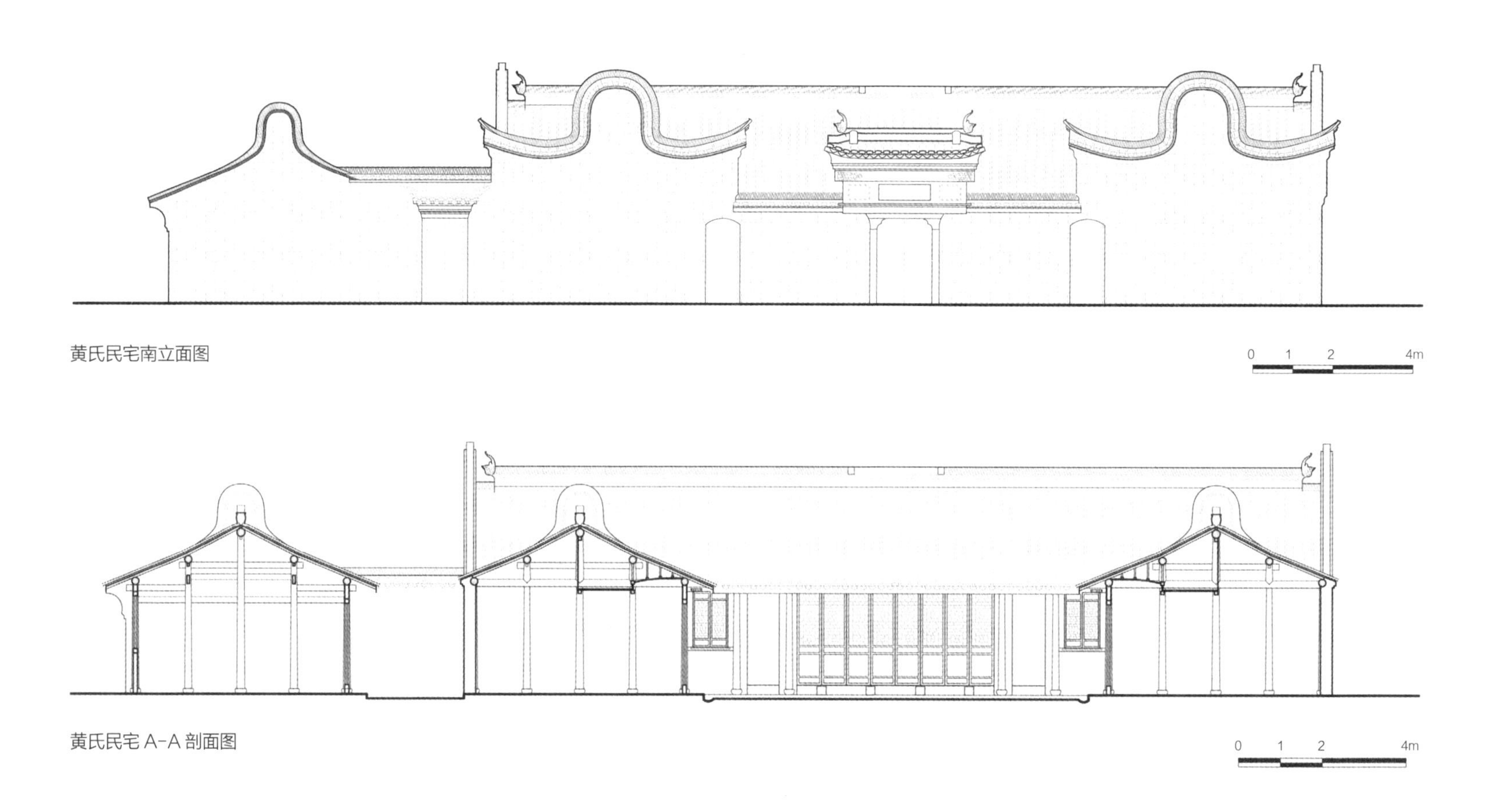

黄氏民宅南立面图

黄氏民宅 A-A 剖面图

最令人称奇的是堂屋地坪用“磨石子”制成，使用五种不同颜色，做成正方形、三角形、矩形、万福形等不同几何形状，各色之间的间隔铜条极为细薄，仅为0.5mm左右。整个“磨石子”地坪至今无丝毫裂缝，做工之精细、工艺之巧妙可见一斑。

黄氏民宅室内地坪为花地砖铺装

细部和装饰

山墙墙头、基座等部位有简单的水泥线脚，砖木构件雕刻十分细致，大客堂正梁原用传统铜饰包覆（“文革”中被撬），前后穿枋上雕有戏文人物，客堂大门的看枋也雕有如意云纹，柱间穿枋等位置雕有十二个月的花卉。

除去传统的工艺外，该建筑在门头使用了耐腐蚀的水刷石工艺，地坪的彩色水磨石工艺非常高超。此外，水泥、铁等近代材料的运用，如天井内采用的铸铁落水管等，都体现了该建筑中西合璧的特色。

黄氏民宅彩色压花玻璃

黄氏民宅院落空间

保存现状

2003年3月19日，高东黄氏民宅被公布为浦东新区登记不可移动文物。2017年1月25日，被公布为浦东新区文物保护点。

该宅整体保存完整，墙地面及大木架、门窗扇等保存较为完好，但屋面破损。2008年进行了保护修缮，现保存状况良好。

黄氏民宅门扇及压花玻璃

高桥
蔡氏民宅

地　　址：高桥镇季景北路 714 弄 11 号

建造年代：清光绪三十四年（1908 年）

占地面积：660m^2

建筑面积：893m^2

保护级别：文物保护点

蔡氏民宅院内仪门

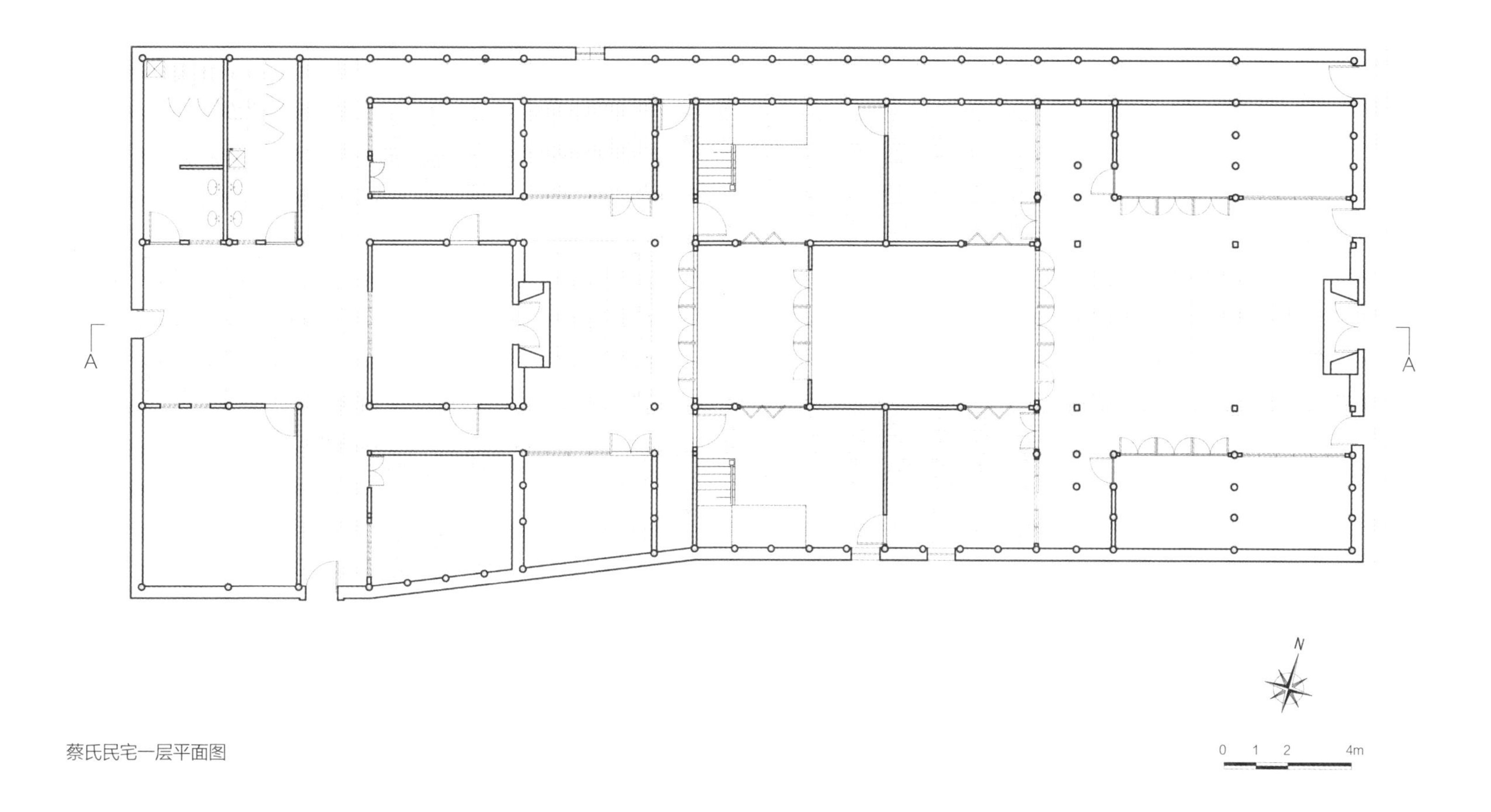

蔡氏民宅一层平面图

历史沿革

蔡氏民宅建造人为蔡啸松（1870-1920），高桥当地人士，靠经营米粮生意发家致富，乐善好施，在高桥镇显赫一方。清代光绪晚期，蔡啸松在自家宅地上营建了这座宅院，用材和做工上都力求上乘，历时13年，耗银4000余两。

1908年宅屋建成后，在厅堂正上方悬挂“庆誉堂”匾额，第一进大门门檐上刻“睢麟应化”门额，第二进门檐上刻“佳气充闾”门额，表达夫妻和睦、子孙繁盛、德行高尚、共享天伦之乐的愿望。

蔡啸松亡故后，只有一子，名蔡咏梅，继承了蔡氏全部家业。时值内乱外患，守业维艰，因此家道中落。至中华人民共和国成立前，迫于生计，蔡氏后代只留下蔡宅两间自住，余者全部出租。1958年社会主义改造中，蔡宅被收归房产科管理租售，共居住了15户居民。后因任意搭建和疏于维修，房屋遭受了较大破坏。

建筑特征

平面和院落空间布局

蔡氏民宅为传统的三进四合院落布局，平面上基本中轴对称，建筑整体沿东西向的主要轴线展开。四合院落布局，第一进院落南、北、西三面回廊，居中为厅堂，左右为厢房，皆为两层，院落空间宽敞。第二进由正厅和后厢房围合而成，空间相比第一进院落狭小，且绕天井一周布置廊轩，形成双层屋面，最后一进为小庭院天井，空间狭小封闭。宅院于房屋北侧设有一条背弄，由侧门进入，供佣人和女宾进入；大门只供男宾和贵宾使用。

该宅在建筑布局上主要有三个特点：

一是朝向坐西朝东。当时蔡家是当地显赫一时的米商，而蔡宅就建在当时一条南北走向的主要街道之后，因此建筑并没有依传统坐北朝南，而是根据实际需要坐西朝东。

二是在平面的西南角有一段向外倾斜的墙，据说是当时考虑到风水的缘故，这在传统古建中很难看得到。

三是融合了徽派建筑的特色，比如在厅堂前方左右各有一小天井，采光通风，且有四水归一的意愿蕴涵其中。

构造和外形

蔡氏民宅在建筑整体风格和细部装饰上都具有十分明显的徽派特征，同时又保留了当地特色。宅院入口有一堵高大的屏风墙，大门为朝向院落的砖雕仪门，形式庄重大方。屋

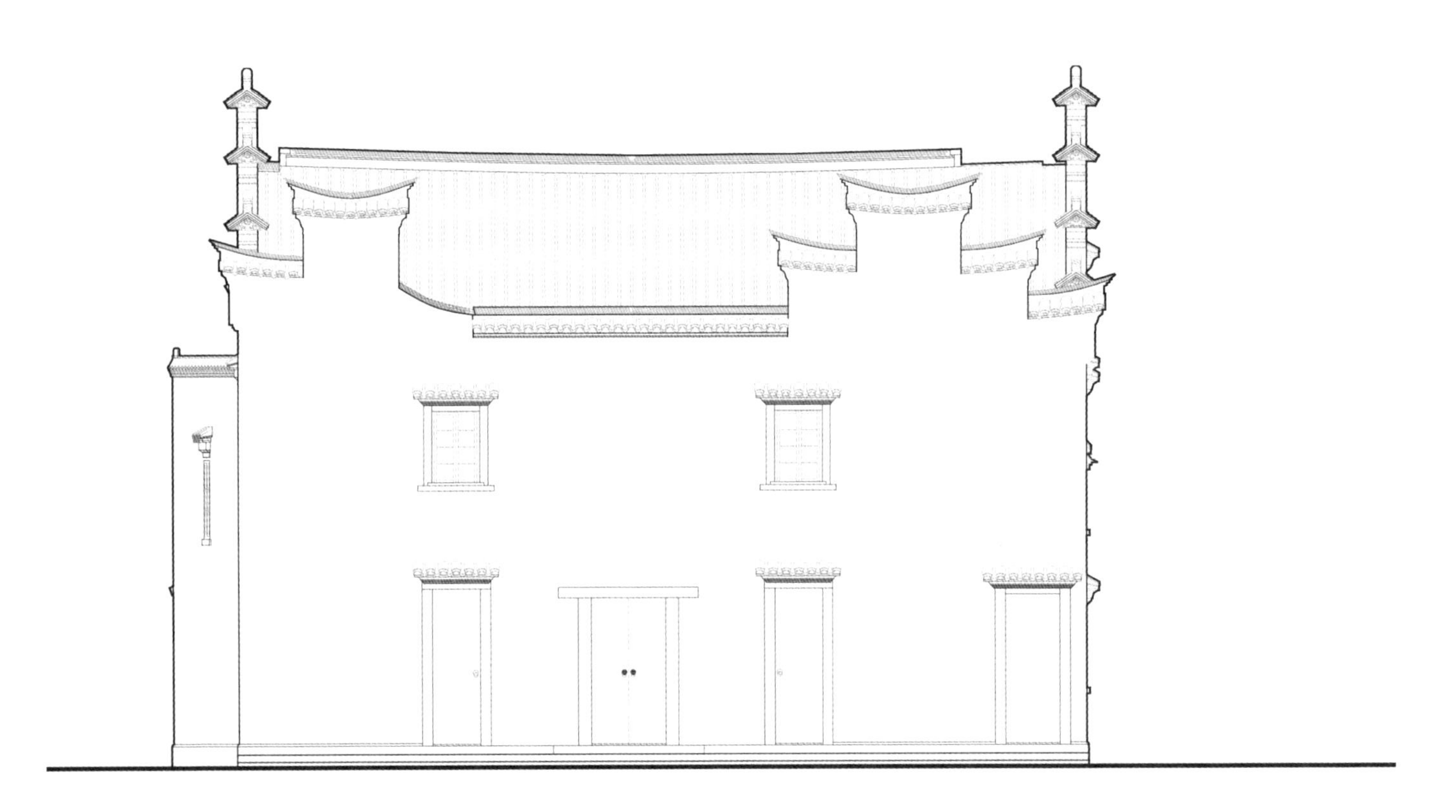

蔡氏民宅东立面图

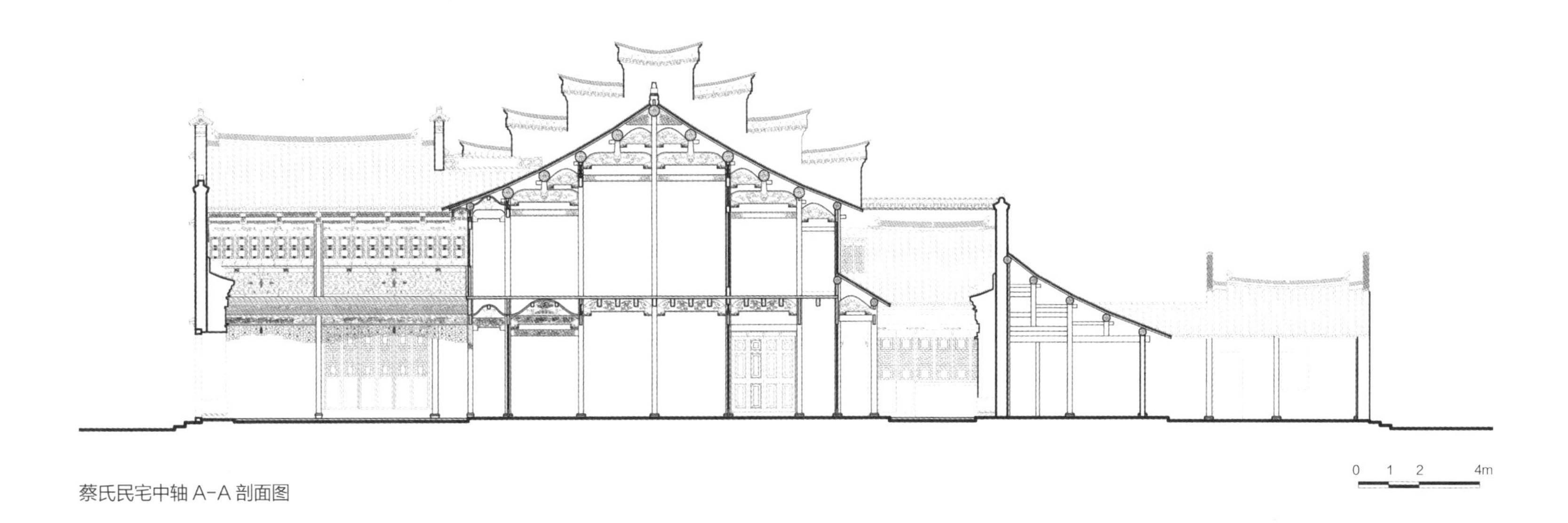

蔡氏民宅中轴 A-A 剖面图

顶皆为硬山顶，青瓦，瓦下铺望砖，通过屋面自然排水。正屋、前厢房为双坡硬山屋顶，后厢房靠北一侧为不对称双坡，靠南侧为单坡，均坡向二进的内院，前两进院均采用青砖白灰墙，两端是高耸的马头封火墙。三进两间平房为双坡，两侧有观音兜。

建筑为传统木结构，除厅堂的明间用抬梁构架外，其余均是立贴式。因此，可以在一个房间的两侧看到两种不同的木结构形式。一楼楼枋扁作，二楼檩圆作。一、二层绕一进院落的回廊上设一支香轩，两侧厢房二楼分别设吊顶，其余均为彻上明造，尤其是厅堂明间梁架完全露明，做工十分考究，雕刻精美，在“文革”时未遭破坏，至今仍然保存完好。

一层室内前厢房、前后客堂、餐厅、米仓、晾衣间及檐下的走道均采用传统方砖铺地；内院和天井则主要采用细凿花岗石板铺地，石面加工平整，棱角分明，局部采用小青砖铺地；其余的室内及二楼的所有室内，均用木地板铺地，增加了居住的舒适性。为避免因气候潮湿和地下水位高对地板的破坏，地板下面架空层达到 20cm。柱础用金山石。

蔡氏民宅室内梁架形式

蔡氏民宅屋顶脊饰

细部和装饰

蔡氏民宅雕饰丰富，采用大量木、石雕工艺，大墙门檐砖雕细致，面积比例大而集中，在高桥镇民居中极为少见。

第一进天井回廊上有大量题材丰富、雕刻精美的木雕细部和线脚，室内大木架上月梁、楼面木桁梁、挡板上也布满浮雕花纹，非常精美细腻。原来客堂和厢房面向天井全部都是落地槅扇窗门，门下装饰有大幅木浮雕图案，共20幅，图案内容是三国故事，上部有蛎壳镶嵌，可惜在20世纪60年代被拆除。

廊檐二楼栏杆采用回纹花格样式，上方装饰有雕花木遮檐，图案为“瓶插三戟”，取“平升三级”的谐音。客堂楼和厢房楼面向天井的窗台下部也全部都是回纹花格栏杆，里面衬木裙板，上部为玻璃木窗，玻璃全部是进口的。所有木质材料均被刷成红色，站在前天井中，环顾一周，就会被整个建筑的木雕装饰所震撼，可见当时用工之精巧，耗工之繁多。

蔡氏民宅仪门细部

保存现状

2003年3月19日，蔡氏民宅被公布为浦东新区登记不可移动文物。2017年1月25日，被公布为浦东新区文物保护点。

由于蔡氏民宅曾大量租住居民，被任意改建，加之“文革”时期对建筑雕饰的大量破坏，原来功能清晰明朗的宅院，被数家来自各地的住户全部当做私人住宅或仓库，因此遭到了严重破坏。2008年对其进行了修缮，使这幢极具价值的老建筑得到了有效保护。

蔡氏民宅二楼栏杆和楼板外口雕花

高桥
至德堂

地　　址：高桥镇石家街 12 号

建造年代：清代后期

占地面积：425m²

建筑面积：213m²

保护级别：文物保护点

高桥至德堂石库门样式的大门

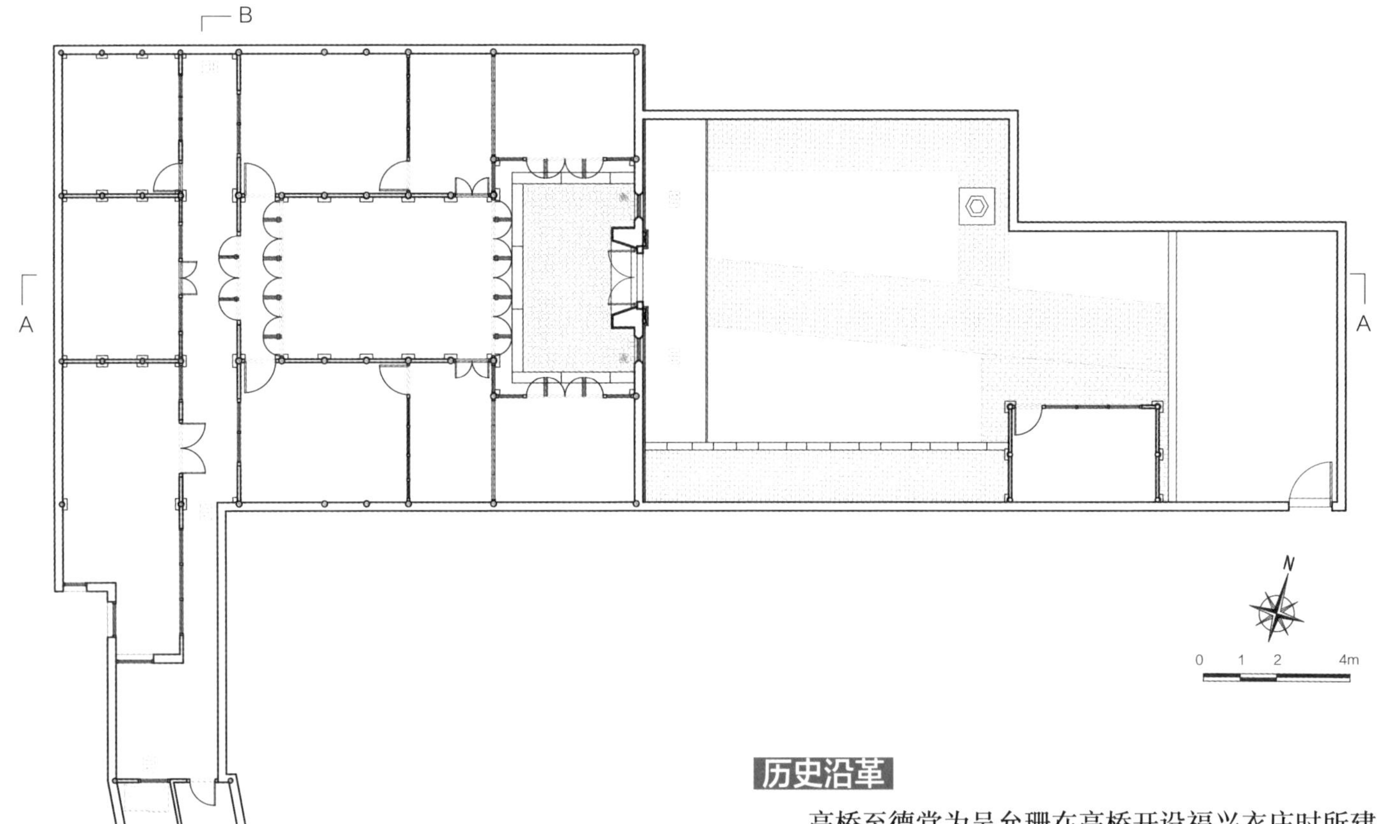

高桥至德堂一层平面图

历史沿革

高桥至德堂为吴允珊在高桥开设福兴衣庄时所建。吴允珊出生在官府之家，九岁时母亲徐氏病故，父亲续娶妻。吴允珊13岁时后母给他钱财让他离家谋生，一个月后吴允珊来到上海投奔亲戚。到上海后，经亲戚介绍在上海石路三马路口（今福建中路汉口路）万昌衣庄学做生意。

由于吴允珊对工作兢兢业业，三年后，由好友介绍前来高桥开设福兴衣庄，租用蔡氏前后两间平房，前面作店面经营衣庄，后面用作居住。吴允珊有积蓄之后，向蔡氏连房带地买下，筹建房屋，堂名“至德堂”，追慕吴氏先祖的美德，以示不忘祖先、不忘根本。

客堂中的“至德堂”匾额原为学界泰斗蔡元培先生所题，之后其子吴锦文从圣约翰大学毕业，又恳请恩师、一代名士、时年92岁的马相伯先生再题书“至德堂”匾一方，落款为“九二良叟”，钤印“相伯长寿”。可惜这两方名人字匾都毁于“文革”时期。

至德堂建成初期，年少的杜月笙也曾投靠吴家，长达五六年之久。

抗日战争前，每年夏天，吴家都会用桐油涂抹梁木门窗，使其经久不腐。抗战期间，因无力维修，逐渐衰败。“文革”期间，除“至德堂”匾被毁外，前门被强制堵塞，仪门砖雕被毁大半。不过整体布局基本完整，其他破坏情况较少。

建筑特征

平面和院落空间布局

至德堂主体建筑坐西朝东，为传统的一正两厢布局，主体部分沿中轴线对称布置，均为一层，建筑由仪门、院落、正厅、厢房及西北配房组成。仪门东侧院楼内有一口古井及一间书房，书房及院墙之间有相对称的两个连廊，但北侧连廊已毁，南侧连廊只剩阶沿。西侧配房有三间，其中一间柴房原功能为佣房、厨房，存放柴草、生产农具、杂物，并作饲养鸡鸭牛羊等家禽家畜之用。

构造和外形

至德堂采用传统木立贴结构，局部装饰有西式特征。仪门为石库门样式，由金山石条石组成门框，安装有两扇对开的木门，木门上有铜制圆形铺首。仪门上层有齿形饰、巴洛克式镜面装饰等，呈现出明显的西式特征，当中塑有“延陵世泽”表

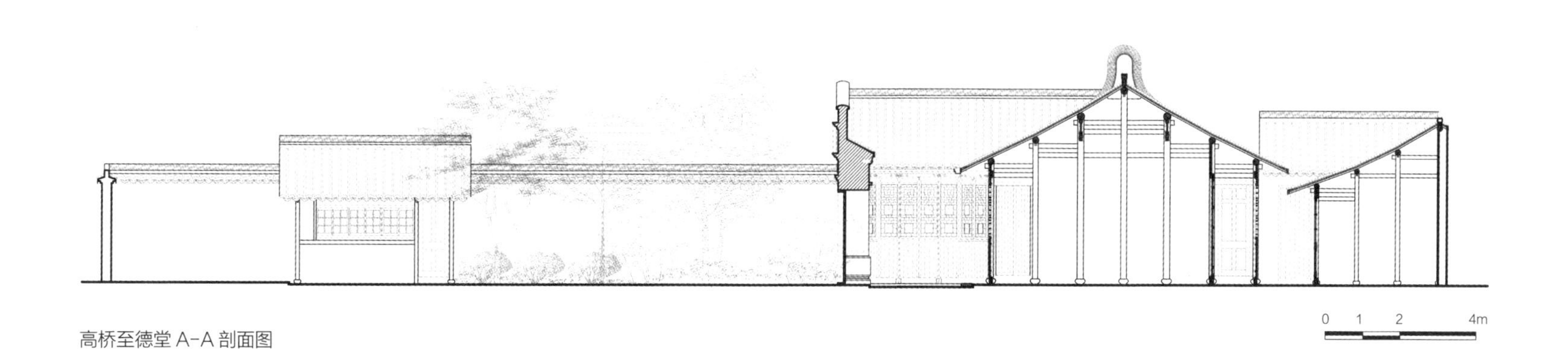

高桥至德堂 A-A 剖面图

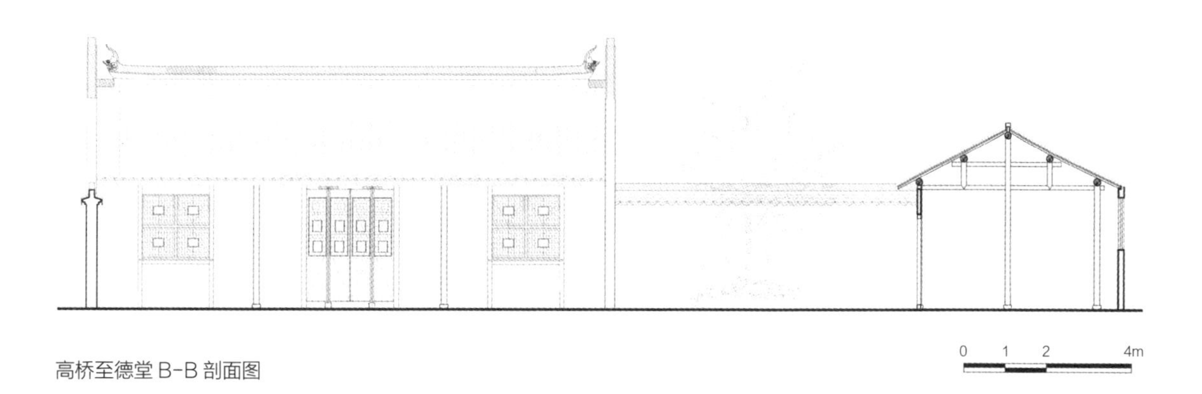

高桥至德堂 B-B 剖面图

高桥至德堂镶配蛎壳的厅堂槅扇窗

高桥至德堂蛎壳窗细部

示主人吴姓的堂号。仪门背面为中式风格，屋面为硬山式，靠近墙面塑有一根正脊，其下亦有四字门额“长发其祥”。这种中西合璧的仪门样式，在高桥乃至整个上海都比较罕见。

院内正厅高大，脊檩离地有六米多，屋顶为传统的硬山顶，正脊中的哺鸡已丢失，但其脊饰精美，仍清晰可见。客堂主梁上钉有铜皮，图案中间有“五子登科”四个铜字。客堂有八扇落地槅扇门，并有多扇槅扇窗，花格中全部镶配蛎壳，正中间花格镶嵌彩色压花玻璃，都基本保存良好。

正厅与厢房外侧有一圈材质为金山石的阶沿，阶沿内是方砖铺地，院中则是水泥花格铺地。

细部和装饰

至德堂仪门、正脊上原都有精美的灰塑雕刻，可惜在“文革”时期被毁。宅院梁木以杉木为主，门窗、椽子以洋松为主，门框、窗框都是硬木制成。建筑外墙面用纸筋石灰粉刷，勒脚用水泥粉刷。建筑及其细部构造体现了较高的施工水平。

高桥至德堂木门上的铜质圆形铺首

保存现状

2003 年 3 月 19 日，高桥至德堂被公布为浦东新区登记不可移动文物。2017 年 1 月 25 日，被公布为浦东新区文物保护点。

该宅现存部分建筑整体布局保留清晰，内部格局基本可查，改建加建现象不严重，但墙面及小木作有所变更，建筑结构也需要加固，2010 年对其进行了保护修缮工作。

高桥
王氏民宅

地　　址：高桥镇界浜路 19 弄 12 ~ 22 号（王新街 25 号）

建造年代：清光绪三十二年（1906 年）

占地面积：1051m^2

建筑面积：1051m^2

保护级别：文物保护点

王氏民宅入口仪门

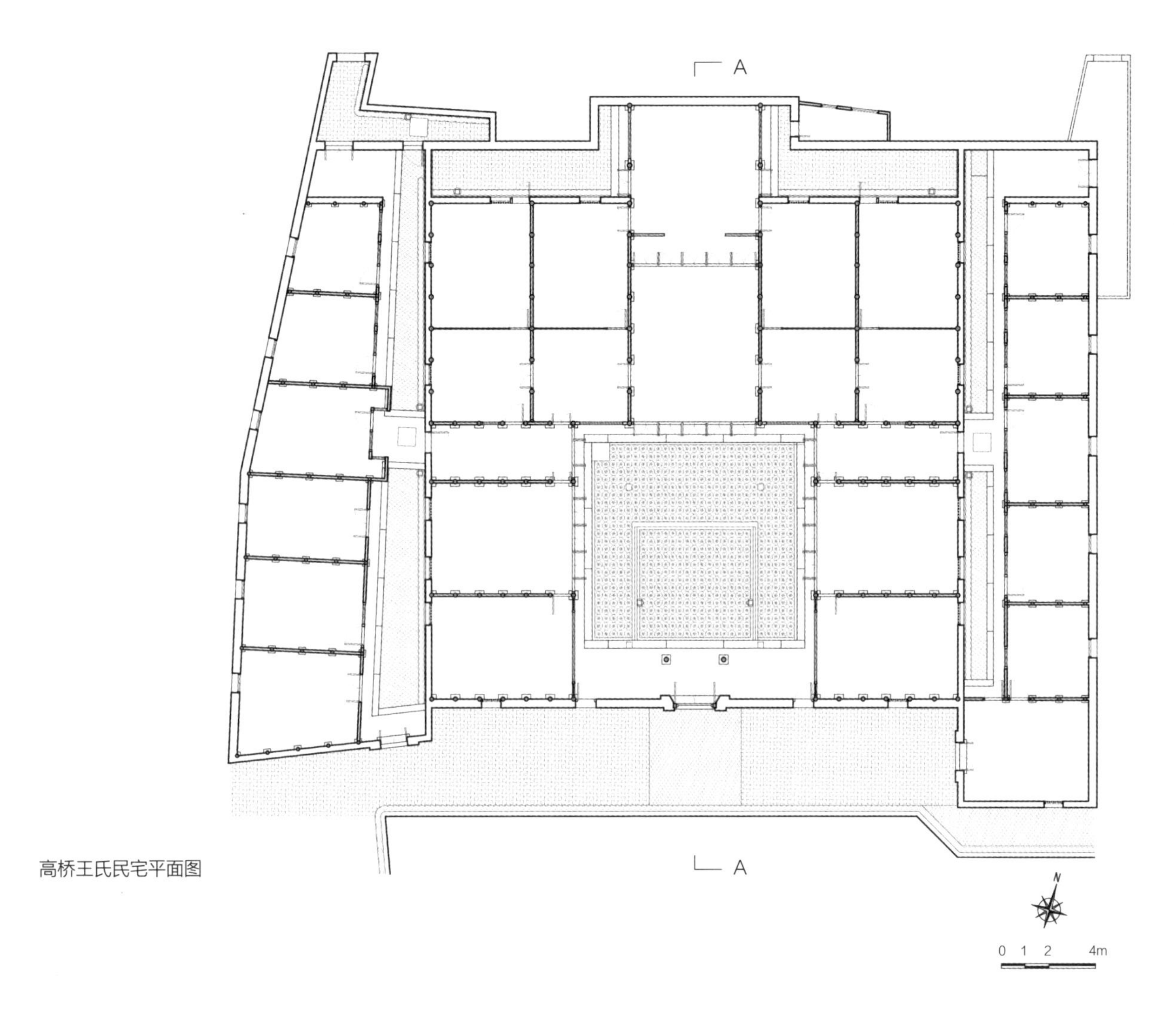

高桥王氏民宅平面图

历史沿革

高桥王氏民宅的建造人，是浦东早期著名营造商王松云，他出生于浦东高南陆家宅一户贫苦的农民家庭，20 岁到上海山海关路一家营造厂做挡手（小包筑头），他泥工手艺精巧，粉刷墙壁时快而平整且省料，深得厂主宁波人赵某信任，随赵某经营建筑工程，逐至主管业务。在沪早期营造业中，享有声誉，曾奉召进京修缮皇宫，因技艺出众，领赏故宫藏宝唐寅与郑板桥书画各一幅，弥足珍贵。

王松云与近代上海犹太裔房地产大亨哈同关系密切，他与赵某合作建成了“爱俪园”（哈同花园），清光绪三十二年（1906 年），他参与建成了外滩汇中饭店（今和平饭店）南楼，高 6 层，为当年上海之最，最早引进电梯设备。淮海中路四明星等现代住宅，也为王松云所承建。王松云发家后，不忘地方公益事业，投入了大量资金造福乡里，在乡里声誉颇佳。

1906 年，王松云在高桥镇南购得土地 7 亩，营建住宅，即王氏民宅。时任上海道台的陶镛书赠“树德扬仁”条幅，镌刻在王新街王宅正门石条上，因此，王氏民宅大客堂又名

"树德堂"。住宅北面临河的两排楼房也因此被命名为树德里。王松云又在住宅西面，建造两排店面房，长约 50m，对面房屋各 14 间，租给商人开店，被称为王新街。该宅此后一直由王松云子孙继承。

建筑特征

平面和院落空间布局

高桥王氏民宅建筑主体为传统一正两厢三合院布局，东西两侧各有一排附属用房，中间用夹弄隔开，轴线对称，由入口仪门、天井、正厅、厢房、后院等部分组成，建筑为一层，正厅次间和梢间带夹层阁楼。正厅及厢房共 12 间，东西两侧的附房也有 12 间，正厅坐北朝南，为五开间，明间为大客堂"树德堂"，又称"外客堂"，后连有内客堂，堂外天井有 115m^2。

西侧附房外墙向西侧倾斜，东侧附房基本已毁。正房北面还有两个狭长的天井。附房和厢房、正房之间形成两个夹穿弄。

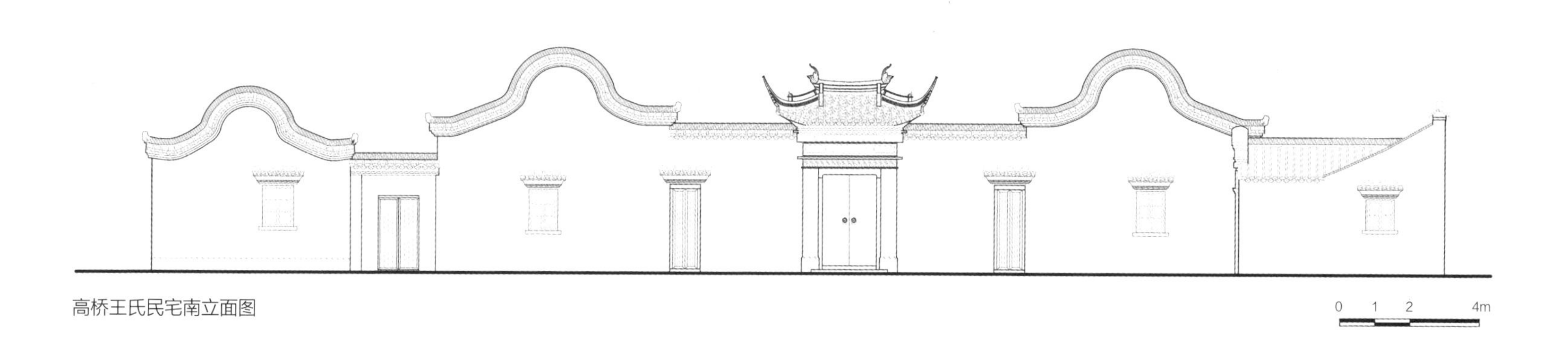

高桥王氏民宅南立面图

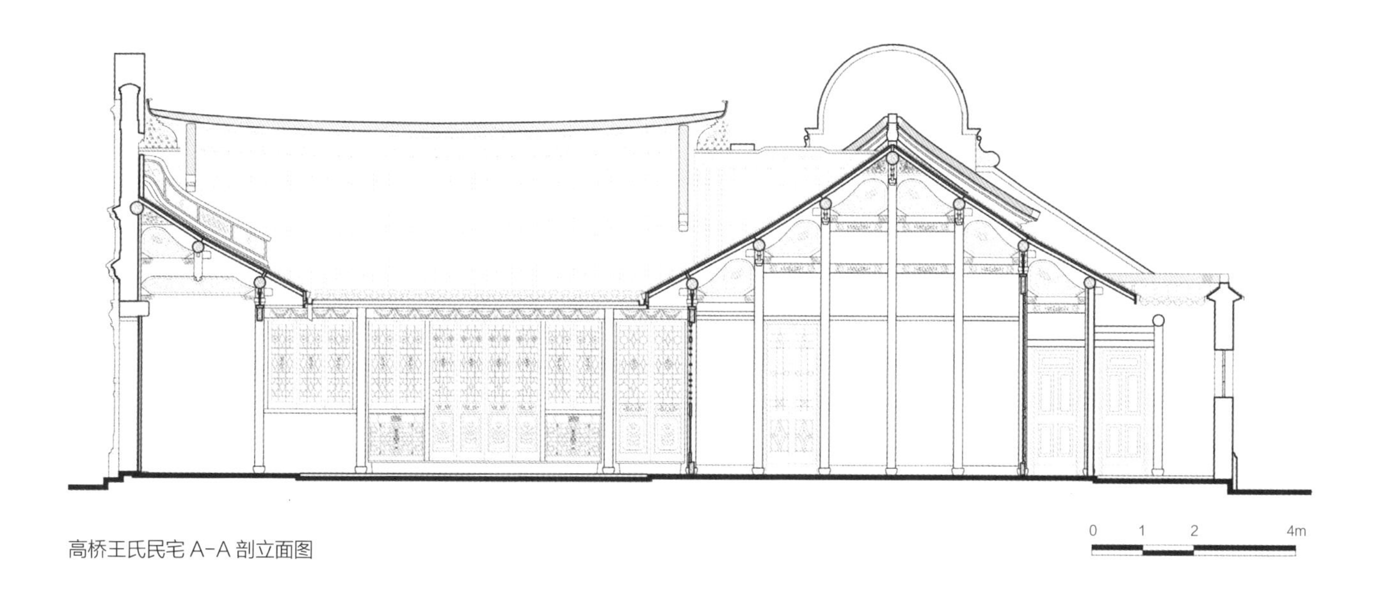

高桥王氏民宅 A-A 剖立面图

王氏民宅木质花篮亭门细部

南侧原为照壁，照壁外是菜园和花园。宅院后面至界浜间原建有两排两层的里弄住房共十八套，称为树德里，现已拆毁。

整个建筑布局特点有三：

一是面积庞大，整体规模在高桥民居当中属于较大的；二是平面布局较为灵活，除正厅和厢房为传统的一正两厢格局外，其余部分的平面并不强调横平竖直，而是灵活、富有变化，这或许跟当时的地形条件限制有关；三是前院的玻璃雨棚，这在浦东地区并不多见，仅在一些大营造商的住宅中出现过。

构造和外形

建筑为传统木立贴结构，入口大门为砖砌筑而成，造型在传统的仪门形式上加以简化，顶部用歇山式，门额上的字迹已难辨认。大门面向院内一侧是一个造型优美的木质花篮亭门，檐下有两组斗栱，花篮亭东西两侧各有雕花垂莲柱一根。

建筑绝大部分为木立贴式，只有北面后客堂有抬梁，部分梁架有雕花。正厅及厢房梁枋扁作，做工考究，两侧附房为圆作。正厅明间檐下枋上有一斗三升拱，其余开间枋上为夹堂板。

屋顶皆为传统的小青瓦双坡顶，瓦下铺望砖，通过屋面自然排水。南侧山墙采用青砖砌筑，造型为传统观音兜，尺度显得大而缓。

客堂和厢房面向天井全部都是落地长窗，正厅原来的门下装饰有木雕图案，现仅存一扇。前后客堂之间有飞罩，雕刻精美，现有部分残存。

王氏民宅槅扇门窗细部

王氏民宅室内梁架和山雾云

室内两侧厢房明间、前后客堂、两侧附房及檐下的走道均采用传统方砖铺地；内院和天井则主要采用水泥花格地面，加工平整，花纹清晰，保存完好。其余的室内均用木地板铺设，增加了居住的舒适性，为避免因气候潮湿和地下水位高对地板的破坏，地板下面架空 15cm。柱础用金山石。

细部和装饰

王宅整栋建筑使用传统砖、木材料，雕饰丰富，有着大量的砖雕和木雕工艺，其中最有特色的是正厅梁架上的雕花，正贴上穿也采用浦东传统的形式，板面上有祥云卷草等图案，穿下有小雀替，这种穿的做法仅在明间一面有，梢间则采用一般的做法，增强了厅堂明间的重要性。

两侧厢房梁架和门窗板上均有斗栱和雕花，这种做法是比较少的，一般两侧厢房做法都比正房要简单一些，但不管从雌毛脊下的亮花脊饰还是从裙板雕刻图案的门窗样式上来看，此处厢房都要比常见的其他建筑厢房精美很多。

仪门外侧有歇山顶，内侧有披檐，披檐下两界双步也有精美的灰塑。

保存现状

2003 年 3 月 19 日，高桥王氏民宅被公布为浦东新区登记不可移动文物。2017 年 1 月 25 日，被公布为浦东新区文物保护点。

王氏民宅由其子孙继承后，曾被分割成多间出租，改建搭建严重，2008 年由浦东新区出资进行了保护修缮。现保存状态较好。

洋泾
李氏民宅

地　　址：洋泾街道泾南路 34 号

建造年代：20 世纪 30 年代

占地面积：666m^2

建筑面积：570m^2

保护级别：文物保护点

李氏民宅清水墙镶嵌红砖带的主立面

历史沿革

李氏民宅宅主为李树山，其出生于浦东陆家渡一个贫苦家庭，早年跟随同族长者做煤油散装运销生意。20 世纪 20 年代，趁浦东陆家渡地区造船业兴起之机，李树山白手起家，从修船做起，经过刻苦经营，将修船发展到造船，创建了“李复兴修造船厂”。依靠修造船和水上运输，李树山逐渐发家致富，于是像其他许多商人一样在洋泾镇购地置房。他借鉴了当时在陆家渡从事水上运输业的喻春华的造宅模式，以喻氏住宅为样板，委托著名营造商张金龙，开始建造宅院，即李氏民宅。

该宅在中华人民共和国成立后一度被多用户分割居住，2004 年发生火灾，正厅东侧两间房屋顶被烧毁，阁楼楼板被烧，梁架被烧焦。在这之后，居民相继搬出，该宅空置了一段时间，2007 年大修。

建筑特征

平面和院落空间布局

李氏民宅为一进院落，整体布局为一正两厢加门厅，具有典型的中国江南民居特色和空间布局形式。东西厢房依中轴线左右对称，东侧另有附房五间。建筑朝向东南 45°，可以称得上是浦东朝向最好的民居。占地面积较大，院落空间较为宽敞。

该宅在建筑布局上有三处独特的地方：一是左右不对称，在主体建筑东侧另有一排南北向附房，二者之间以天井相联系，而西侧同样的位置却没有建筑；二是总平面通面阔大于通进深，总平面为横长方形，一反江南民居纵长方形的常态，较为少见；三是北侧外墙不呈一条直线，正厅明间后带小天井，致使外墙中间部分向北突出，形成凸字形，这在浦东传统民居中也是少见的空间布局。

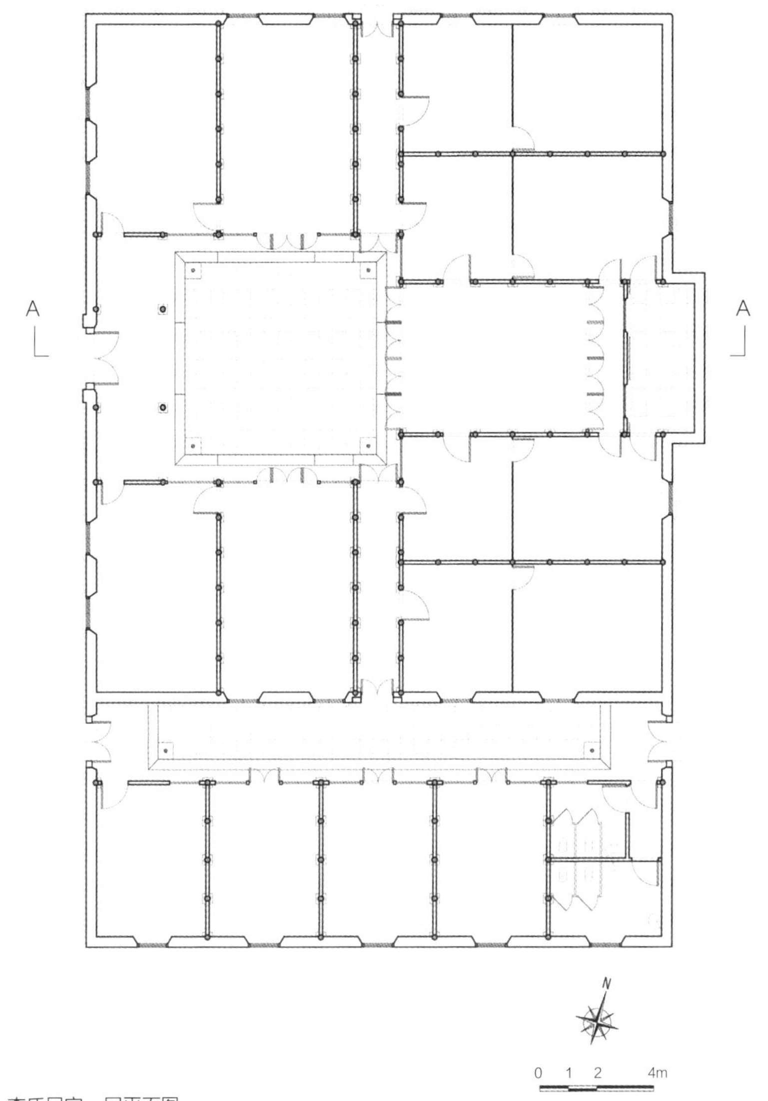

李氏民宅一层平面图

构造和外形

李氏民宅最大的建筑特点是中西合璧，内部为典型的传统江南民居风格，外立面则具有浓重的西式建筑装饰特征。建筑为一层砖木结构，部分房间带阁楼。南立面外墙采用清

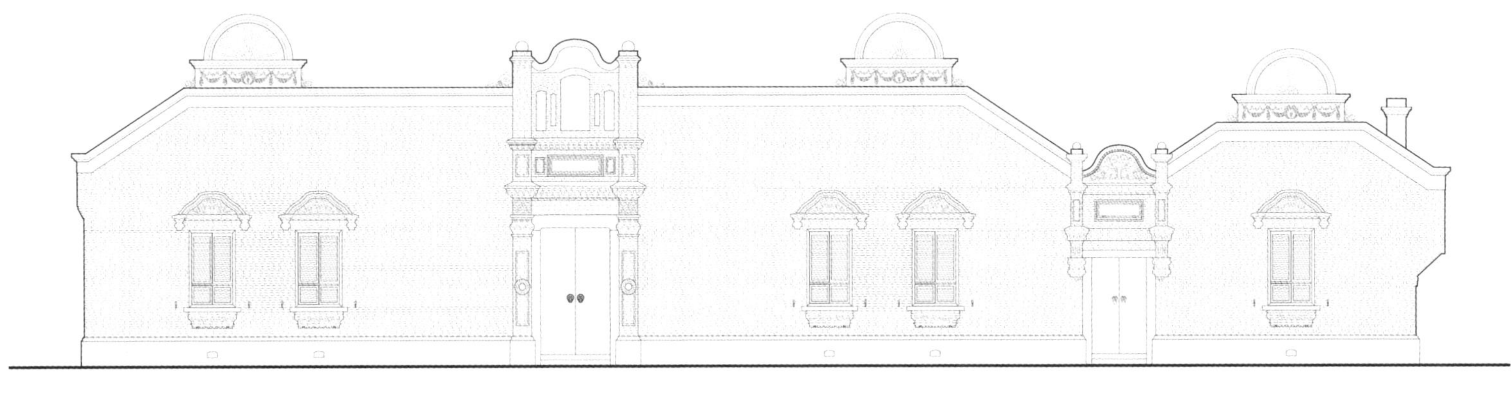

李氏民宅南立面图

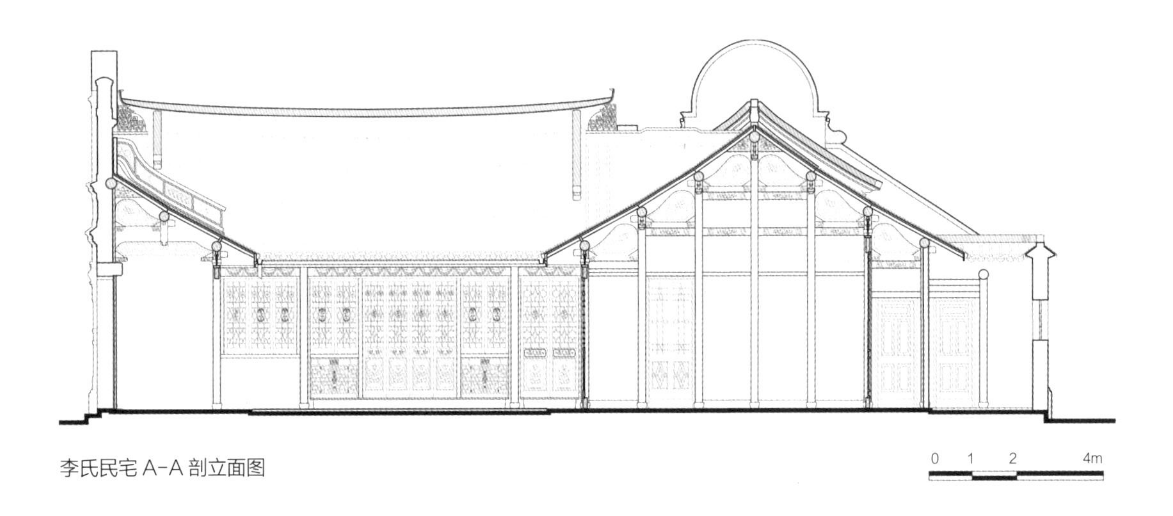

李氏民宅 A-A 剖立面图

水墙，镶嵌红砖带，勾凸缝，用红砖做门头装饰线脚，其余三面为石灰粉刷。南墙中间设有大门，顶上有一条压顶线，左右斜向下成 33° 角，其上再做观音兜，带麦穗灰饰，门头及观音兜两旁均有小涡卷。右侧复原的仪门装饰风格跟大门相似，红砖门头，壁柱伸出屋面，顶上有毛茛叶灰饰。

山墙外形上作西式处理：墙头半圆形，上面饰有卷草。屋顶皆为硬山顶，青瓦，瓦下铺望砖。内院与东西面檐口均装有镀锌薄钢板天沟，端头有落水管，形成有组织排水。北面牛腿檐口向外挑出，自然排水。

建筑单体均为传统木立贴构架，整体上结构比较简洁。建筑除门厅为抬梁结构外，其他为穿斗做法。在正厅及厢房的山墙面，省去一排柱，改用混凝土浇筑的牛腿出挑支撑檩条。梁枋扁作，木料均用杉木。

窗楣及窗台均有红砖装饰，窗套内也有毛茛叶灰饰。外立面的窗共三层，里层为玻璃窗，中间是铁花栏杆，最外层为百叶。门窗为传统木槅扇形式，门框、窗棂雕刻各种花卉，雕

李氏民宅正厅内部

花门窗嵌彩色压花玻璃，正厅及厢房明间的窗下装有万字板。

室内门厅、正厅、厢房等的明间均采用传统方砖铺地，内院和天井则采用浦东地区所特有的水泥铺地，并划分为矩形格子。街沿用金山石，石面加工平整，棱角分明。其余室内均用木地板，增加了居住的舒适性，为避免因气候潮湿和地下水位高形成对地板的破坏，地板下面架空层达到 15cm。柱础用金山石。

细部和装饰

19 世纪末 20 世纪初，不少在浦西工作的浦东人回到家乡置地建房，同时也将浦西租界内的建筑形式带到了浦东，并运用到了民居中，形成一种独特的建筑风格，而李氏民宅正是这种建筑风格的体现。整个建筑粉墙黛瓦，反映了传统民居的风貌，除南立面为清水墙嵌红砖带外，其余为浑水。门框、窗棂雕刻各种花卉，雕花门窗嵌彩色玻璃。同时，加入了不少西式建筑装饰元素，呈“内中外洋”之态：山墙墙头装饰有西式花纹，墙头和基座皆有较为细致的水泥线脚处理，正立面入口窗楣还是古典的三角形式，立面转角处还有红砖砌筑的西式转角柱。除去传统材料和工艺外，建筑还运用了近代的材料和装饰工艺，在门头、山墙墙头、转角柱、地坪等施工上都有体现。

保存现状

2003 年 3 月 19 日，李氏民宅被公布为浦东新区登记不可移动文物。2017 年 1 月 25 日，被公布为浦东新区文物保护点。

由于年久失修、社会变迁等原因，该宅遭受了较为严重的损毁，东侧附房被拆毁，屋面、门窗等也破损严重，再加上生活在内的居民违章搭建，以及对建筑内部设施的改造，造成对文物建筑一定程度的损害。2007 年由浦东新区出资进行了保护修缮，现用作陈列展览等用途。

张江
艾氏民宅

地　　址：张江镇中心村 61 号

建造年代：清道光二十二年（1842 年）

占地面积：650m²

建筑面积：532m²

保护级别：文物保护点

艾氏民宅院落

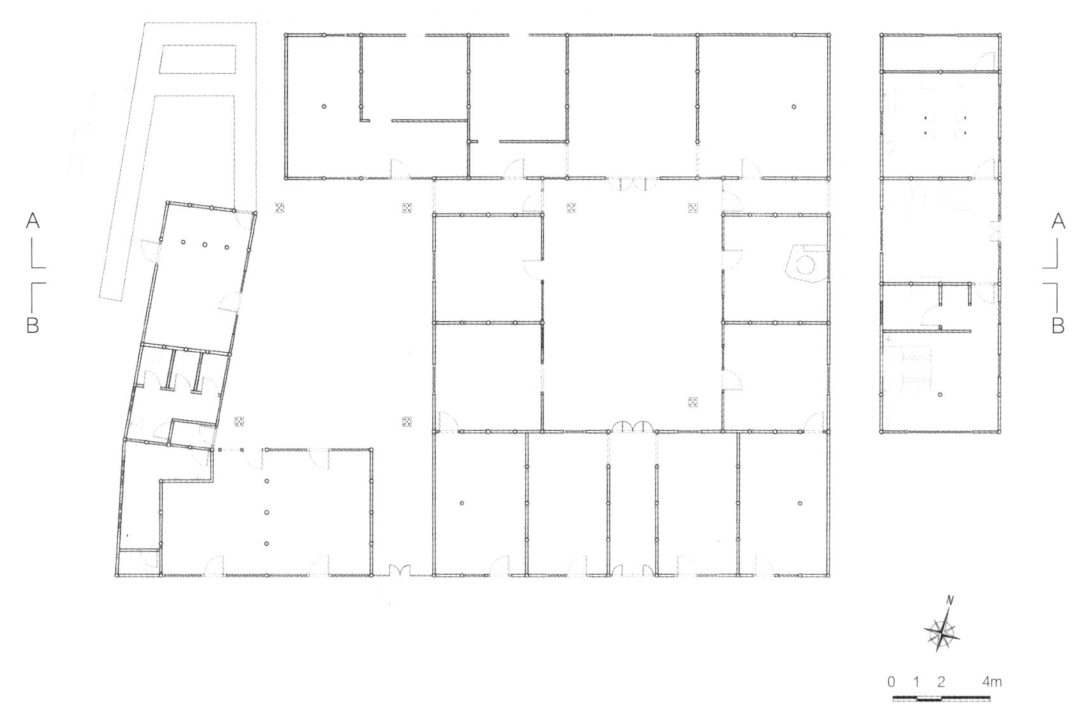

艾氏民宅一层平面图

历史沿革

艾氏民宅由艾氏家族第十四代祖先艾鑫建造，一直作为住宅使用。艾家系浦东世家，六世祖艾可久于嘉靖四十一年（1562 年）中进士，授太常博士，历任南京御史、陕西按察使等职，为官 30 年，清廉有声，死后朝廷赐葬，建墓于浦东孙桥，后人称艾家坟。等到八世祖艾庭骏、艾庭机时，因祖坟在浦东，于是由虹桥艾家弄迁居至浦东艾巷桥。清道光二十二年（1842 年），十四世祖艾鑫在当时的艾家圈 4 号建造房屋，即今日艾氏民宅。

初建时此宅为四合院形式，后代代相传，逐渐拓建，清道光年间至今，已经过数次改建。光绪年间，由十五世祖艾承禧拓宽翻造，加建了两侧厢房与正面偏房。

1946 年，由于艾氏十七世四个儿子（艾中仁、艾中全、艾中唐、艾中信）分房，艾氏民宅再次翻新增建四合院的门面，加建新房，使家居面积达到东西两绞圈约 650 m^2，另有后院面积 550 m^2，菜园、竹园面积 440 m^2。艾家圈由此名闻乡里。

长期居住其中的艾家人，对如今的浦东新区曾作出卓越的贡献，尤其是由艾承禧创办的养正小学，为川沙县第一所小学，解放战争时期曾为地下联络处。这里曾居住过川沙市市董艾文煜、教育家艾曾恪、川沙农业科长艾中仁、著名油画家艾中信等人，是名人故居和重要历史发生地。

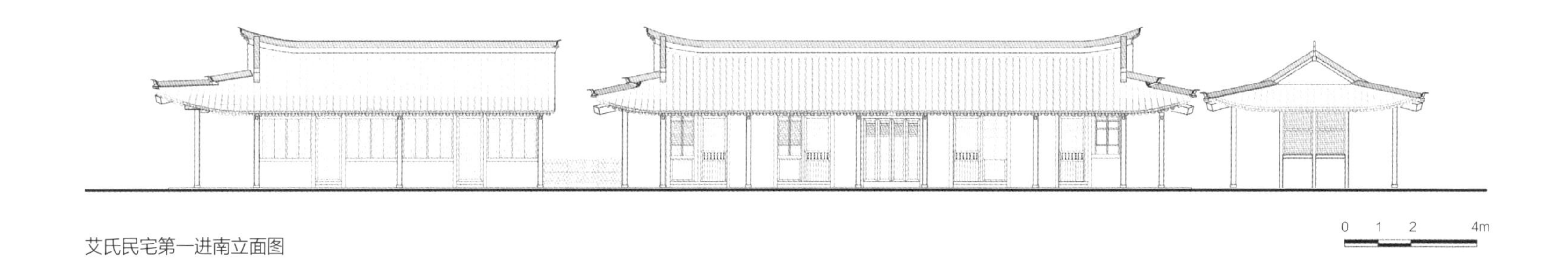

艾氏民宅第一进南立面图

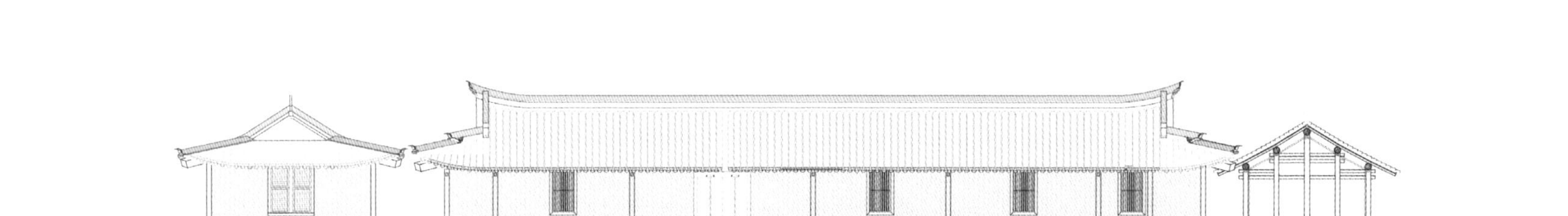

艾氏民宅第二进北立面图

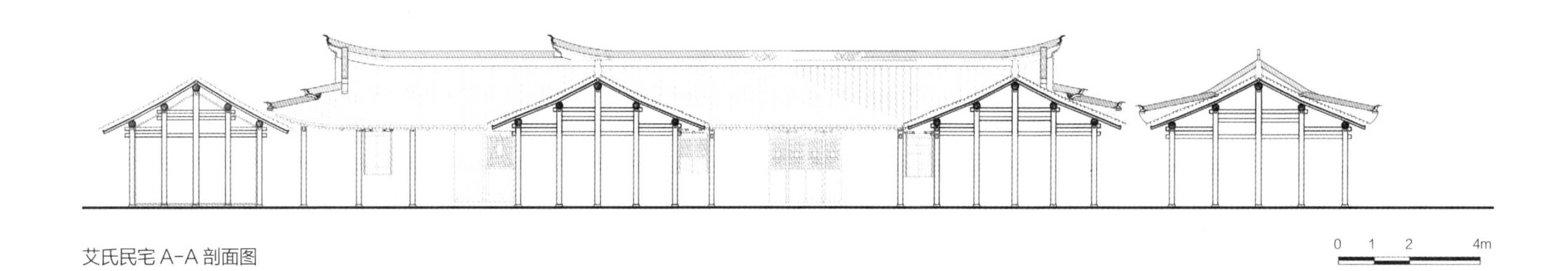

艾氏民宅 A-A 剖面图

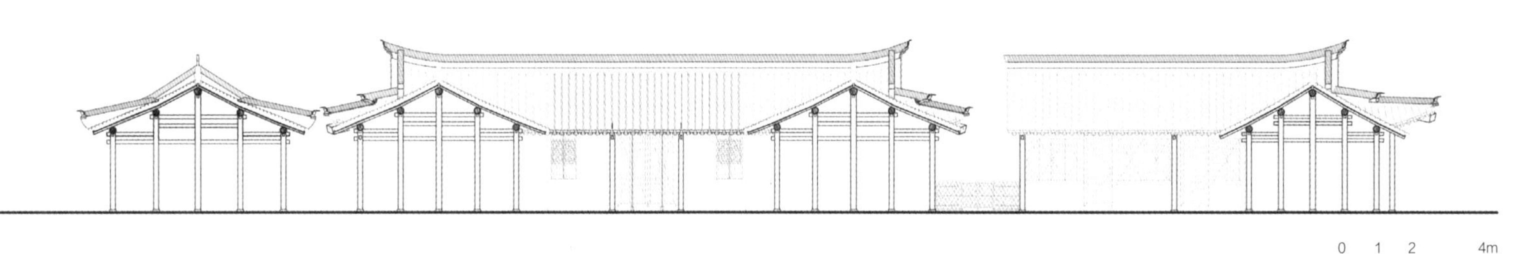

艾氏民宅 B-B 剖面图

建筑特征

平面和院落空间布局

艾氏民宅坐北朝南，平面布局为传统四合院，现存大小房屋 27 间，由东西两个四合院组成，是浦东当地极为罕见的“双绞圈”房子，东庭心 46 m^2，西庭心 66.2 m^2，中间为过道，有传统仪门（已毁）。建筑皆为单层，占地面积较大，院落空间较宽敞。双绞圈房屋布局使得屋面连为一整体，多雨的季节里，人穿梭于檐下而不被雨淋，极具实用性。

建筑整体按建造年代可分为三部分，分别是初建的主体建筑、后期扩建的东偏房与“L”形西跨院。主体建筑呈中轴线对称布局，四合院形式，为前后两进房屋；东偏房坐东向西，与主体建筑二进落叶（尽间）相连，设有过道；“L”形西跨院位于主体建筑西侧，建筑间设有院门、弄堂，跨院正房及偏房均为三开间，呈不规则“L ”形。

构造和外形

艾氏民宅主入口设在“东绞圈”前厅明间，明间宽 2.2m，被称作“墙门间”，设 4 扇内开木板门，纸筋灰粉刷外墙面，木门上方各有一方形窗格，呈“囍”字，寓意四喜临门。墙门间是院落式民居的重要通行入口。

主体建筑面阔五间，小青瓦前后双坡顶歇山式，第一进及第二进正房采用歇山顶形制。屋脊为立瓦脊，端头设雌毛脊。二进正脊分成三段，中段设有龙凤尾样式的灰塑中堆。戗脊为两段，原貌为“人物造型”的灰塑。东偏房为三开间，小青瓦前后双坡顶歇山式，屋面略低于主体建筑屋脊。“L”形西跨院为三开间，小青瓦双坡顶，正房西面为歇山式，东面为悬山式，西侧歇山转角之处与偏房屋面相连，前后檐口同高度。

正屋中间为客堂“恒心堂”，屋梁下厅内檩下设精美雕花短机，后金檩下设穿插枋，枋上有斗栱装饰，有书写于清宣统元年（1909 年）的白底木匾一块，上书黑字“恒心堂”，为民国书法大家沈玉麒手迹。

艾氏民宅的蛎壳长窗

艾氏民宅航拍图，双绞圈房子布局形式

南立面及西立面沿街为建筑的主要立面，纸筋灰砖墙，沿街南立面设有多个木板门、木花格窗与矮挞门。北立面非建筑主要立面，墙面做法较为粗糙，砖墙外围有局部保存完好的护壁篱，也叫竹枪篱。

艾氏民宅外观

门窗为传统木槅扇形式，宅院内客堂间入口保存有形制完好的 4 扇内开蛎壳长窗，正对北侧内墙有 4 扇保存完好的雕花板窗，西侧梢间及西厢房西面设有支摘窗。庭心地坪为青砖立铺，四角均设有排水窨井，室内铺地明间采用方砖，次间、梢间过道采用青砖平铺，室内侧为木地板铺装，厢房全部采用青砖席纹平铺。

细部和装饰

宅院主体圆作木结构，穿斗式为主，局部可见抬梁穿斗混合。木柱柱径较小，普遍在 140mm 左右，只有各屋中柱用料较大，均在 180mm 以上。主体建筑房屋进深四界，五檩举架穿斗立贴式，立柱之间采用穿枋横向连接，构成一榀屋架，柱下均设有金山石柱础。面阔上再由枋木依次连接各榀屋架，形成面阔不同的房间。穿枋上未见雕刻，形式简单、明朗。

屋架举折较小，屋面坡度较缓。椽子为圆椽，且出檐较大。正房歇山屋面，在转角之处成 45° 架老戗，戗之前端架于两根敲交的廊桁之上，戗之后端挑于步柱。其他房屋屋架形式相近，仅椽子不同于主体建筑，采用方形。

墙门间前后金檩之下设穿插枋，枋上做一斗三升贴于金檩下皮，斗栱作为装饰构件，美观大方。

门窗等部位有一定的木雕细部，木花格窗做法精巧，例如蛎壳长窗，窗格内采用白色薄蚌壳，其镶嵌极其规整和严格。镶嵌时，先要用薄竹片按照窗芯屉“步步锦式芯屉”形式编织成网格，上下两层，再将明瓦一片一片嵌入竹网之中，采用铁钉钉牢，完工后再配到门窗外侧。建筑使用木、砖等传统材料和施工工艺，其中门窗等木构件刷了桐油。室内家具精美，如雕花大床和八仙桌等，体现了主人较高的审美趣味。

保存现状

2003 年 3 月 19 日，艾氏民宅被公布为浦东新区登记不可移动文物。2017 年，被公布为浦东新区文物保护点。

艾氏民宅一直作为住宅使用，由于风吹雨淋、不当使用和年久失修，其屋面、内外墙面、木构件、楼地面都存在不同程度的破损，2019 年计划对其进行保护修缮设计。

凌桥
杨氏民宅

地　　址：高桥镇龙叶村吴家湾 76 号

建造年代：1929 年 ~ 1931 年

占地面积：约 900m^2

建筑面积：700 余平方米

保护级别：文物保护点

凌桥杨氏民宅入口大门

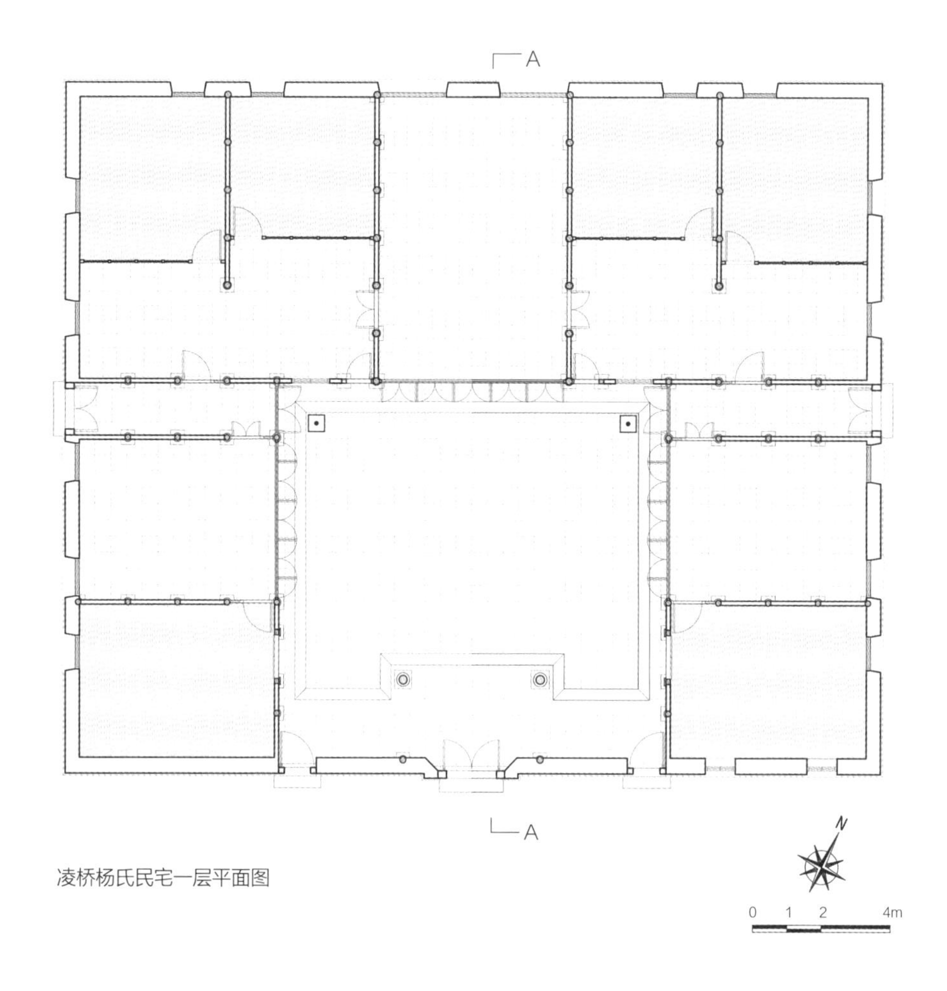

凌桥杨氏民宅一层平面图

历史沿革

凌桥杨氏民宅原房主为杨松林，生于清光绪四年（1878年），曾是上海舢板厂总管，家贫未上过学，因水性极佳而被举荐到外国游船上当学徒，经过多年磨炼当上了船老大。他凭借高超的赛艇驾驭技术，创办了上海划船总会并担任总领班，平时组织、教授爱好划船、驾赛艇的外国侨民学习划船技术，赛时亲自掌舵参加各项比赛。不少外国赛艇手都特别欣赏、佩服他。

杨松林发家后，仍保持着艰苦朴素、勤俭持家的传统，总是平民穿着，从不打扮炫耀。不过他也遵从当时的传统观念，在老家买田盖屋、改造门庭。他请人遵照浦东一带流行的房型，设计了一套中西合璧的四合院，泥工请祖籍本家的杨关奇带班，木匠则邀请凌桥高手黄妙贵兄弟和师徒担当，又前往上海重金聘请了雕花师，经过精心营造，耗资28000银元，建成了这座在凌桥首屈一指的杨氏民宅。

此宅的落成使杨松林露了富，导致他不断遭受敲诈勒索和谋财绑票，不得不四处躲藏，减少回家的次数和时间，有一次甚至花了2000多银元，才避免了一次绑架事件。

建筑特征

平面和院落空间布局

杨氏民宅坐北朝南，为一进院落，传统一正两厢三合院

凌桥杨氏民宅南立面图

凌桥杨氏民宅东立面图

凌桥杨氏民宅中轴 A-A 剖立面图

布局，平面完全对称，由入口大门、天井、正厅、厢房等部分组成，具有典型的浦东传统民居特色和空间布局特征。正厅五开间，正厅、厢房间设有过道。建筑皆为单层，占地面积较大，院落空间较为宽敞。

构造和外形

杨氏民宅为中西合璧式风格，入口大门为石库门样式，饰有花纹，以白色为基底，在花卉图案上装饰绿色、黄色等鲜艳的色彩，门框是由高桥著名石匠胡关海精制的花岗岩石柱，细磨光洁，方菱出角。大门面向内院的一侧建有柱式门斗，两戗脊向上起翘，门斗的两根立柱被漆成红色，很是气派。

建筑为木立贴结构，山墙由砖砌筑而成，外包水泥砂浆划分方格，外墙南立面、东立面和西立面均为水泥砂浆勾缝，屋面为雌毛脊硬山双坡顶，灰塑形式多样，山墙头为民国做法，仿观音兜的样式，顶部黄砂水泥压檐，具有典型的西式特征。

建筑单体均为传统木立贴构架，整体上结构比较简洁，

凌桥杨氏民宅大门面向内院的柱式门斗

除正厅次间局部为抬梁结构外，其他为穿斗做法。

门窗完全为传统木槅扇形式，形状简洁明快，多用障水板，为典型的传统民居做法。外墙窗头有传统砖砌窗楣。

建筑室内包括正厅、厢房采用传统方砖铺地和木地板两种形式，街沿采用金山石铺成。正厅次间及梢间、厢房梢间里侧隔间均用木地板，增加了居住的舒适性，为避免因气候潮湿和地下水位高形成对地板的破坏，地板下面架空层达18cm。柱础用金山石。院落内地坪为水泥花格做法。

凌桥杨氏民宅院内空间

细部和装饰

山墙压顶、墙体、勒脚材质均为水泥砂浆抹灰，两侧山墙立面上各有砖砌烟囱一个。门斗的看枋和月梁上，雕有蝙蝠、莲座等吉祥纹饰和戏文，客堂正梁木上有铜皮环包的莲升三戟（寓意“连升三级”），三架梁和五架梁的穿枋上，正反面都雕刻着栩栩如生的民间故事和传统特色的花边图案。

很有特色的是木制门坎上还包有一层硬木，有1cm厚，这种做法很少见，一般是包铜皮，用于保护门坎。

除去传统的木材和砖雕工艺手法外，建筑还局部使用了水泥等近代材料工艺。

凌桥杨氏民宅木槅扇窗

保存现状

2003年3月19日，杨氏民宅被公布为浦东新区登记不可移动文物。2017年，被公布为浦东新区文物保护点。

杨氏民宅由于地理位置较为偏僻，建筑保存相对比较完整，但由于年久失修和社会变迁的原因，该宅遭受了一定程度的损坏，屋面、门窗、仪门等破损较为严重，2008年对其进行了保护修缮。

高东
黄月亭旧居

地　　址：高东镇航津路（外环绿带内）

建造年代：1919 年

占地面积：432.6m^2

建筑面积：322.5m^2

保护级别：文物保护点

黄月亭旧居入口仪门

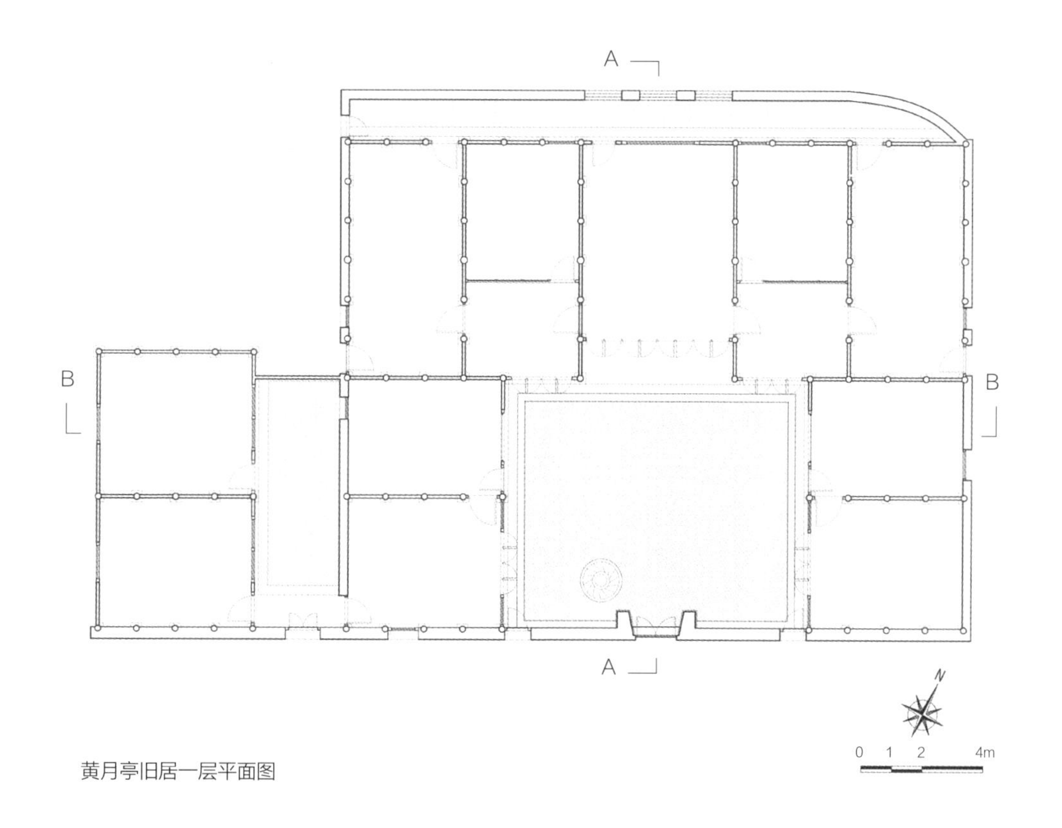

黄月亭旧居一层平面图

历史沿革

黄月亭旧居，宅主黄月亭，1854年出生于浙江，随父来到上海浦东，并在此置业定居。

1872年，18岁的黄月亭学了一手木工技艺，搭乘帆船准备漂洋过海到南洋去谋生。在前往南洋途中遇到风暴，帆船漂流到了韩国仁川港，黄月亭只好在仁川登陆，后来辗转来到当时韩国的首都汉城发展。

据考证，黄月亭是近代第一个到韩国的华侨。在韩国期间，黄月亭一边经营自己的事业，一边参与韩国多处王宫的修建，后来还被韩国宫内府所属工程所聘为工程师。在参与修建王宫和在宫内府任职的过程中，黄月亭与韩国高宗建立了深厚的友谊，因此堪称是近代韩国华侨中的传奇人物。

1910年，日本强迫韩国签订《日韩合并条约》，吞并了韩国，韩国王室权威不复存在，黄月亭被宫内府辞退。1919年1月，韩国高宗去世，黄月亭伤心不已，觉得再也无法继续待在韩国，于是整理行装，带着在韩国出生的五个儿子和一个女儿离开汉城归国。临行前，他把高宗赏赐的房产捐给了当时的华商南邦会馆。

归国后，黄月亭回到上海浦东高东老家居住，建造了宅院，即黄月亭旧居。他积极参与家乡建设，为家乡一带筑桥铺路，义举受当地乡亲赞誉。1928年，黄月亭先生在上海浦东逝世，享年74岁。

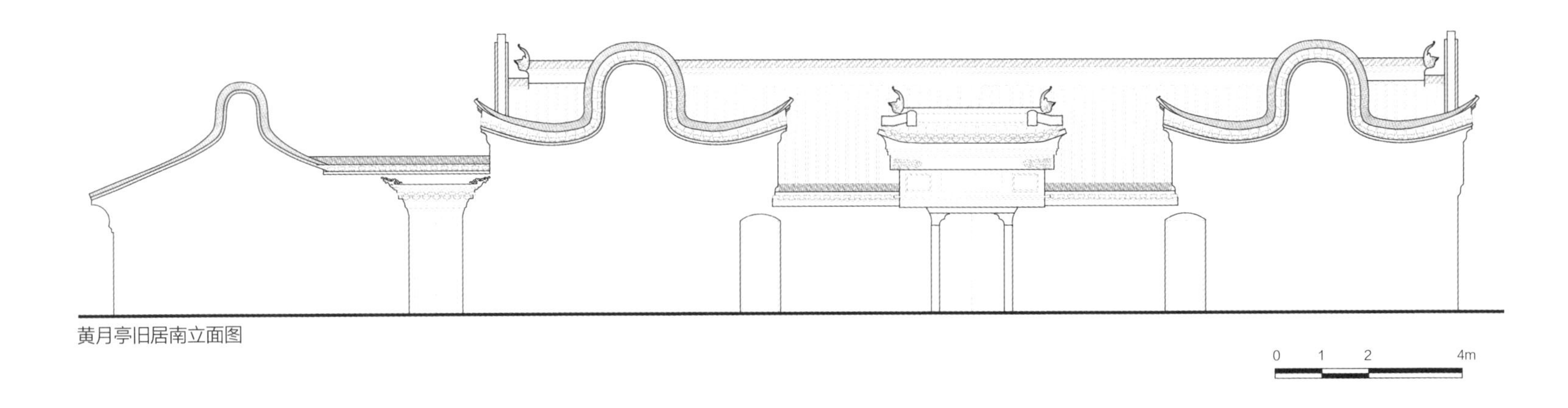

黄月亭旧居南立面图

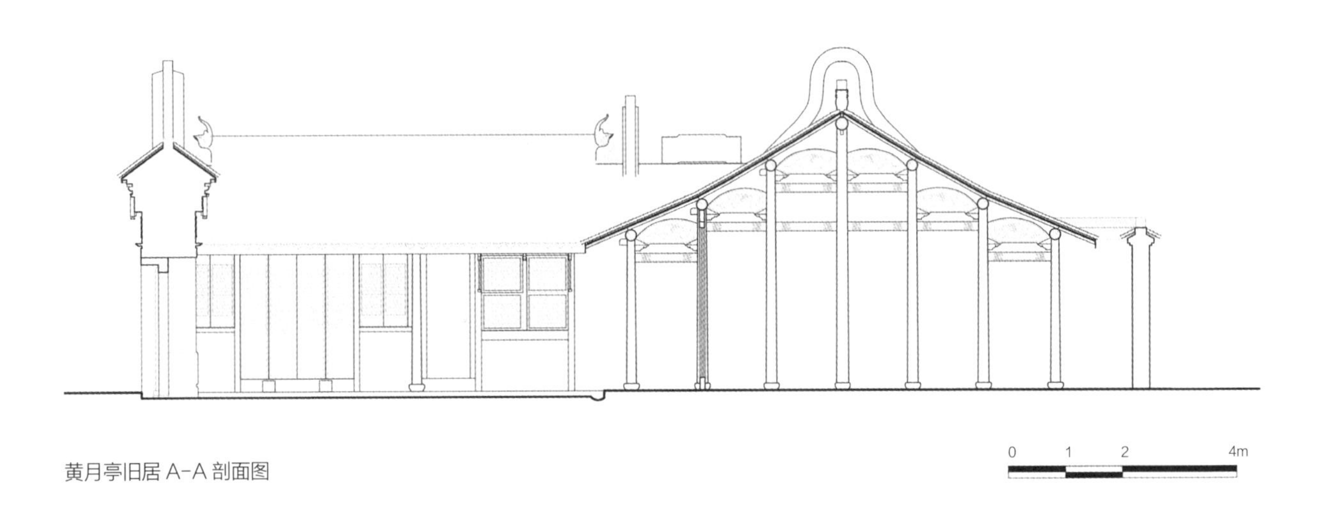

黄月亭旧居 A-A 剖面图

建筑特征

平面和院落空间布局

黄月亭旧居坐北朝南，原总体占地平面呈矩形，现在东北角建筑和围墙已被拆毁，仅存一正两厢，主房西侧另加一进配房院落。配房与主房之间用前后两个连廊相连。所有房屋均为一层平房，正厅次间、梢间，厢房北侧两间均设有阁楼。庭院及围墙构成封闭的中式房群，由天井隔开，整个宅子各有天地，前后左右房屋有分有合，比较实用。

构造和外形

该民居以山墙面作为主要立面，即以厢房、配房的半圆形观音兜山墙，配合仪门门头，并且材料用的是水泥砂浆，形成硬朗的立面风格。

屋顶皆用小青瓦，瓦下铺望砖；梁架均为传统穿斗木立贴做法，正厅明间为扁作，上刻雕花，其余均为圆作。木料多用杉木，门窗采用传统书条式做法，北厢房采用了和合窗做法。

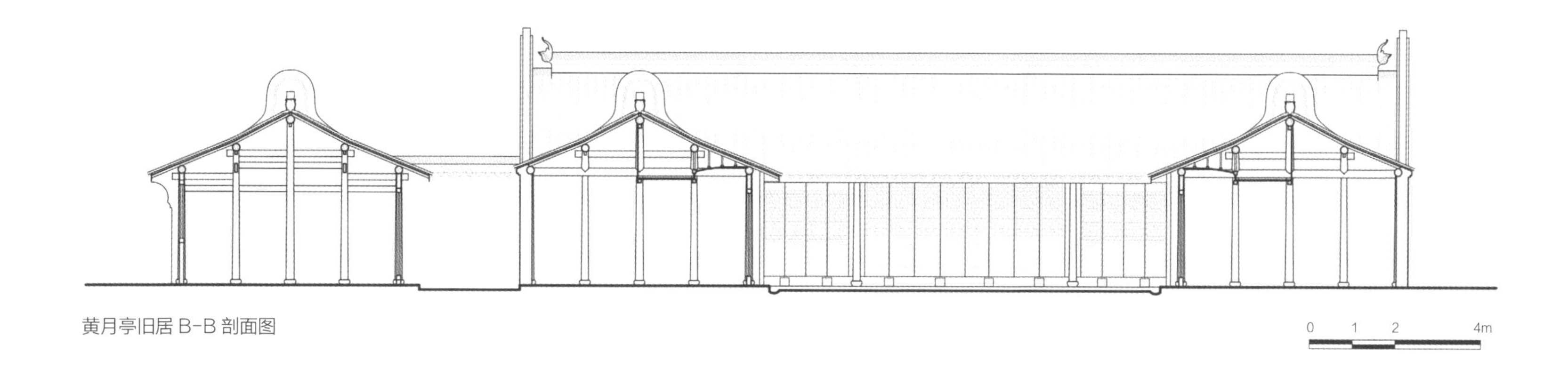

黄月亭旧居 B-B 剖面图

建筑室内除正厅次间北半部、北厢房为架空木地板外，其余均为方砖铺地；院子（天井）采用小青砖拼花铺砌；阶沿用金山石，石面加工平整，棱角分明；檐口装有瓦当和滴水，屋面采用斜天沟和檐口自然排水，院内为地漏加明沟做法。

黄月亭旧居屋顶细部

黄月亭旧居窗户细部

细部和装饰

仪门有砖雕、字碑，大部分已损毁。屋脊两侧有哺鸡脊，梁枋上有木雕，前院铺地用小青砖拼花图样。

除去使用了传统的木材和砖雕工艺手法外，建筑还局部使用了水泥等近代材料及其工艺，如山墙面及南立面用黄水泥抹面。

保存现状

2009 年 5 月 11 日，黄月亭旧居被公布为浦东新区登记不可移动文物。2017 年，被公布为浦东新区文物保护点。

历经百年，黄月亭旧居除有一部分建筑被拆毁外，留存部分也有一定程度的损坏，黄月亭的后人多数定居在韩国、美国，对旧居的保护十分关注，希望政府能够予以保护。浦东新区也采取了积极的措施，2009 年对其进行了保护修缮。

黄月亭旧居外观

高桥
北街印氏宅

地　　址：高桥镇北街 357 号

建造年代：20 世纪二三十年代

占地面积：不详

建筑面积：1400m^2

保护级别：文物保护点

北街印氏宅砖雕仪门

历史沿革

印氏宅原主人为印渔村（1870-1944），又名印星台，本地人士。他自幼喜爱读书习字，有较好的文字功底，青年时曾当过学徒，年长后与人合伙经商，从事米粮行业，曾在董家渡等地独资开设"聚泰""义兴"等商号。由于诚信经营，生意日益兴隆。他曾历任上海粮食工会理事和上海粮食交易所理事，是当时很有名望的大米商。

印渔村热心地方公益事业，在文物保护、教育和慈善事业等方面都作了很多贡献。由于他为人正直，口碑极佳，日伪时期想利用他的名望，要他出任高桥"维持会"会首要职，被他严词拒绝，可见是一位名副其实的爱国士绅。

致富后，印渔村在家乡先后扩建了原有的老宅，即印氏宅，还营造了一座园林——印家花园，并将它们连成一体，成为高桥地区一座著名的私人园林住宅。由于印渔村本身就精通建筑，故该园林住宅由他自己精心设计，平时园林的修剪也由自己承担。今园林已大部被毁，但尚留下亭台和住宅等优秀的历史建筑，让人们得以怀想当时的全貌盛景。

建筑特征

平面和院落空间布局

印氏宅较明显地体现了江南传统民居的空间布局特色，整个建筑的布局分为南北两部分，东部为附属庭院，有一堂两厢共五间的单层建筑，供亲友和下人居住。

主轴线为主人和家属居住之处，院落式布局，包括四进三庭心。第一进沿北街南面是三间二层楼房，向东一间是亭子式书房，沿街北面五间是平房。第二进是高大的三间平房，中间是印家大客堂，正上方挂有匾额"惇裕堂"，院落空间宽敞。第三进是主人扩建的主楼，两层，位于该宅的中心位置，作为家属的住房，两旁是两间大厢房，与第二进相连，厢房上面是水泥的大晒台，供楼上主人使用。第四进是四间平房，前面有一个后天井，这些房屋用作厨房和堆物等，平面狭长，空间较小。房屋南门出去就是河浜（即青浦江），过木桥对岸就是印家花园。

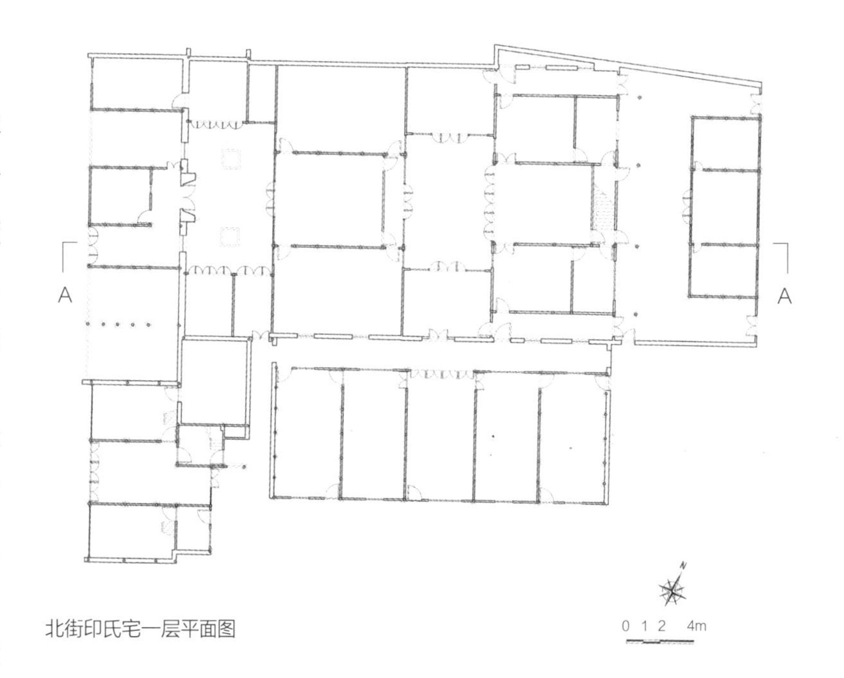

北街印氏宅一层平面图

印家住宅共有房屋32间，整个建筑布局规整，按中轴线布置，各进山墙没有完全对齐但是参差并不显著。南北两个房群中间形成甬道，供日常交通使用。

构造和外形

印氏宅主体为传统木立贴结构，局部采用了砖混结构。厅堂明次间屋架采用穿斗式，其他厢房等多用抬梁穿斗混合式构架，各进明次间梁架均露明，一进院厢房梁架下设有吊顶，二进院两侧的厢房虽仍以木门窗作为房屋门户，但用了混凝土屋顶，且此两厢房为平顶，顶上设有水泥晒台与第三进二层相连。

入口为街面房形式，门面为五开间，居中入口朝向院落，为一砖雕仪门，有刻花灰塑，宽厚的双铜环大门和砌在墙内

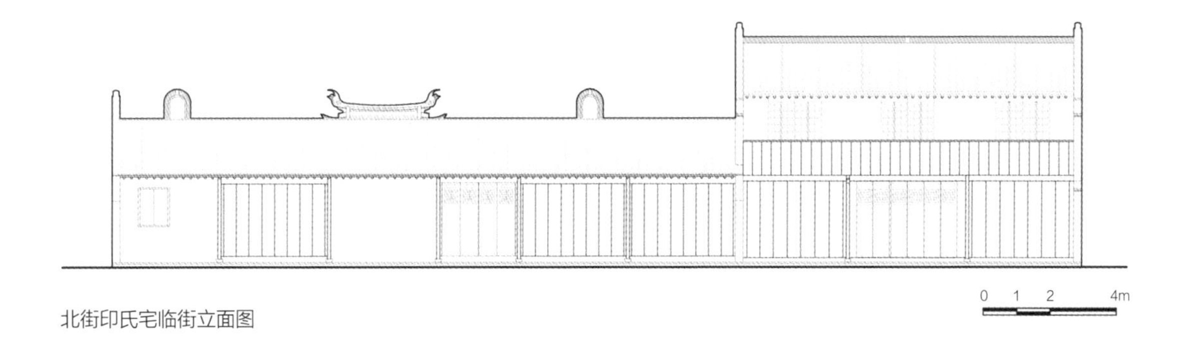

北街印氏宅临街立面图

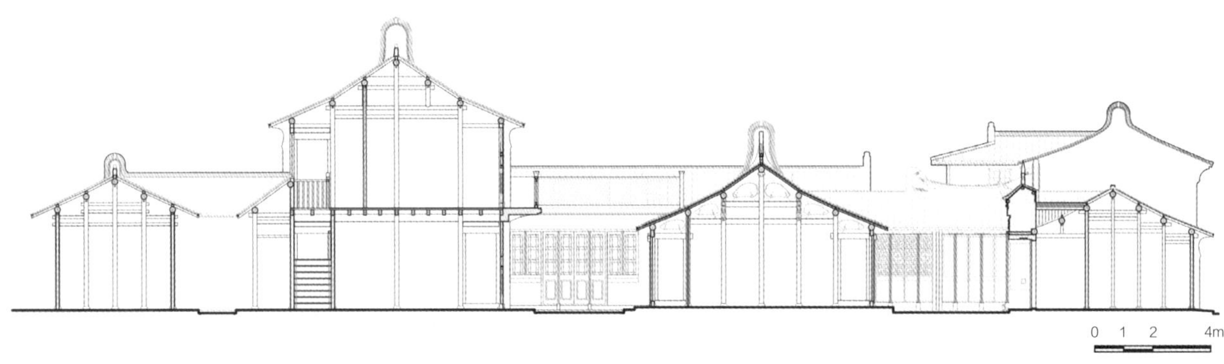

北街印氏宅中轴线 A-A 剖立面图

可以拉动的木门闩突出了仪门的精致。

山墙由青砖砌筑而成，形式上为传统观音兜形式，尺度小而缓。屋顶为传统的双坡顶，青瓦铺屋面。门窗为传统木槅扇形式，无论是选料和做工都堪称上乘，多为中国传统样式，用料多为柳桉木，花样多变，造型精美。

院落地坪为当地青石条铺地，室内一层明间为方砖铺地，次间、厢房等采用木地板铺地，二楼楼板采用传统木格栅铺设木地板工艺。

细部和装饰

印氏宅使用了传统的砖雕、木雕工艺，因印氏为读书人且乐于公共事业，房宅并不十分露富，所到之处砖雕、木雕虽不繁复，却均精美有加，保存完整。除仪门外，在第二进客堂，斗栱、水浪机以及月梁等部位集中出现雕刻。整个建筑的装饰风格精致却不繁复，朴素却不失品位。

建筑除运用了传统的砖、石等材料外，还在局部采用了近代的混凝土、石膏等材料和施工工艺，第二进阳台为钢筋混凝土结构制成，栏杆为简单的西式塑性成模制成。室内局部采用石膏吊顶。

保存现状

整体而言，印氏宅的建筑格局没有很大的改动，保存尚好，只是在“文革”期间，建筑的结构、构件及房间布局遭到了一定的破坏。2017 年 1 月 25 日，被公布为浦东新区文物保护点。

高桥成德堂

地　　址：高桥镇陈家弄 28 弄 1 号

建造年代：1929 年~ 1931 年

占地面积：660 余平方米

建筑面积：421m²

保护级别：文物保护点

高桥成德堂入口大门及山墙

历史沿革

成德堂的建造人万瑞元，当地人士，1869 年出生于高桥镇高东乡珊黄村万家宅。年轻时靠挑着馄饨担穿街走巷叫卖为生，经过勤恳努力，逐步累积了一些餐饮业经验与小财，1910 年在上海南市城隍庙里创建了“春风松月楼”素食馆。后来又在方浜中路城隍庙大门右首开了“隆顺馆”。到 20 世纪 30 年代鼎盛时期，办有许多店铺，在行业同仁中享有较高信誉，曾担任上海餐饮同业公会常务理事。

万瑞元发达后开始筹划在高桥购置地产，建造住房，即成德堂。1937 年日本侵华战争爆发后，万瑞元的事业日趋萎缩，家境渐衰，身体也难支持，回到高桥疗养后，不久就与世长辞，享年 79 岁。

中华人民共和国成立后，成德堂有部分房屋交给公家出租经营。宅院最初建成时，在现有后墙门外还留有一个约 100m² 的小院，建有两个柴间。小院围墙后面是条小浜，就是原来白洋滩边的小浜，河边修有水埠，供日常洗刷之用。这个小院、两个柴间和围墙外面的小浜已在石家街扩建过程中被拆除和填平。

主楼的东边沿陈家弄还同时建有七间二层楼街面房，主楼与街面房之间隔有一条弄堂。现在街面房还保存有五间，另两间已在石家街扩建时被拆除。

建筑特征

平面和院落空间布局

成德堂为典型的老式石库门三合院落布局，沿中轴对称，一进两庭院，主楼坐北朝南，是三开间一厅两厢房的二层楼房，南面为正门，石库门字碑上书“长发其祥”。第一进院两侧的东西厢房为两层，屋脊较正厅矮一些，正厅后有屏门，再北为第二进院，东西为两层较矮的平顶建筑，功能为厨房加亭子间，其屋顶与正厅第二层相连，作晒台用。建筑占地面积较大，院落空间宽敞。

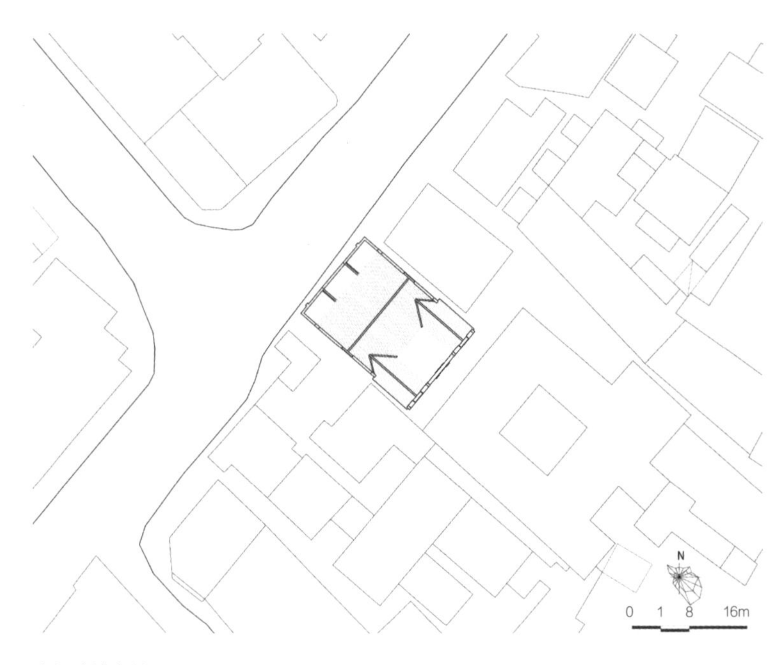

高桥成德堂总平面图

其布局特点在于正门不直接开向街道，而是由东侧小弄通往石家街，从而使建筑获得好的朝向，同时其空间布局完全适应于使用要求，高度控制合理。

构造和外形

成德堂为混合结构，主要靠砖墙与局部的方柱共同承重，由于二楼吊顶，其梁架结构尚不明朗，推测为三角木屋架。入口为石库门形式，材质为水刷石，门框两侧立柱略凸出于墙面，有圆形、长方形等简单图案装饰，面向院内的一侧则无任何构造和装饰，门框上部有一个水泥砌成的字碑，总体上造型比较简洁。

山墙采用清水青砖砌筑，有红砖色带，山墙顶部采用西式墙头处理，底部为水泥砂浆勒脚。正厅与第一进院的厢房为双坡屋顶，人字山墙，上有水泥压顶，后一进厢房为平屋顶，加水泥栏杆。

门窗大部分为传统木槅扇形式，局部采用西式板门和铁制门窗线，外立面一层窗户有三层，外为外开木板窗，中为铁艺防盗栏杆，内为内开方格窗。庭院铺地保留较好，为传统水泥分缝做法，室内明间为整块水泥预制花砖地坪，其余室内为木地板，二楼楼板采用木格栅形式。阶沿为水刷石。

细部和装饰

成德堂在建筑用材和装饰方面比较讲究，木材大部分是洋松，正厅铺地采用有花纹图案的进口缸砖，为当时所少有。雕花不多，主要集中在一楼的梁枋上，细部主要靠文武线脚来装饰，如山墙墙头、勒脚等处有简单的水泥线脚，天井二楼楼板高处有传统的木雕线脚等。

保存现状

成德堂整体结构大致保留，内部格局基本可查，但改建加建现象严重，平面被重新分割，与原貌大不相同，2008 年对其进行了保护修缮。

2017 年 1 月 25 日，高桥成德堂被公布为浦东新区文物保护点。

高桥成德堂南立面图

高桥成德堂院内空间

高桥金氏宅

地　　址：高桥镇东义王路 24 ~ 30 号

建造年代：民国时期

占地面积：372m²

建筑面积：250m²

保护级别：文物保护点

高桥金氏宅外观

历史沿革

据文字资料显示，高桥东义王路金氏宅建于清代早期，历经时代变迁，历史上几次翻建，根据现场调研实地考察，依现存建筑梁架、柱子等形制和用料，推测其现存房屋建于民国时期。

据记载该宅由金氏所建，上辈共有三家居住于此。由于年代久远，房屋建造人的身份和来历已不可考，但从宅院的布局和装饰来看，屋主人也应该是小富之家，对于房屋的环境有一定的审美追求，也有一定程度的经济实力。

进入新时期以后，该宅由公家管理，并外租给多户人家。

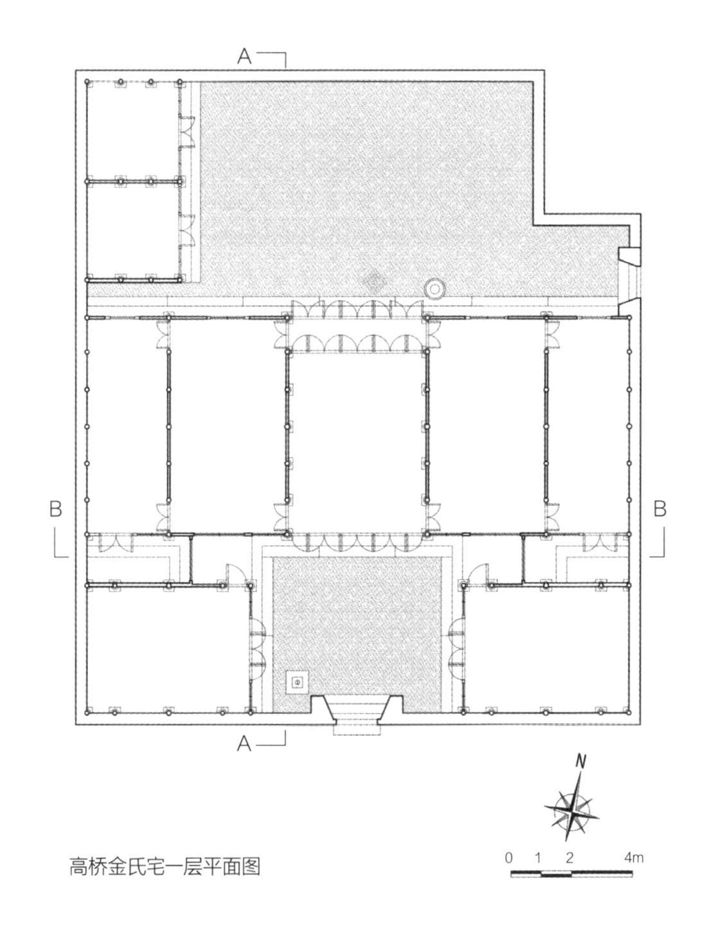

高桥金氏宅一层平面图

建筑特征

平面和院落空间布局

金氏宅坐北朝南，两进院落，一层平房，整体布局为一正两厢加后院西配房，具有典型的中国江南民居特色和空间布局特征。以前院门和正厅为中轴线，由南向北，依次为前院门、前院、五开间正厅、后院，其中，前院两侧各有一间厢房，厢房与正厅之间用过廊连接，后院西侧为两间配房，东侧院墙上开有一院门（后仪门）通向义王路。

该宅的东北缺一角，院墙为老院墙，砌筑时间与现存房屋建造时期一致，均为民国年间，内凹形状，传统空斗做法，初步推测此处修建时可能由用地原因所致。另外，该宅前后两个院子（天井）内各有一口水井。

构造和外形

金氏宅外立面为典型的江南民居风格，外形白墙黛瓦，山墙高出屋面，采用观音兜做法，厢房观音兜简洁轻巧，正厅正脊则做法讲究，线脚分明，两侧装有哺鸡，观音兜两头起翘，外形肥美，大气厚重。

北院墙上设有传统筒瓦拼凑成的漏窗，院墙墙头均为传统民居墙头做法，面对东街和义王路各开有一个院门。前院门工艺讲究，为清水磨砖对缝工艺，精雕细刻，歇山顶，正脊、上下枋均有精美雕刻；后院门做法相对简单，为单坡硬山顶。

建筑屋顶皆为两坡硬山顶，用小青瓦，瓦下铺望砖。檐口装有瓦当和滴水，屋面采用斜天沟和檐口自然排水，院内为地漏加明沟做法。

梁架为传统正贴式做法，整个建筑均为穿斗木立贴式，正厅明间以及厢房为扁作，其他为圆作。门窗采用传统书条

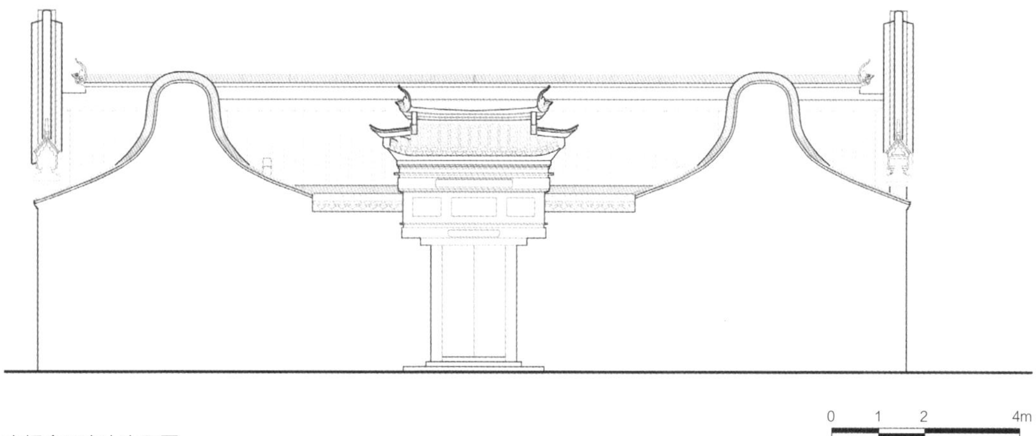

高桥金氏宅南立面图

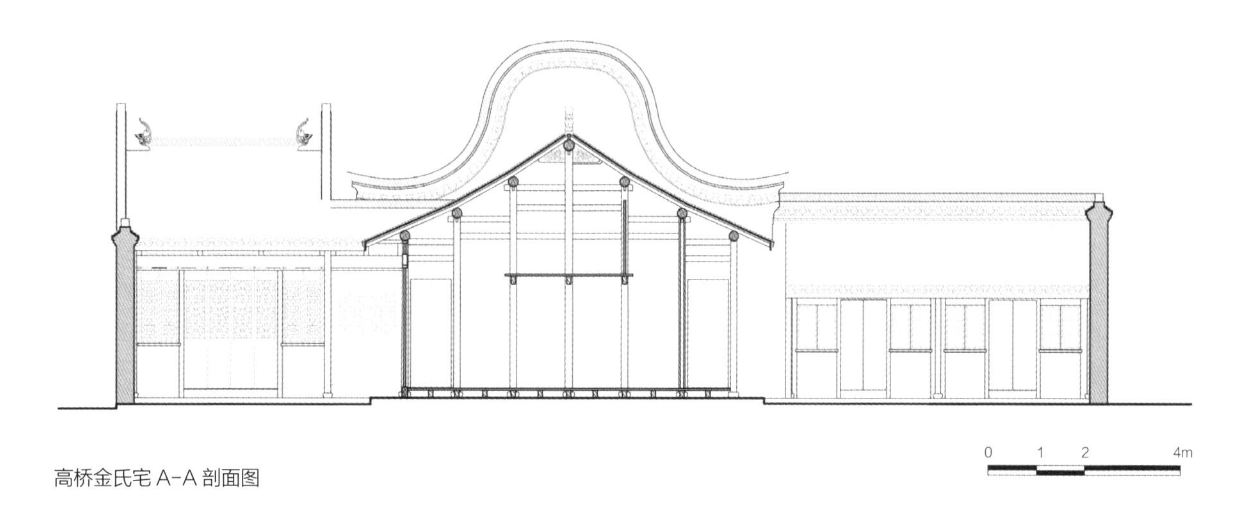

高桥金氏宅 A-A 剖面图

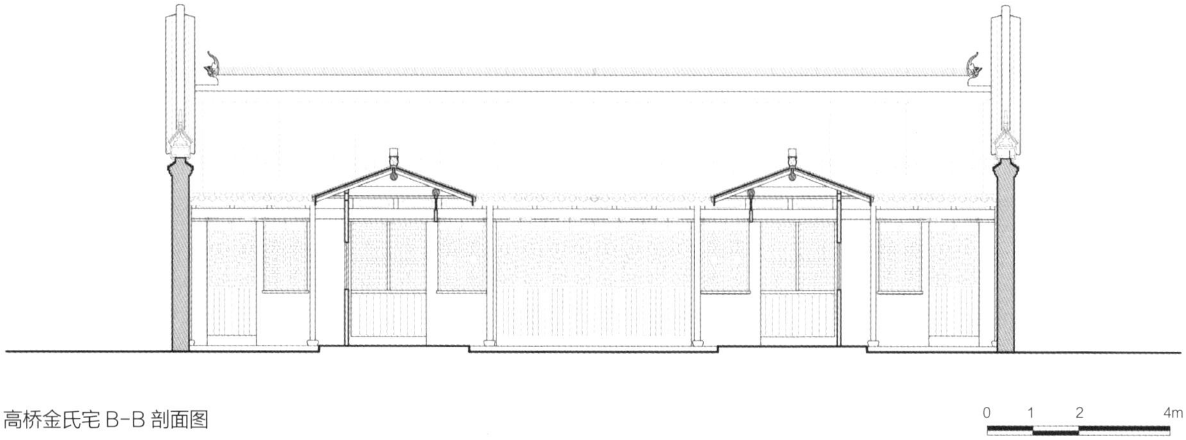

0 1 2 4m

高桥金氏宅 B-B 剖面图

宫式等做法，正厅次间和梢间采用了比较少见的和合窗。

建筑室内除正厅次间和梢间为架空木地板外，其余房间为传统方砖铺地，院子铺地采用小青砖拼凑花样铺砌，初步推测为清早期做法。街沿用金山石，石面加工平整，棱角分明。

高桥金氏宅大门

细部和装饰

整个建筑用材和做工都很讲究，枋间垫板和枋面上做有大面积的雕花，落地长窗上部为木格纹镶嵌玻璃，下部为裙板，裙板外侧一面无雕饰，而内侧一面雕有花瓶、景物等木雕。木料多采用杉木，石材多为金山石，木梁架采用清水做法。

保存现状

2017 年 6 月 28 日，东义王路金氏宅被公布为浦东新区文物保护点。

由于长期受到虫害、潮湿等影响，且保养欠缺，房屋一度属于危房，2008 年进行了保护修缮。

高桥金氏宅建筑形式

高桥 西街凌氏宅

地　　址：高桥镇西街 142 弄 1 号

建造年代：清末

占地面积：195m²

建筑面积：320m²

保护级别：文物保护点

西街凌氏宅仪门细部

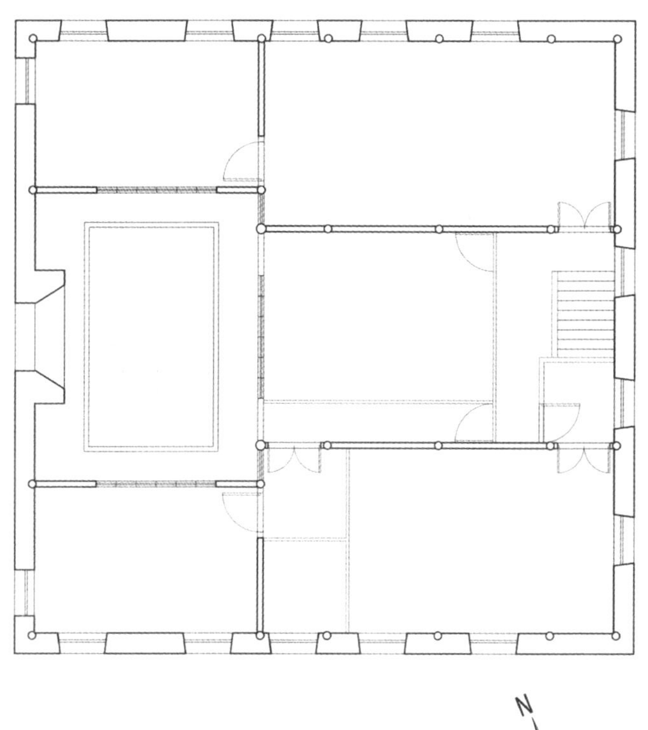

西街凌氏宅一层平面图

西街凌氏宅建筑形式

历史沿革

西街凌氏宅建于清末，建造者资料不详。

该宅一直为居住用房，有居民入住，后将部分改造成商铺，住户对建筑并不存在保护意识，因此该建筑因各种改造加建和使用而存在损毁现象。

建筑特征

平面和院落空间布局

西街凌氏宅整体布局为一正两厢一庭心，入口有仪门一座，西侧有避弄及附房三间，坐北朝南偏东，建筑占地面积不大。

构造和外形

主体建筑为二层，檐口高约 6.5m，木结构。正房面阔三间，通面阔 12.6m，进深 6 架，约 7.2m，圆作穿斗木立贴式。建筑采用传统形式，硬山顶小青瓦，白色纸筋灰外墙。明间为厅堂，室内有屏风，后面是通向二层的楼梯，方砖铺地。两个梢间为卧室。

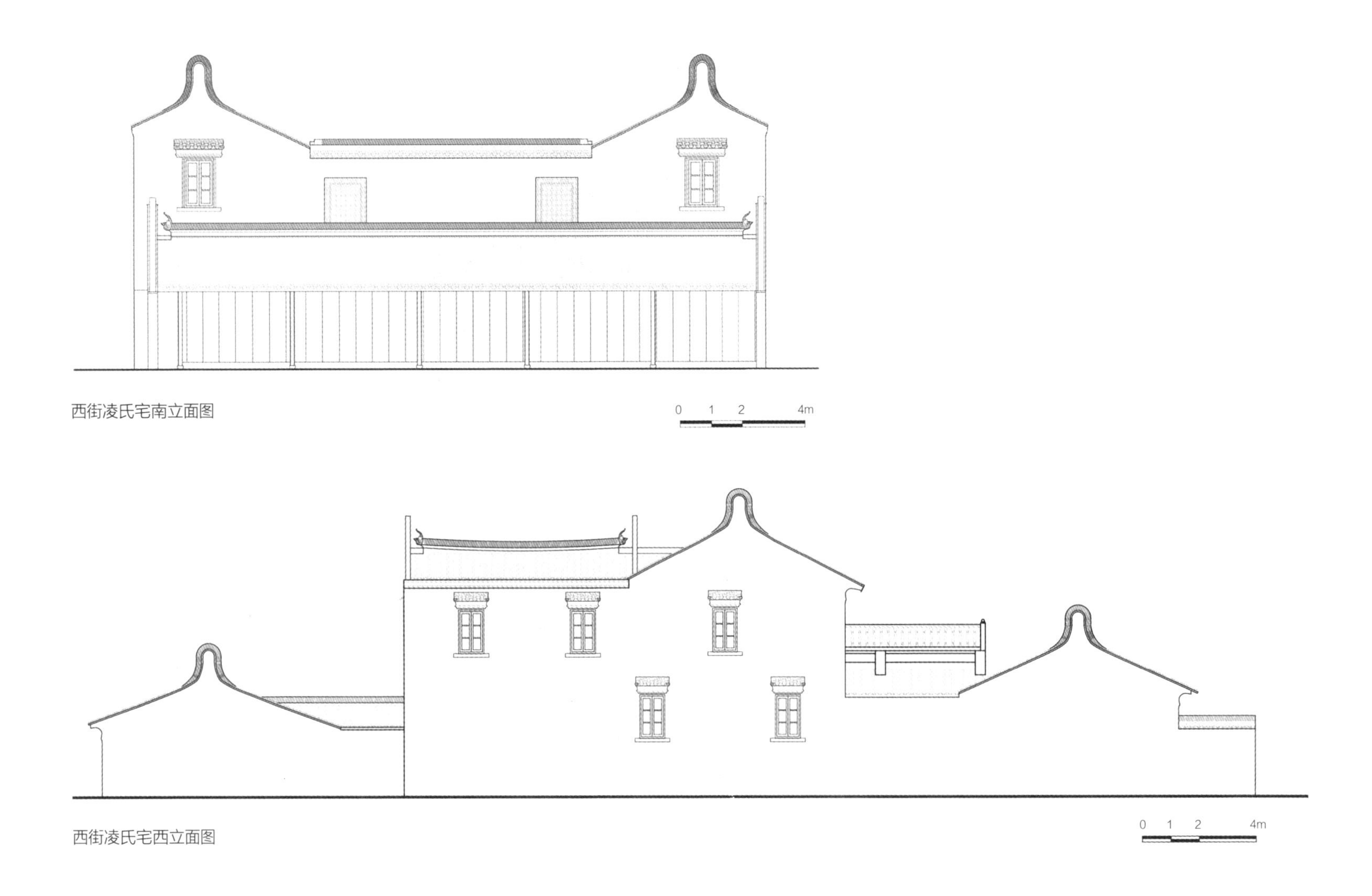

西街凌氏宅南立面图

西街凌氏宅西立面图

西侧的三间附房，原为下人用房和厨房，现在全部为居住用房，结构为抬梁式，进深 4 步架，约 3.6m，同样是木板铺地。

门窗均为宫式槅扇形式。庭心院落为水泥轧花铺地，阶沿石为金山石。

细部和装饰

建筑为清末江南传统民居样式，仪门有灰塑，做工讲究。建造中运用了砖、石、木材和水泥等建筑材料及其相关工艺。

保存现状

由于年久失修，社会变迁，西街凌氏宅曾遭受较为严重的损毁，庭院被一道隔墙分为两个部分，建筑内部也被居民进行了大量的违章搭建及改造。

2017 年 6 月 28 日，西街凌氏宅被公布为浦东新区文物保护点，为它的保护掀开了新篇章。

高桥养和堂

地　　址：高桥镇西街 42 ~ 46 号

建造年代：始建于 1905 年

占地面积：243m^2

建筑面积：412m^2

保护级别：文物保护点

高桥养和堂沿街外观

历史沿革

高桥养和堂为晚清建筑，始建于1905年，最早的宅主已不可考证。

根据现存状况推断，其内部两进相互独立而又相互联系，通过中间一厚为340mm的墙体将两排并列的两进连接在一起，不同于常见的江南传统民居的风貌。其原因可能在于：一是养和堂最初的用地权限为两家所有，两家独立建房后，由一家单独所有；二是养和堂建造时间较长，前后时间跨度较大，以致发生了这种现象。

养和堂最早为民宅，后来街面房部分作为药店使用，内部及二楼多闲置。

建筑特征

平面和院落空间布局

养和堂坐北面南，建筑通体两层，东西为三开间，南北原为三进，依次为街面房、厅堂和后堂。受到用地的限制，养和堂的平面并非完整的矩形，而是呈现出楔形。

街面房为两层，三开间六架椽。内部两进通过墙体连接在一起。南北两路均为单开间，进深五架或六架不等。

构造和外形

养和堂为传统江南民居建筑风格，屋顶皆用青瓦，瓦下铺望砖。街面房两侧山墙为简化的观音兜，顶部为方形压顶，后面两进山墙均为硬山式样，浑水做法。

该宅建筑单体均为传统木结构，整体上大木用材比较节约，结构比较简洁。街面房部分明间为抬梁结构，其他为穿斗木立贴做法。门窗花格简洁，局部玻璃窗为彩色，精致玲珑。

目前，养和堂室内一层为方砖铺地，与同时期相似建筑的常见做法相同。二层为木楼板。街面房南侧场地及各庭院的原

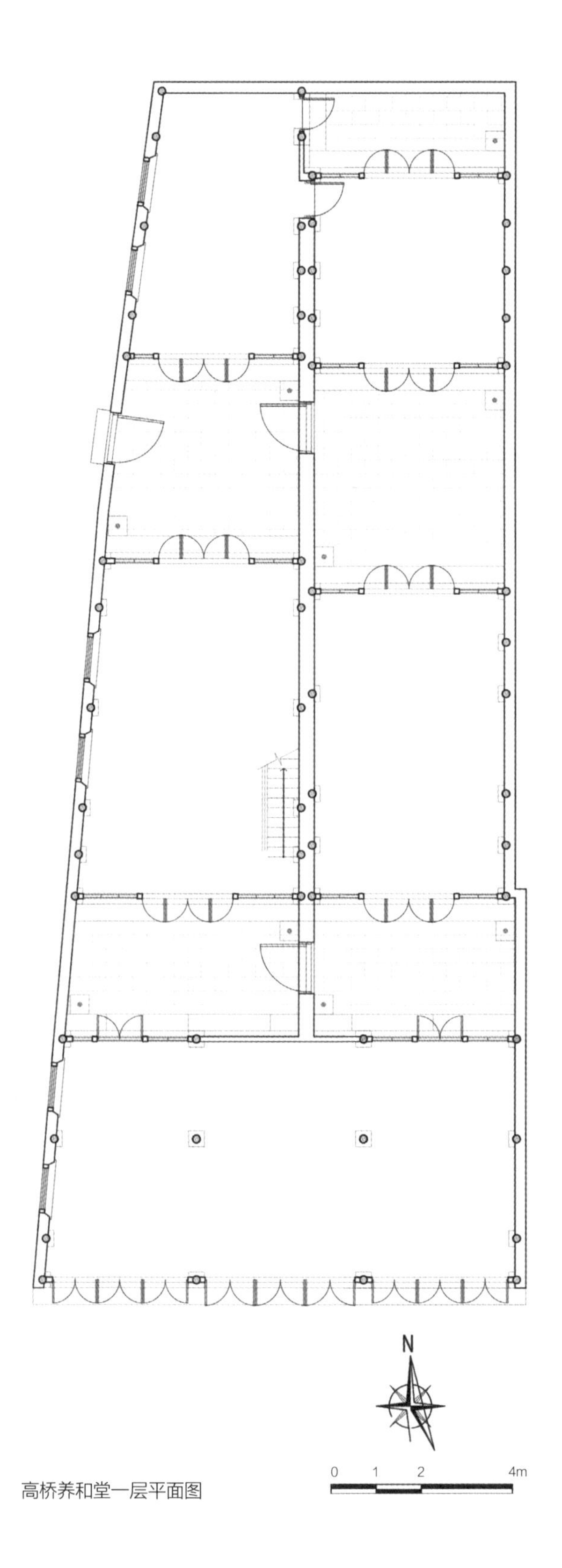

高桥养和堂一层平面图

高桥养和堂西立面图

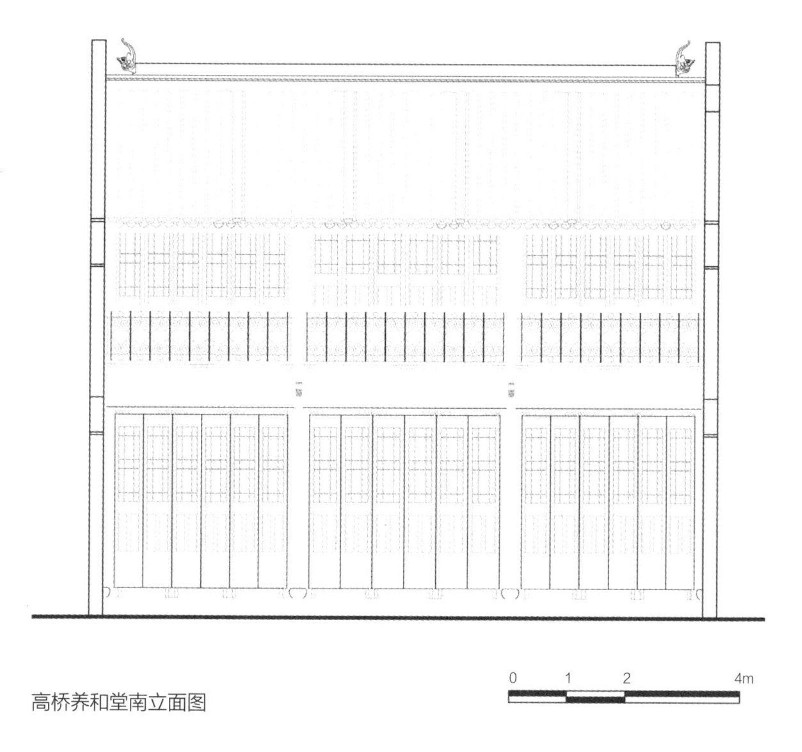

高桥养和堂南立面图

有铺地已不可见，现为恢复的金山石面层。建筑西面街道为金山石铺地。

细部和装饰

养和堂使用砖、木等传统建筑材料，木料均用杉木，同时受到了西式建筑风格的影响，街面房部分二楼的出挑廊子的柱子、铁艺栏杆及柱头装饰线角等均呈现出一定的西式风格。

保存现状

2017年1月25日，高桥养和堂被公布为浦东新区文物保护点。

由于年久失修，社会变迁，养和堂遭受了较为严重的破坏，尤其是庭院、屋面、门窗等，再加上生活在内的居民为改善居住条件进行的违章搭建，以及对建筑内部设施的改造，对建筑造成了一定程度的损害，产生了许多安全隐患，2008年对其进行了保护修缮。

高桥张家弄黄氏宅

地　　址：高桥镇张家弄 17 弄 10 号

建造年代：清代晚期

占地面积：不详

建筑面积：367.06m^2

保护级别：文物保护点

张家弄黄氏宅建筑细部

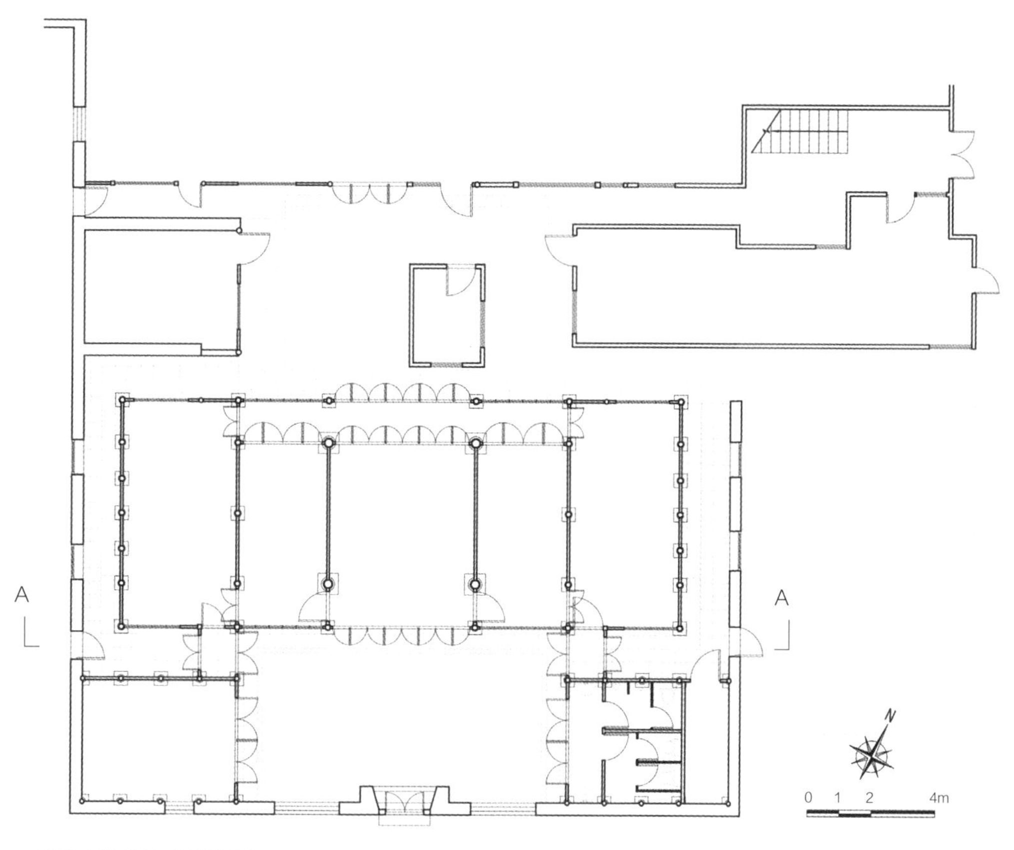

张家弄黄氏宅一层平面图

历史沿革

张家弄黄氏宅建造人不详，由现场勘察形制判断，其建造年代为清代晚期。此宅建成后为黄氏购买，故称黄宅。黄宅所在的高桥地区，地处长江口之南，古吴淞江之北，拥有久远的历史和深厚的文化底蕴，早在北宋时期黄氏家族已在此定居，现在高桥仍有众多的黄姓后裔。

建筑特征

平面和院落空间布局

张家弄黄氏宅整体格局较完整，建筑外观经典，具有高桥地区传统民居“一正两厢”的空间布局特色，坐北朝南，两进院落，有前后天井。

第一进为一正两厢式布局，正房通面阔五间，进深六界，中间三间前后做轩；东西厢均为一间四界深。厢房与正房间原有备弄，备弄沿东西院墙通至二进宅院，并沿院墙设门和窗，东备弄比西备弄略宽半界。

第二进建筑正房五开间，目前仅四开间，东边一个开间建成新建筑在使用，同第一进相似为一正两厢式建筑，西厢房仍保留，东厢房后期改建成现代建筑。

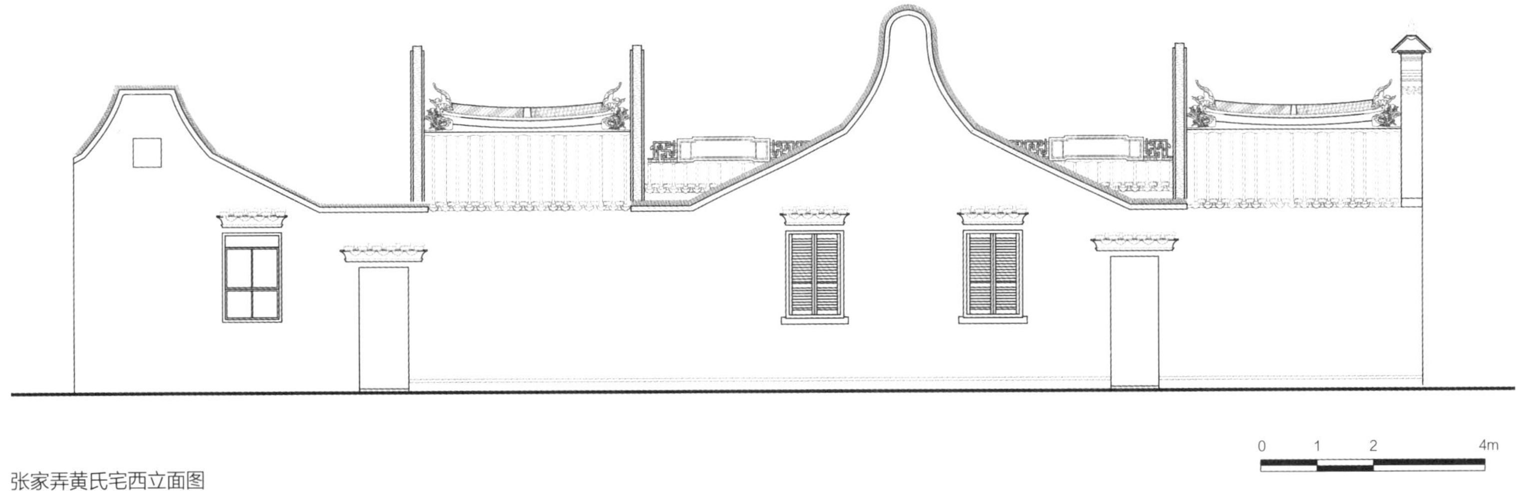

张家弄黄氏宅西立面图

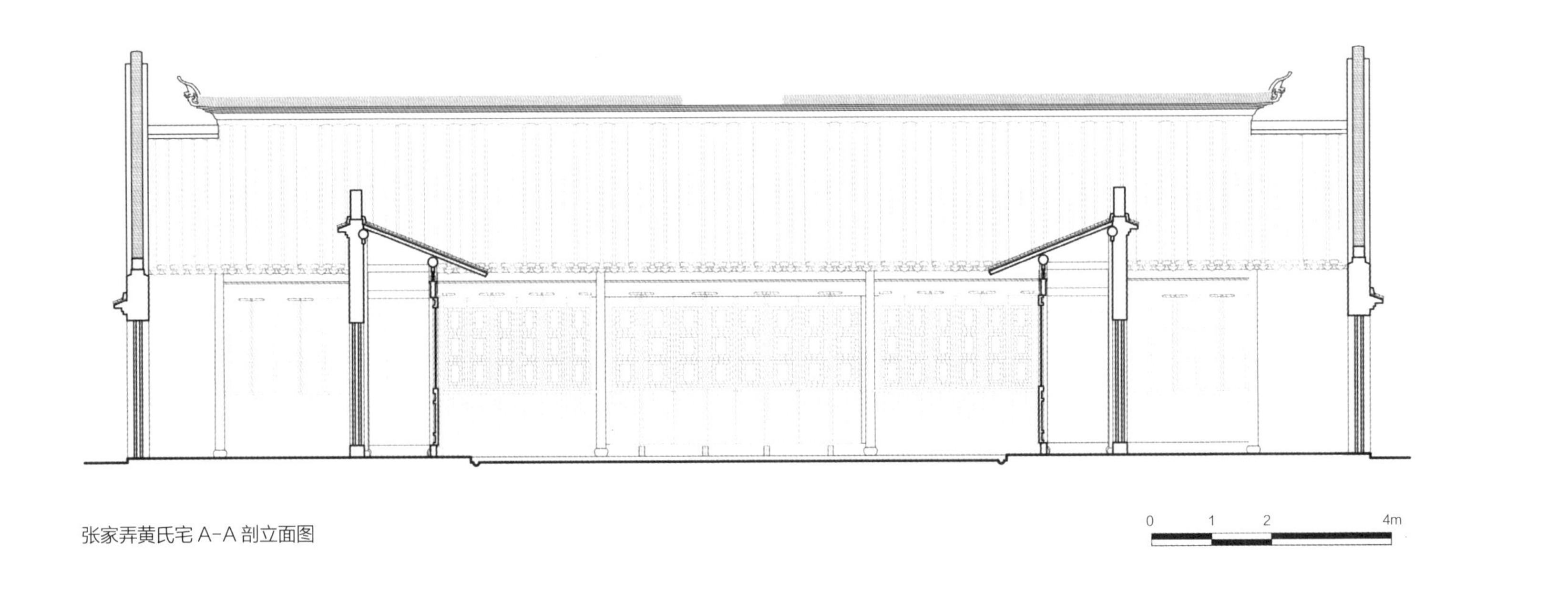

张家弄黄氏宅 A-A 剖立面图

构造和外形

张家弄黄氏宅为传统木结构，房屋均为一层，屋身主要由木构架承重，墙体以砖墙为主，梁架有穿斗式、抬梁式及穿斗抬梁混合式三种；屋架主要由檩条承重，木檩上铺椽子、望砖及小青瓦等。

南院墙正中有仪门，屋顶为歇山式，整座仪门向前天井内凸。门框和门槛均为石质材料，正扇大门为两扇对开的木门。

立面为青砖院墙纸筋灰抹面，正房做观音兜，院墙上有百叶窗做带线脚窗楣。整体屋面均为硬山顶、小青瓦屋面，东西厢房和正房屋脊上有做工精致的哺鸡、花草等砖雕。

槅扇门窗多为上海晚清时期带灯笼式样，有多个蛎壳窗遗留。尽间窗高敞，具有民国特色。备弄院墙施百叶窗。槅扇窗下做葵式花饰木栏杆，外做障水板。双开板门及单扇板门均带线脚和花饰，正房明间做屏风板门。

正房明间、次间室内为方砖铺地，梢间室内为架空木地板，并有通风口。备弄为方砖铺地。厢房应也为方砖铺地。建筑四围做金山石阶沿。院内做水泥刻花小方砖，四边有水泥排水沟。

细部和装饰

黄氏宅使用了传统的砖雕、灰塑和木雕工艺，建筑构造十分精良，装饰细致且保存较好。宅院万寿脊、寿字脊、哺鸡脊、半观音兜、云山观音兜等屋脊做法各有特点、丰富多样，正厅扁作大梁、一脊二挥、一枝香鹤颈轩、一斗三升拱、一斗六升拱、山雾云、枫拱、蜂头等构件线条圆润细腻、雕工精细，梁枋、门窗、栏杆等构件上的木雕题材各不相同，富有趣味。

保存现状

2017 年 1 月 25 日，张家弄黄氏宅被公布为浦东新区文物保护点。

张家弄黄氏宅整体格局保存基本完整，因居民长期使用，出现了一定的改建与加建情况。为了有效地保护文物建筑，逐步完成对高桥老街历史文化风貌区的保护与更新，2018 年 5 月上海浦东新区高桥镇政府进行了保护修缮。现此宅仍作为居住用房。

张家弄黄氏宅木雕艺术

张家弄黄氏宅蛎壳窗

高桥小浜路蔡氏宅

地　　址：高桥镇小浜路 21 号

建造年代：清末

占地面积：998m^2

建筑面积：884m^2

保护级别：文物保护点

小浜路蔡氏宅建筑入口

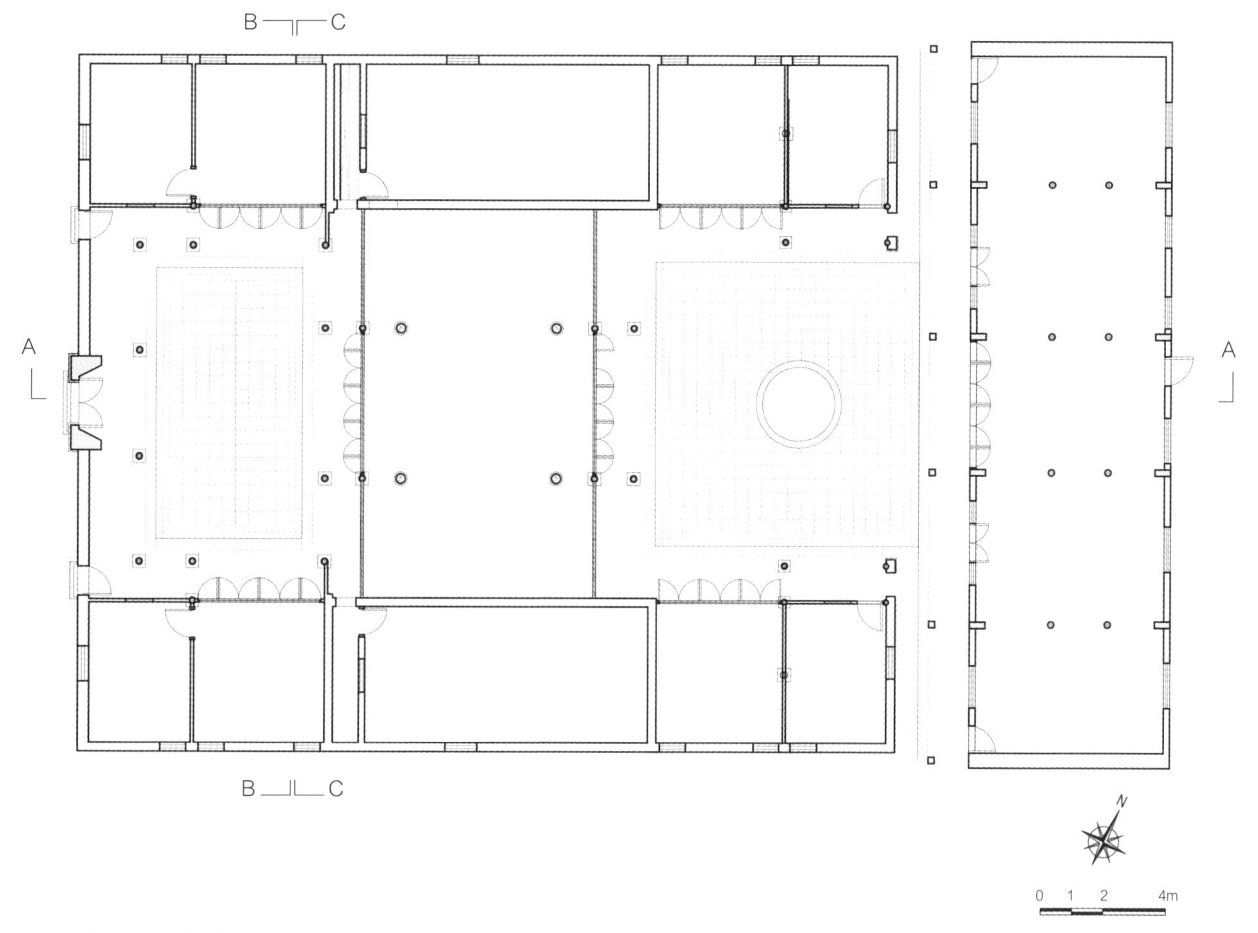

小浜路蔡氏宅一层平面图

历史沿革

小浜路蔡氏宅原主人为蔡老二，高桥人称为“东蔡”，还有“西蔡”即西街56号蔡致顺房屋，“北蔡”为蔡啸松家。蔡老二家道中落后，1938年至1939年间，将其房屋卖给横沙人黄兆信。20世纪40年代，黄将房屋进行翻建，后来上海淞沪警备司令部稽查处入驻此宅，遂将该房屋用作逮捕人犯和实施拷打的地方，老虎凳等刑具一应俱全，号哭声时有耳闻。2008年修缮后作为说书场使用。

中华人民共和国成立后，该宅成为高桥区委机关所在地，后来一直是高桥镇政府所在地。1989年3月至今，改为成人中等文化技术学校（小浜路校区）。

建筑特征

平面和院落空间布局

小浜路蔡氏宅为江南民居典型的传统院落式布局，坐

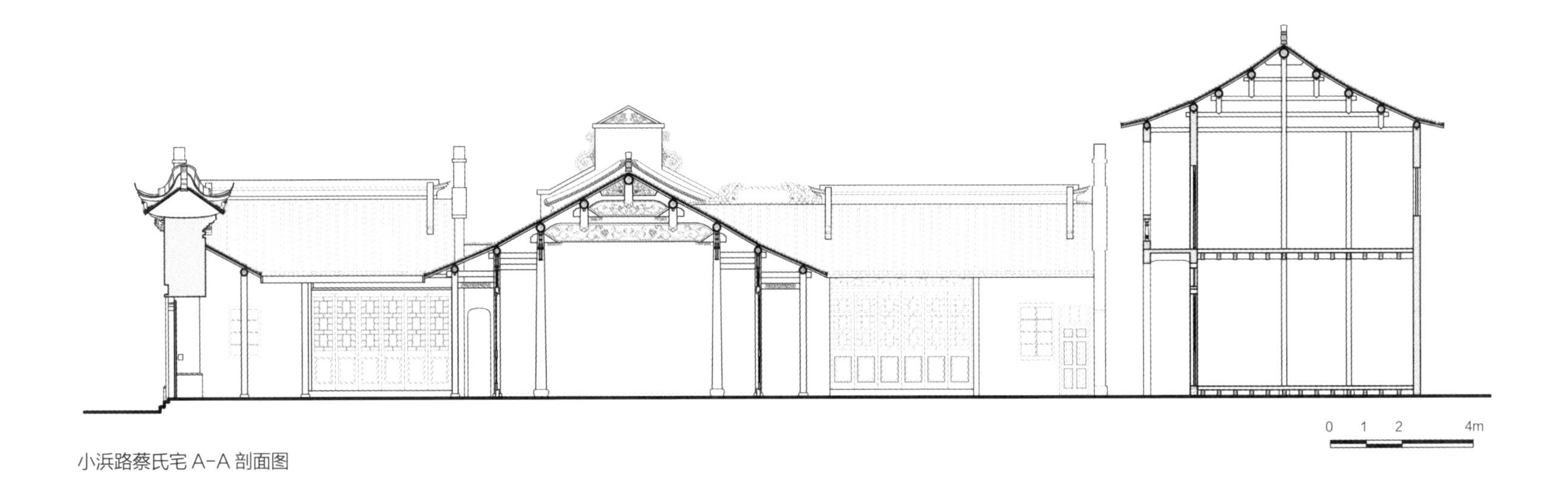

小浜路蔡氏宅 A-A 剖面图

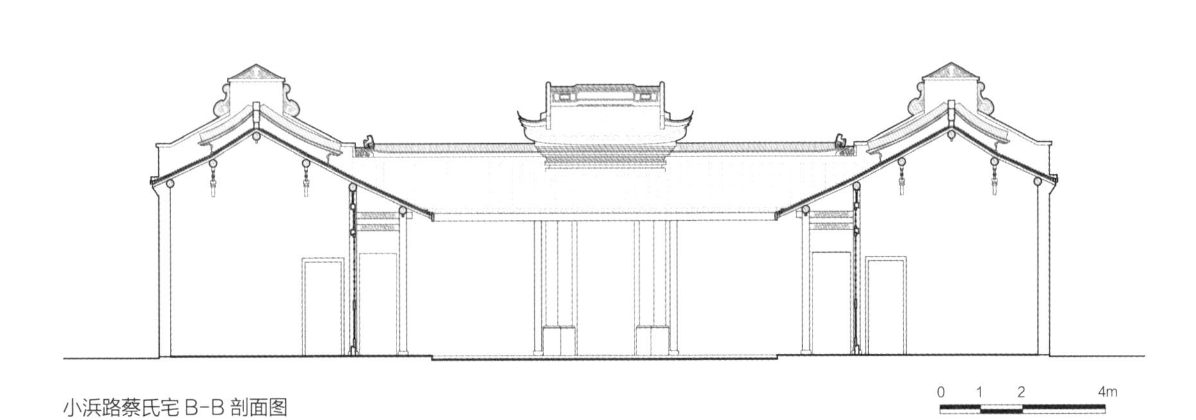

小浜路蔡氏宅 B-B 剖面图

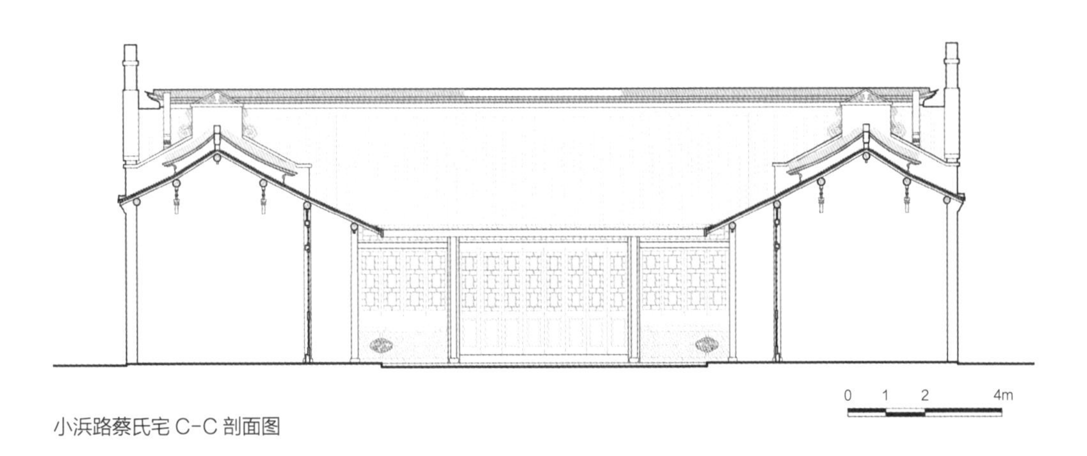

小浜路蔡氏宅 C-C 剖面图

小浜路蔡氏宅的仪门工艺讲究

小浜路蔡氏宅山墙及院落

北朝南，三进三庭心，东西以各单幢建筑的明间以及仪门为中轴线左右对称。由南向北，依次为街面房、前院（东西各一间配房）、仪门、中院（东西各两间前厢房）、正厅、后院（东西各两间后厢房）、座楼。

各进房屋之间通过院子（天井）相隔，疏密结合，错落有致。特色之处在于仪门处增加一条过廊，与两侧厢房以及正厅前廊组成贯通的围廊。

构造和外形

小浜路蔡氏宅为木结构，于传统民居中略带西洋风格。座楼为二层楼房，其余均为平房。除座楼走廊为砖混结构外，其余建筑单体均为传统木结构，梁架采用立贴式，除正厅采用抬梁扁作外，其他为穿斗圆作。门窗采用传统书条式。

屋顶皆为硬山顶，小青瓦，瓦下铺望砖。在造型和用料上中式与西式相结合：正厅与厢房为传统粉墙黛瓦，山墙高出屋面采用屏风墙做法，西式线脚，水泥压顶；座楼为清水砖墙面，勾缝为元宝缝，为近代砖砌工艺的典型做法，钢筋混凝土走廊，山墙则采用传统观音兜做法。

建筑一层室内街面房、正厅、厢房和座楼明间等均采用传统方砖铺地，座楼除一层明间外其余房间则采用木地板，增加了居住的舒适性。院子街沿使用金山石，石面加工平整，棱角分明。各院子以及座楼一层走廊为水泥轧花地面，现浇后划分方格子。

座楼门窗采用了彩色玻璃，所有门窗均使用铜制五金铰链和门簪。除此之外，还使用了不少近代特色建筑材料和工艺，比如清水砖墙、混凝土栏杆、抹灰和地坪、石膏线脚吊顶以及铁质排水天沟和落水管等。

细部和装饰

小浜路蔡氏宅木料多采用杉木，石材均为金山石，木梁架采用混水做法，颜色为暗红色，枋间做垫板，垫板和枋面上做有大面积的雕花。

仪门工艺讲究，为清水磨砖对缝工艺，精雕细刻，歇山顶，正脊、上下枋均有精美雕刻。

保存现状

小浜路蔡氏宅建筑整体布局保留完整，内部格局基本没有变动，但存在比较严重的搭建加建和建筑构件损毁丢失现象。为保护其文物价值，2008 年对其进行了全面保护修缮。

2017 年 1 月 25 日，小浜路蔡氏宅被公布为浦东新区文物保护点。

小浜路蔡氏宅屋顶脊饰

高桥恭寿堂

地　　址：高桥镇季景北路 812 号

建造年代：清咸丰年间（1851 年～ 1861 年）

占地面积：原为 8 亩 2 分

建筑面积：原为 2000 余平方米，现存 $1300m^2$

保护级别：文物保护点

高桥恭寿堂 A-A 剖面图

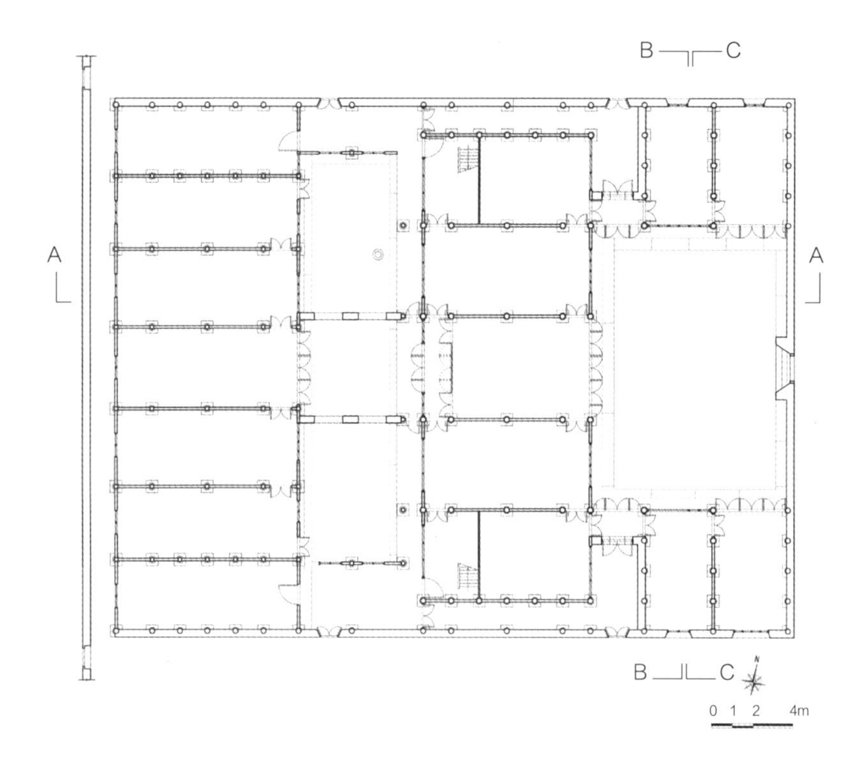

高桥恭寿堂一层平面图

历史沿革

“恭寿堂”也被称为孙尔枚旧宅，是当时宝山县高桥乡乡董孙叔馨、工商业主孙尔枚兄弟的宅屋，始建于清咸丰年间（太平军起义之前）。

孙尔枚一开始在镇上开典当行，1914 年开办轮船公司，购置了两艘小火轮，往返于高桥和上海北京路外滩之间，促进了城乡交流，推动了高桥地区经济的繁荣。20 世纪 20 年代，孙尔枚的长孙孙贯吾在此宅楼房内开办了一所小学堂—育英小学，聘请川沙有名的知识分子连友三任校长，孙贯吾自己也在此任教，这是高桥著名的日新小学的前身。

据孙氏后人回忆，孙宅占地八亩二分，其中房屋占地约四亩，宅内原有园地、河浜、竹园四亩多，由于历史变迁，很多已不复存在。

建筑特征

平面和院落空间布局

孙宅为传统的院落式布局，原共有四进，建筑占地面积较大。现存部分主要为第三、第四进的房屋，第三进天井为三合院落，空间较大；第四进院落为四合院落空间，空间狭小。宅院平面完全对称，由仪门、天井、正屋、厢房、后院等部分组成。中轴线上正屋一层明间为厅堂，次间作书房与用膳等用途，院子两侧厢房二楼与正屋二楼相连，形成“走马楼”的形式。正房与厢房相连处布置天井，在建筑内部形成了紧凑实用、变化丰富的空间形式。

构造和外形

孙宅具有清末江南民居的典型特征。入口为一堵高大的屏风墙，正立面大门有石条门框，朝向院落则为传统砖雕仪门，形式庄重大方。整个院落围墙要高于仪门头的高度 5m 以上。

第三进院落为整个孙宅的主楼，是一栋五开间两厢房的两层楼房，层高达到 9m，楼下中间一间是大客堂，约 60m^2，名曰“恭寿堂”。从正立面上看，梢间被厢房遮挡，这与通常正堂各间在正立面上均可见的做法有所不同。

第三进院落天井为高桥镇上排名第一的大天井，面积达 150m^2，地面原为青砖竖起铺成，现已被浇筑成水泥地面。

孙宅建筑采用砖木结构，主要为穿斗式构架。一楼楼枋扁作，二楼梁架圆作。建筑山墙采用青砖砌筑，为传统马头墙形式，外形高耸。屋顶为传统的双坡顶，青瓦铺屋面。外抹白灰，为扩大二层使用面积及统一立面效果，二层出挑，

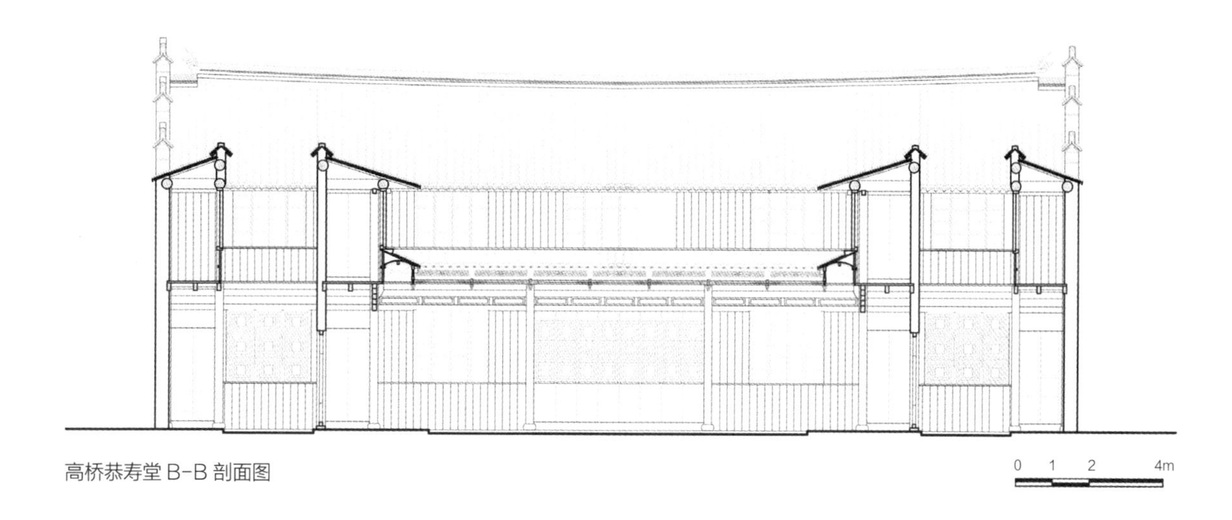

高桥恭寿堂 B-B 剖面图

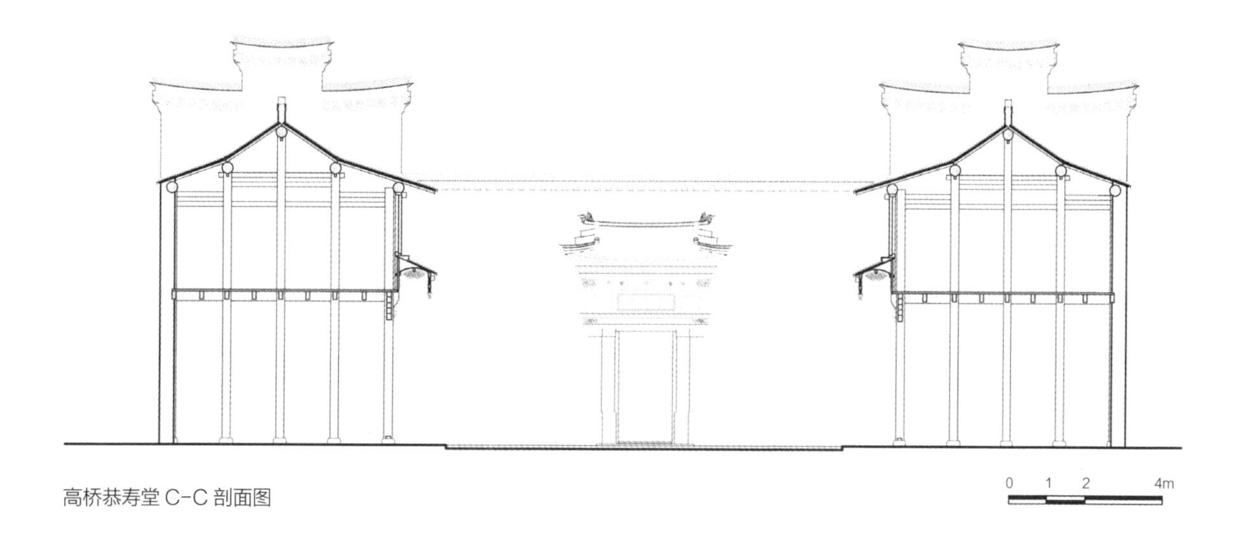

高桥恭寿堂 C-C 剖面图

用小垂花柱构造，并形成单步轩装饰做法，门窗完全为传统木槅扇形式，形状简洁明快。

院落地坪为传统席纹砖铺地，室内一层为方砖铺地，二楼木楼板则为传统木格栅做法。建筑内外均由弄堂与走廊连通，体现了良好的防火疏散意识。

细部和装饰

该建筑虽使用传统的木、砖、石等材料，但用料考究，做工精良。砖雕仪门形式庄重大方，雕刻精美。房屋大梁均为长4m、直径40cm的圆木，椽径亦有7cm。所有立柱皆立于柱墩之上，房屋阶沿则采用十几厘米厚的金山石板铺成。

除此之外，第三进天井外挑披檐柱身用木牛腿构件，外

高桥恭寿堂建筑形式

高桥恭寿堂装饰细部

高桥恭寿堂雕刻艺术

挑另一侧则有垂花，垂花间用木枋相连，整个轩部件均有细致的木雕刻。

保存现状

2017年1月25日，孙尔枚旧宅被公布为浦东新区文物保护点。

孙尔枚旧宅现今院内住户众多，环境比较杂乱，沿街只剩仅容一人通过的狭小弄堂。孙尔枚旧宅昔日的严整院落掩映在水泥高墙之后，只剩下院中的一棵大树显露出这方院落的历史沧桑。被列入文物保护点之后，它将会得到更好的保护。

川沙以道堂和以德堂

地　　址：川沙新镇北城壕路 84 ~ 88 号

建造年代：1934 年

占地面积：945m^2

建筑面积：1300m^2

保护级别：文物保护点

以道堂和以德堂入口石库门

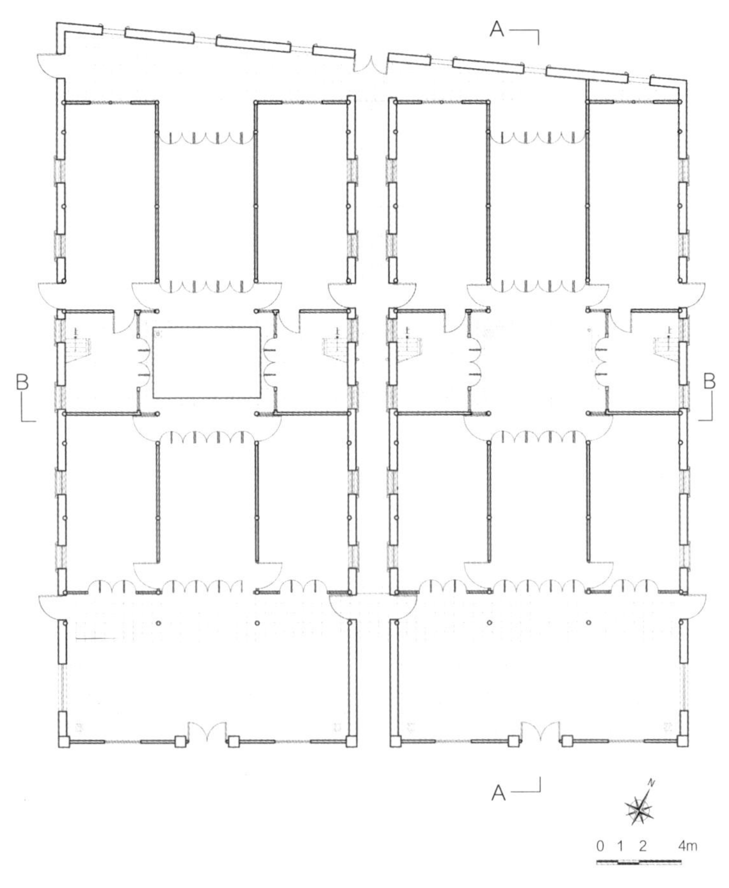

以道堂和以德堂一层平面图

历史沿革

以道堂和以德堂是由原川沙商会会长陆问梅资助其嫂宋氏，为以道、以德两房子孙所造。

川沙北门陆家从陆清泽开始起家。陆清泽本姓张，从舅姓而改为陆，早年经商，中年从事地方社会事业，创立县商会、电影公司、上川长途汽车公司等，兴办小学，系川沙著名地方士绅。

陆清泽有两个儿子，长子陆应梅去世较早，次子陆问梅以经营水果地货起家，后经营大川电灯公司、内河轮船公司、米厂、典当行等，历任川沙商会会长、公司董事长、总经理等职。

陆问梅是川沙陆家楼宅群的主要建造者，在建造了三德堂、崇德堂之后，又资助嫂子为两个侄子陆以道、陆以德建造了房子，即以道堂以德堂。

以道堂和以德堂抗战时被日军占用，抗战胜利后为国民党军队征用。中华人民共和国成立后为解放军驻军部队征用，后为浦东新区人民医院使用。医院在内部作了较多分割以出租给多户员工居住，大多人家进行了墙面、地面等内部装修，致使木质构件如槅扇门窗等逐渐损毁。

建筑特征

平面和院落空间布局

该建筑由两个独立院落并列组成，两院落之间有弄堂分隔，平面基本呈中轴对称，两部分既相互独立又联系方便。建筑坐北朝南，两院落均为两进三庭心的合院式布局，北面临河有围墙。

两栋建筑主入口均位于南侧，入门为一小庭院，庭院北侧前厅三开间，第二进院由厢房与正房围合而成，二层为回廊式布局。

构造和外形

以道堂和以德堂整体为砖木混合结构，立面构图为典型上海石库门民居的对称形式，强调横向线条和构图。

南面入口处有三个石库门，形式简洁，三个石库门中各有一个绿色琉璃花窗。东面石库门上刻有“道以德宏”字样，西面石库门上刻有“有容德大”字样。

建筑外墙面为清水青砖墙，部分砖上印有生产厂家“倪增

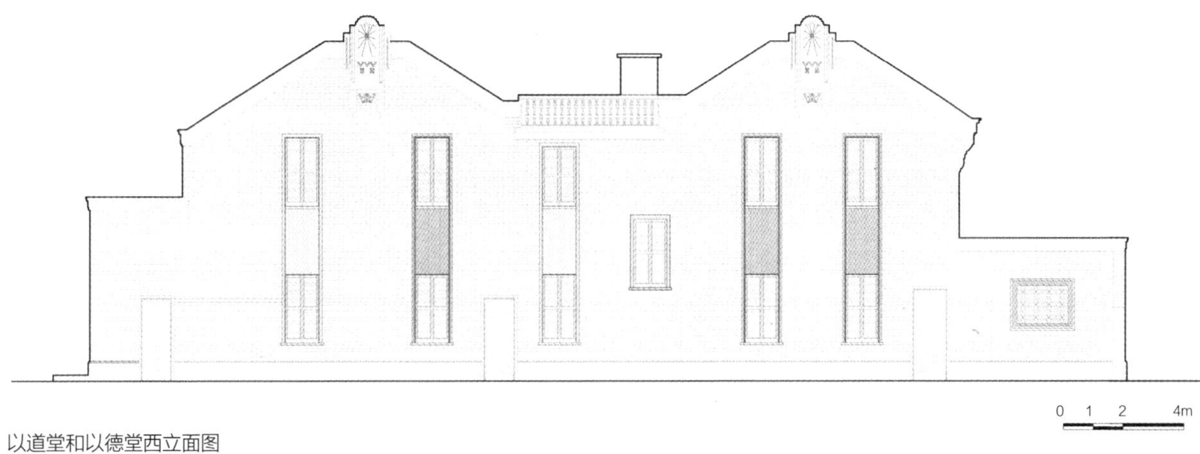

以道堂和以德堂西立面图

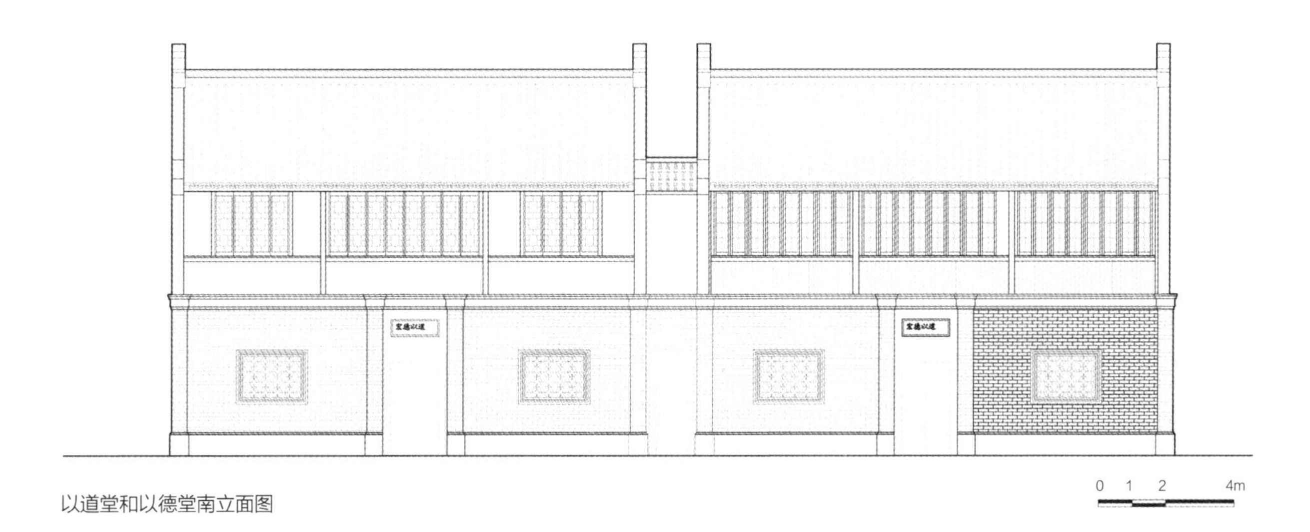

以道堂和以德堂南立面图

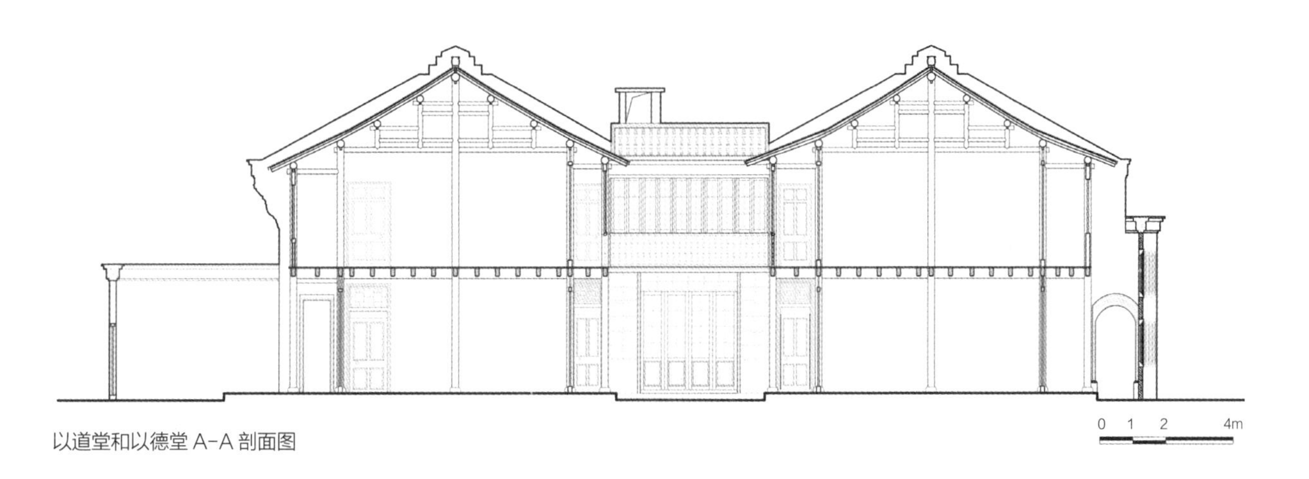

以道堂和以德堂 A-A 剖面图

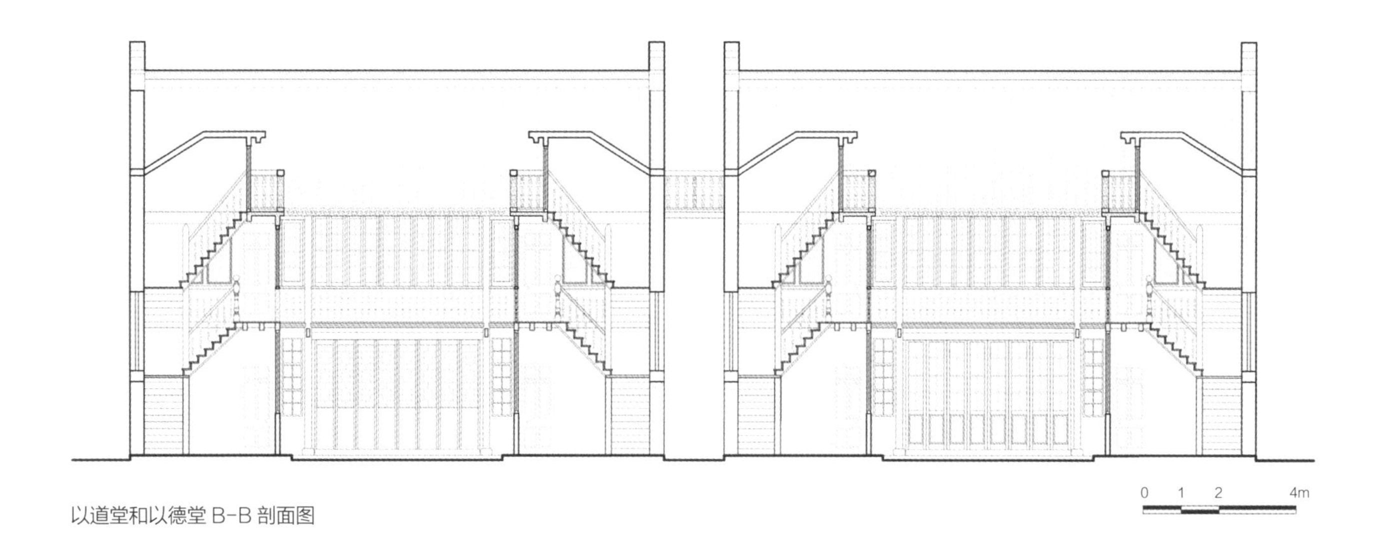

以道堂和以德堂 B-B 剖面图

以道堂和以德堂建筑外观

以道堂和以德堂院落内景

茂”“倪荣记”记号。第一、二进正房为小青瓦硬山屋面，山墙出屋面，做黄砂水泥西式风格压顶；厢房为现浇混凝土平屋面，有水泥预制栏杆。建筑南立面及院落内立面均为木质格栅门窗，回廊下部栏杆内侧木板为活动式，可根据天气情况抽取、增加，以便改善室内通风条件。山墙处为三层窗，外侧百叶窗，中间防盗栏杆，内侧方格玻璃窗。山墙门窗外侧有水刷石门窗套，一层与二层门窗套连为一体，窗户之间作反波浪形凹槽装饰，使得窗户的竖向线条打破了建筑横向伸展的趋势，从而为建筑外观带来变化。现建筑西山墙上部还保留有抗战时期的枪弹痕迹。

建筑结构为传统木构架体系，局部平屋面为现浇钢筋混凝土形式。木柱均为二层通高，木柱间做穿斗抬梁混合形式梁架，二层为木格栅楼面。

院落为水泥压花地坪，室内一层为方砖、木地板铺地，室内装饰较为简洁。

细部和装饰

此建筑无论内部结构还是外部饰面都有着极强的民国时期

以道堂和以德堂印有“倪荣记”字样的青砖

以道堂和以德堂建筑形式

以道堂和以德堂中间的条形天井

风格特点，装饰简洁，突出了建筑的使用功能。青砖、木材、水泥的运用也体现出较为成熟的做法。

保存现状

以道堂和以德堂建造年代久远，改建较为严重，人为破坏痕迹十分明显，再加上自然的风化和流水侵蚀，材料的年久失效，形成了较为残破的状况，2013 年对其进行了保护修缮。现作为精品酒店使用。

2014 年 8 月 11 日，以道堂和以德堂被公布为浦东新区登记不可移动文物。2017 年 1 月 25 日，被公布为浦东新区文物保护点。

川沙大洪村康家宅

地　　址：川沙新镇大洪村一队康家宅 33 ~ 34 号

建造年代：清末

占地面积：244m^2

建筑面积：201m^2

保护级别：文物保护点

大洪村康家宅朝向院内的大门样式

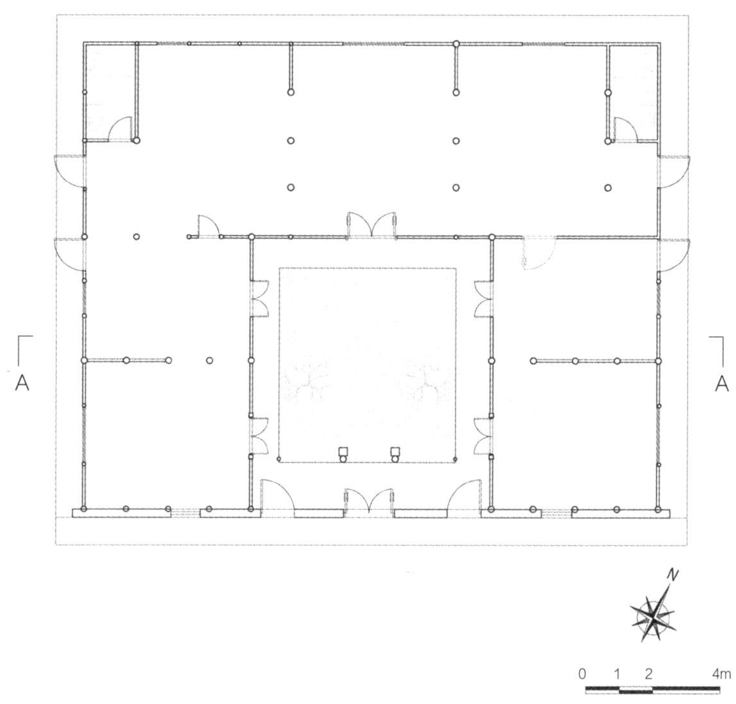

大洪村康家宅一层平面图

历史沿革

大洪村康家宅为康氏家族所建。康氏先祖在乾隆三十七年（1772 年）自奉贤来此定居，子孙兴旺。清末，在老宅基地的西侧新建了一幢绞圈新宅第，一直较好地保存至今，就是现在的大洪村康家宅，距今已有 100 多年历史。

1961 年左右，这里曾用作农业中学的校舍。周边原为农村宅基地，伴随着城镇化的发展，近年来周边大量建设商品房，该宅内的人动迁后，建筑衰败迅速。

建筑特征

平面和院落空间布局

大洪村康家宅坐北朝南，是江南民居常见的一正两厢式样，一进院落，中轴对称，中轴线自南向北依次为院门、院落及正厅、后院和后院附属用房（已毁）。院落方正，入口处有轩廊通向东西厢房。总面阔约 17m，总进深约 13.5m。其中，厅堂是五开间四进深，厢房是两开间四进深。

构造和外形

康家宅为一层木立贴结构，浦东传统民居建筑形式。建筑整体外观呈中轴对称形式，入口三门两窗呈对称布置，主入口居中，两个次入口，门洞上口有圆拱，建筑墙体为青砖砌筑，纸筋灰抹面，下部有黄砂水泥勒脚。建筑结构为传统木构架形式，木构架以穿斗式圆作梁架为主，部分为穿斗抬梁混合式。

东西厢房为硬山小青瓦屋面，山墙出屋面做观音兜。填充墙及外围护墙以青砖为主，青砖规格较小，屋面主要由檩条承重，木檩上铺椽子、望砖，及小青瓦。正房为歇山顶，有戗脊，正脊有中堆。正房和厢房屋脊相交采用亮花筒和纹头脊相结合的样式。

正大门为双开木板门，两侧门为单开木板门，外加矮挞。窗户为两层窗，内层为普通格栅窗，外层为对开木板窗。值得一提的是，立面窗户两侧抱框均呈弧线形，有一定的造型美感。

室外为老金山石和青砖席纹铺地，正房、厢房、门厅底层为青砖铺地。

细部和装饰

康家宅具有一些特色装饰，如门厅脊饰、门厅墀头的八仙彩绘、一支香轩雕刻、斗栱，厢房的多孔砖透气孔、东厢房壁龛，阶沿石、花边瓦、水磨方砖马头墙等。传统屋顶、建造工艺、彩画、雕刻等艺术在康家宅中均有显现。

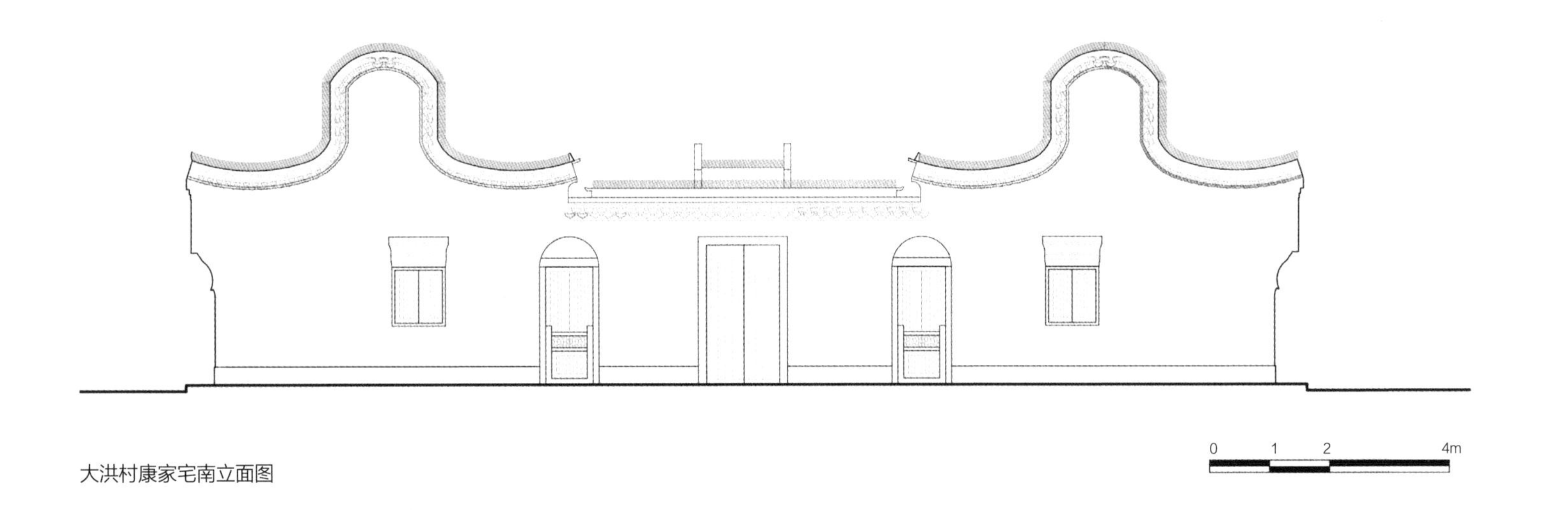

大洪村康家宅南立面图

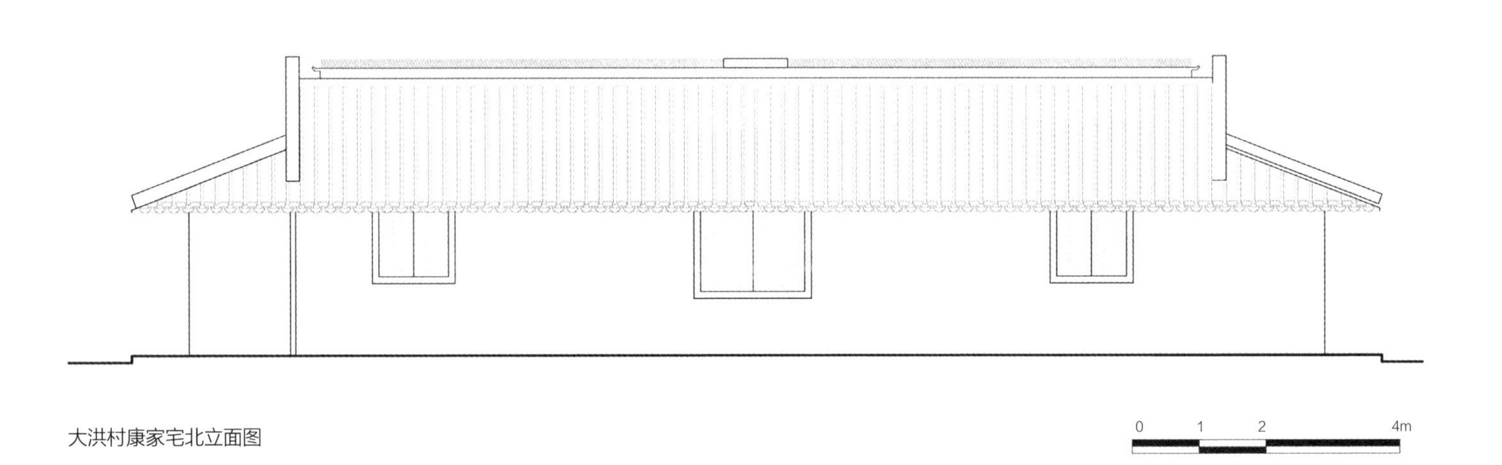

大洪村康家宅北立面图

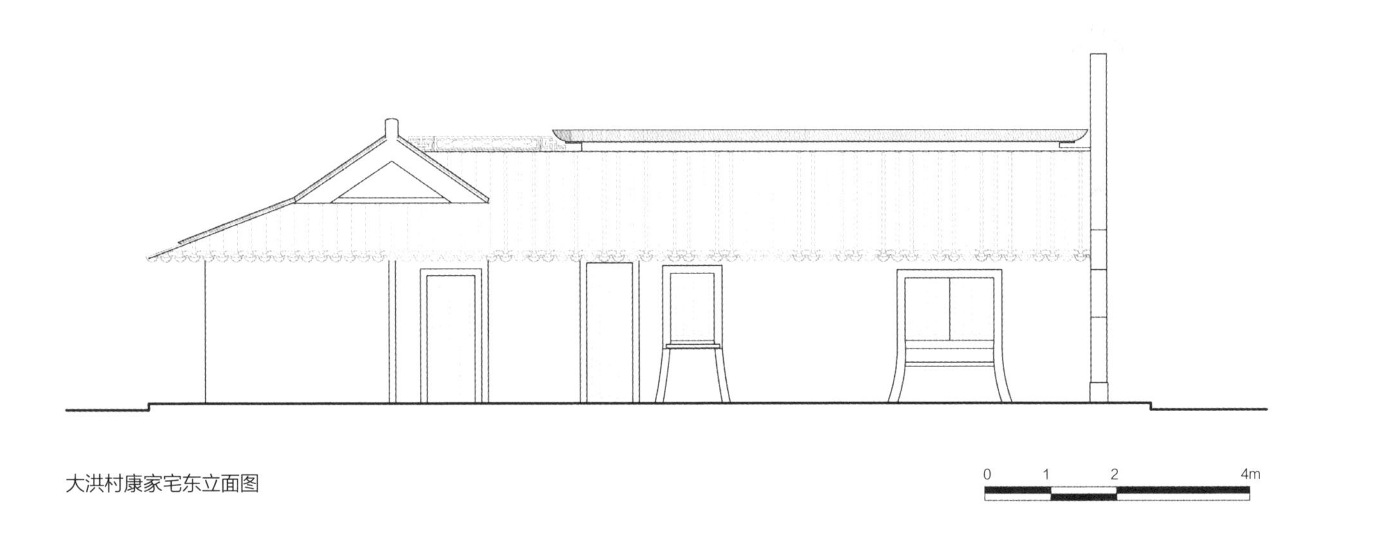

大洪村康家宅东立面图

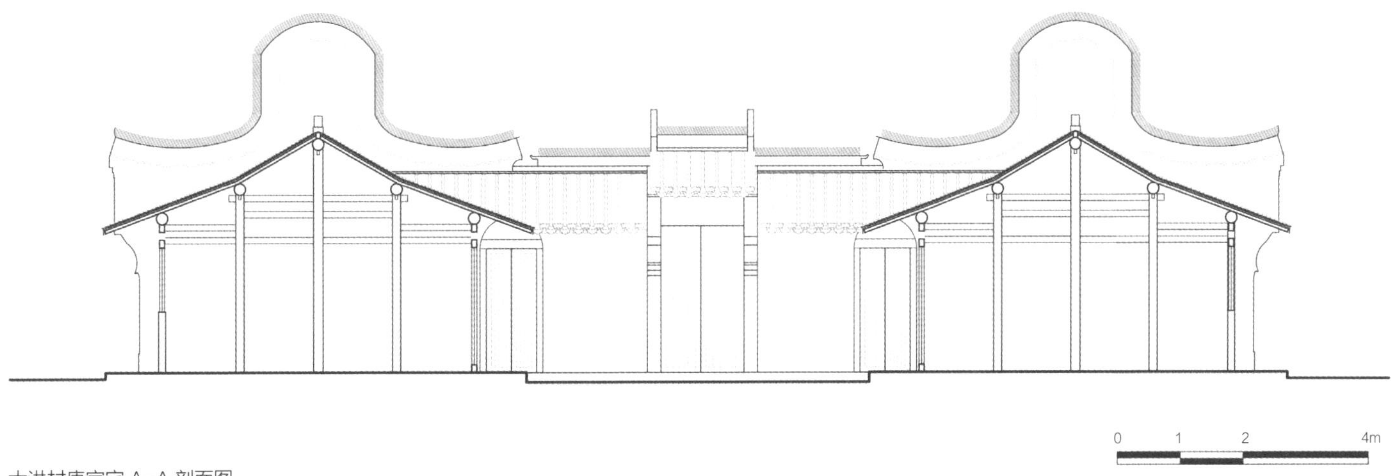

大洪村康家宅 A-A 剖面图

大洪村康家宅建筑外观

大洪村康家宅室内梁架结构

保存现状

2017 年 6 月 28 日，大洪村康家宅被公布为浦东新区文物保护点。

其空间格局和建筑风貌整体保存良好，无乱搭乱建现象，但屋面构件、门窗构件等残缺严重，结构安全有部分隐患，2018 年对其进行了保护修缮。作为巷房，进行了抢修，2019 年基本完工。

航头
傅雷故居

地　　址：航头镇下沙社区王楼村 5 组

建造年代：清末

占地面积：1500m^2

建筑面积：610m^2

保护级别：文物保护点

傅雷故居门厅透视

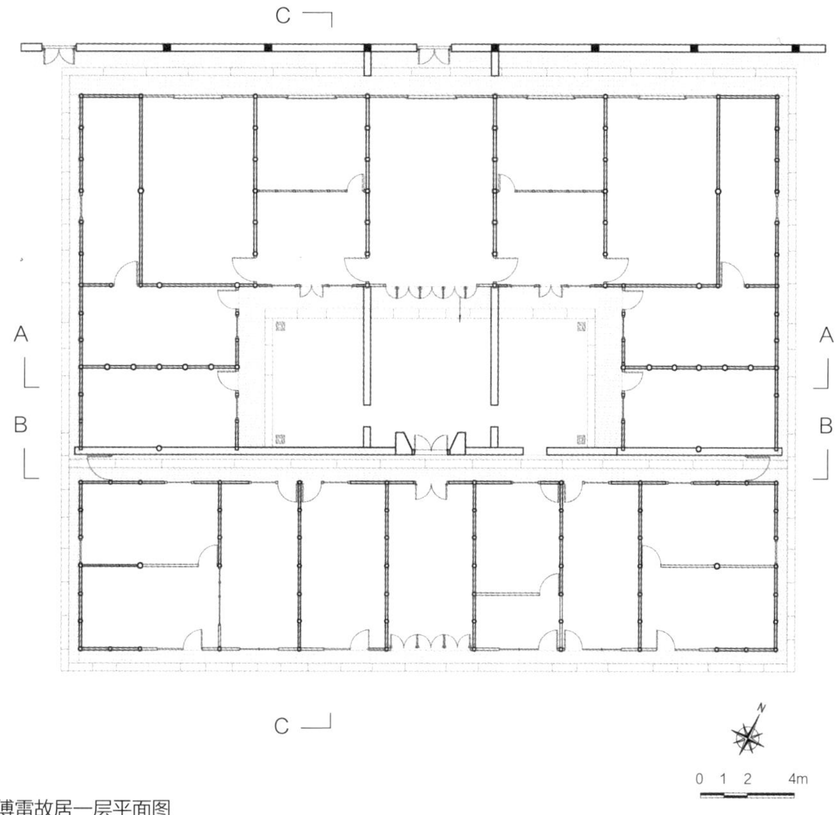

傅雷故居一层平面图

历史沿革

傅雷故居是著名翻译家、文学艺术家傅雷（1908-1966）的出生地，其建筑始建于明代，清末由傅雷先辈重建，具体年代无法确切考证。1908 年，傅雷出生于这里，并在此度过了 4 年时光。4 岁时，其父病逝，母亲携全家搬离此处，迁居上海周浦镇东大街。

1933 年，傅雷故居卖给了本族财主傅荣奎。中华人民共和国成立后，土地改革将该宅分给了贫下中农。原有房间 36 间，后拆除 19 间，尚存 17 间，分为 10 户，其中 1 户为村集体。

建筑特征

平面和院落空间布局

傅雷故居现存建筑分别为主体建筑前厅、正厅梢间及主体建筑西厢房，前厅后有仪门，之后为由一正两厢围合起来的院落。主体建筑北面建有围墙，距离建筑 1.46m，与建筑形成巷道贯穿整个院落，中间由门洞隔开，原设有木门，修缮时已毁损，修缮中只保留其中一小段约 6m 长的围墙及部分阶沿石，其余坍塌的围墙均未恢复，材质为金山石。

主体建筑前厅修缮前存七开间，正厅西侧只保留一个梢间，其余已毁；西厢房现存一个开间，东厢房缺失。西附属用房面阔七间，现保留六间，南侧第二间毁损。东附属用房

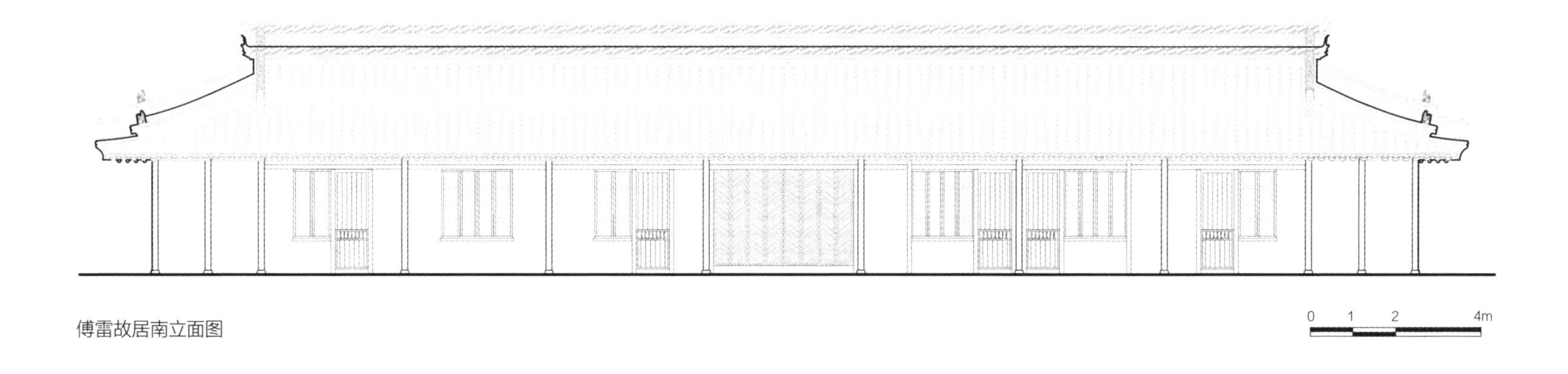

傅雷故居南立面图

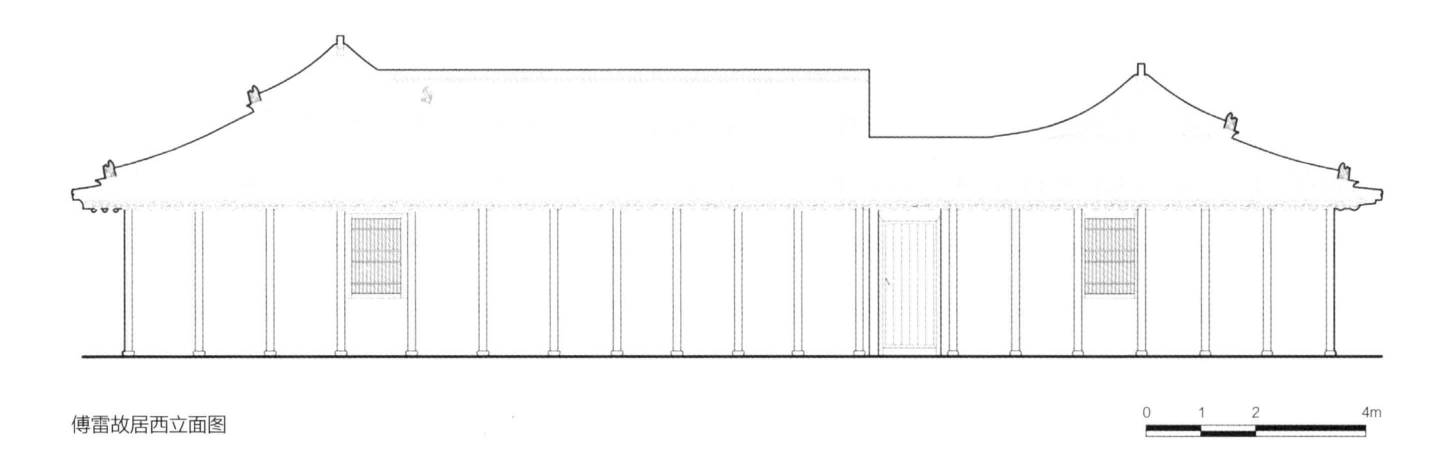

傅雷故居西立面图

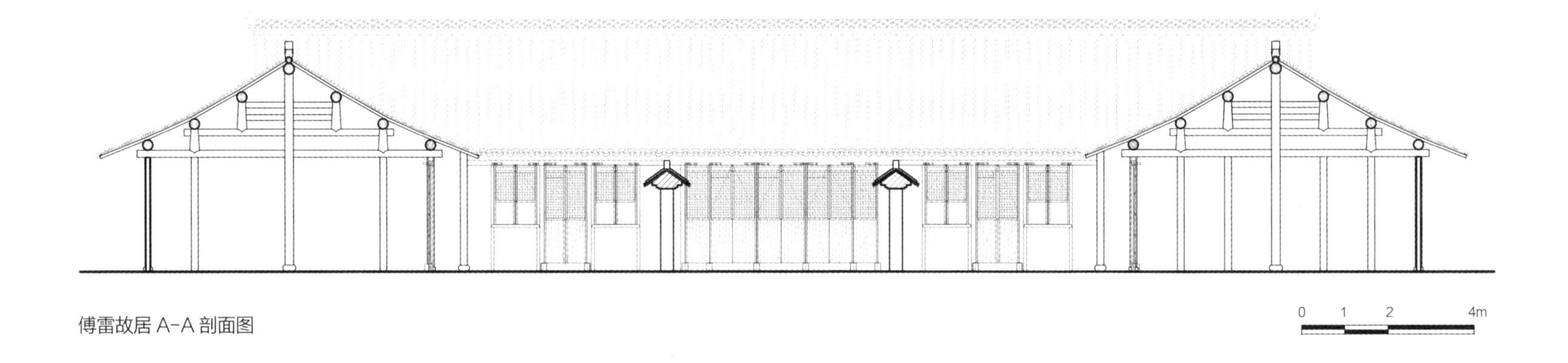

傅雷故居 A-A 剖面图

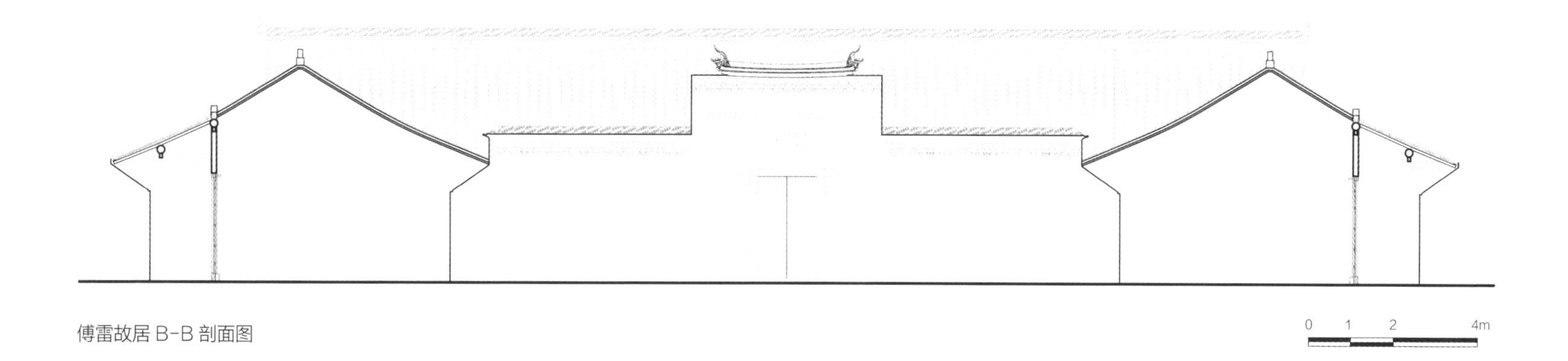

傅雷故居 B-B 剖面图

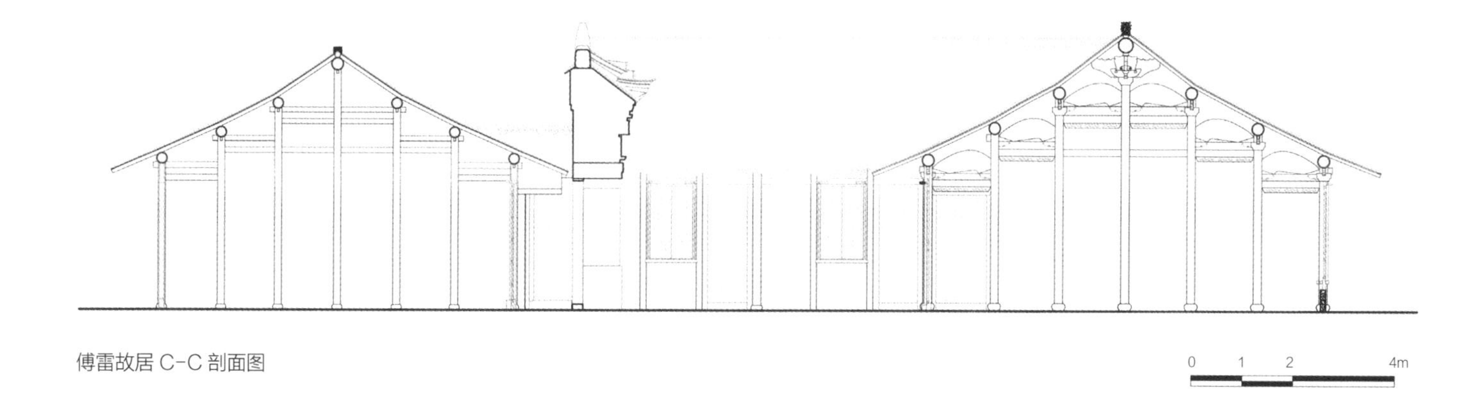

傅雷故居 C-C 剖面图

傅雷故居院落空间

傅雷故居建筑形式

是一个独立的院落，其第一进建筑、第二进建筑、东西厢房目前仅保留 2/3。损毁的部分已在 2019 年修缮中根据基础予以复原。

故居内共三个院落，主体建筑由两进建筑和东西厢房围合成院落，西附属用房与主体建筑之间有一院落，东附属用房也是由两进建筑和东西厢房围合成院落。作为傅雷家族族人所居地，东西附属用房与主体建筑遥相呼应，较为完整地体现了傅雷故居的历史变迁与空间格局。

构造和外形

傅雷故居整个宅院为木立贴结构，主体建筑前厅梁架为六界，内四界前后各搭接一廊界。正厅次间与正厅梢间和前厅的柱径在 140mm ~ 160mm 之间，正贴柱径较大，两侧梢间边贴的柱径稍小。西附属用房梁架结构同主体建筑前厅，梁

傅雷故居院墙

与枋结构完整，均为穿斗式。东附属建筑梁架结构基本保持与故居其他建筑梁架形式相同。

主体建筑前厅屋顶形制为单檐歇山顶，小青瓦屋面，西面为歇山屋面，设置有垂脊，四面绞圈，为浦东传统绞圈房形式。西附属用房屋顶为硬山顶，南北两山墙有浦东地区传统的观音兜。东附属用房屋顶为硬山屋顶，两侧有垂脊。

前厅正中过厅板门上钉竹板条，具有防水防盗功能。其余门窗大多已经损毁，考证下来均为浦东传统槅扇门窗。

前厅周边有一级金山石阶沿，阶沿与建筑外墙之间以小青砖平铺。西厢房及正厅四周有部分阶沿保留下来，铺地形式与前厅相同。东附属用房一进正厅室内以方砖铺地，西附属用房东面阶沿与建筑外墙之间也以小青砖平铺。

傅雷故居仪门

细部和装饰

傅雷故居现存的大木构架制作规整，用材规范，举折平缓，从柱与梁枋之间的连接可以看出清代江南民居的建造风格。檐柱与檐桁之间无装饰性构件，步柱、金柱、脊柱之间也无其他雕花木刻，枋、机也为江南普通民居设置。仅在正厅明间（客堂间）眉川上有精细的木刻雕花，也符合浦东民居注重客堂间的特点。

建筑材料和工艺上运用了砖、石与木材，柱础使用了金山石。

保存现状

2017 年 1 月 25 日，傅雷故居被公布为浦东新区文物保护点。

2011 年曾对傅雷故居进行过勘察及方案设计工作。2013 年仅就傅雷故居主体建筑前厅进行修缮，其余建筑保持原状，此后未经修缮的房屋损坏非常严重，2018 年对其进行了全面保护修缮。目前作为傅雷陈列馆使用。

川沙
六灶钱家厅

地　　址：川沙新镇六灶鹿溪村向学街 126 号

建造年代：清代早期

占地面积：447.16m^2

建筑面积：402.16m^2

保护级别：文物保护点

六灶钱家厅沿街木板门

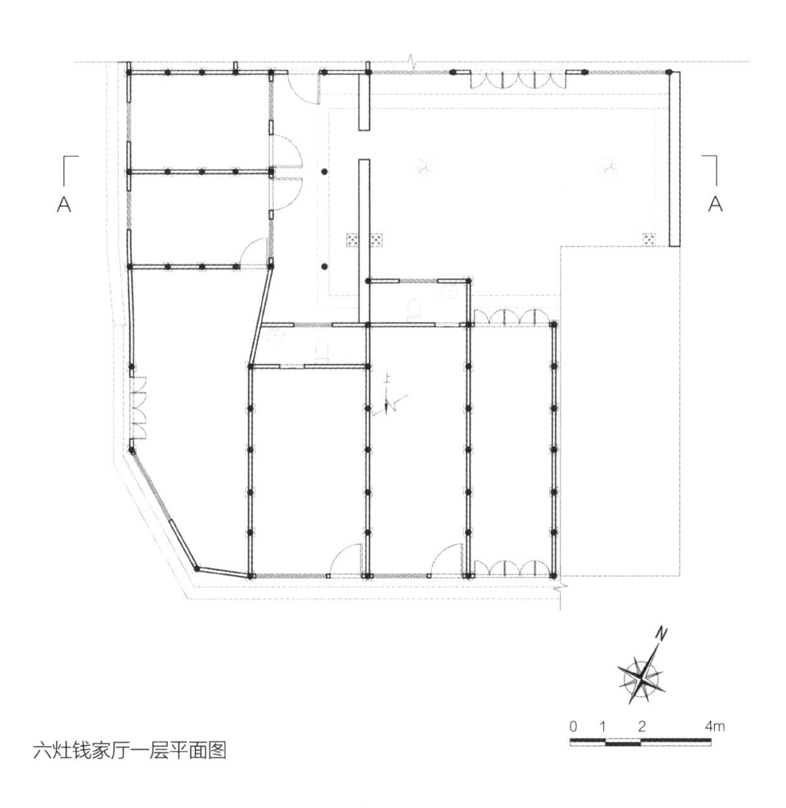

六灶钱家厅一层平面图

历史沿革

六灶钱家厅原为六灶古镇十景之一，始建于明末，建成初期为汪家厅。1788年前后由钱氏向汪氏购买，之后更名为钱家厅。房屋转让给钱氏后，钱家因房屋较多，20世纪30年代，转卖给季家一半，由此成为钱家厅和季家厅。

钱家厅自建成之后经过了多次人为修缮，通过现场勘察发现多次维修痕迹。建筑改动维修最大的一次是1936年，进行了落架大修，更换了所有的门窗和部分铺地，同时也建了东边耳房及石库门。抗战时期，钱家人逃往市区，石库门被封。

1953年以后该宅内部开了“勤生袜厂”，1958年改成了“六灶乡大食堂”。1961年袜厂继续生产，到1965年搬走。随后钱家人从市区搬回来，“文革”以后将建筑厅堂内的“凤超堂”匾额拿走，并将最后一进建筑后面的围墙拆除。此后，周围房屋随时间流逝而产生各种搭建。

建筑特征

平面和院落空间布局

六灶钱家厅是标准的浦东民居格局，共三进，整体布局沿南北向的主要轴线展开，主要厅堂全部坐北朝南。第一进为临街店铺，由一个三开间前厅和两开间的门面组成，第一进院落只有西侧有厢房，东侧为空斗砖围墙。二进厅由两个建筑单体组成，主体三开间，西侧两个开间。东侧沿着外廊穿过东厢房，到最后一进五开间建筑。三进厅后原有一院落，20世纪30年代被拆除。建筑南侧靠近街道。

构造和外形

六灶钱家厅的外立面以浦东传统建筑的立面形式为主。沿街房的立面以木板门做法为主，小青瓦屋面，屋脊形式为立瓦脊；沿街房的背立面则以青砖纸筋灰墙面为主。

第二进的南侧立面主要为后期改建的民国简化方格门窗，墙裙依旧为封板的样式，但是封板的形式为水平，此种方式不利于顺水，所以比较少见。屋面出现了部分重檐，重檐采用的是方椽，不同于其他部位的圆椽形式。第二进的北立面基本同南立面，以排门的形式为主。

第三进立面基本被改动得面目全非，除了必要的承重构件，已经看不到老构件，但屋顶上中堆还有部分被保留下来。北立面是青砖墙体纸筋灰面层。

建筑的东立面不同于其他立面，是典型的江南民居巷弄的立面形式，粉墙黛瓦小门窗，但是因为东侧耳房是民国时期加建，所以东侧立面带有明显的民国时期的建筑特点。

主体建筑前厅大木作较为简单，穿斗式，川枋拉接。二

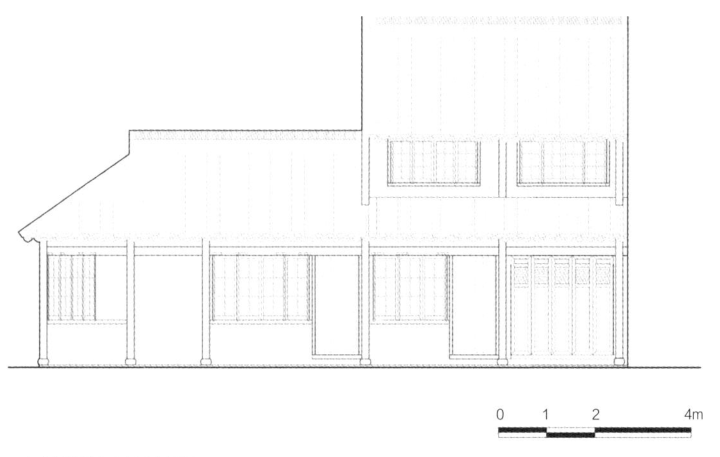

六灶钱家厅南立面图

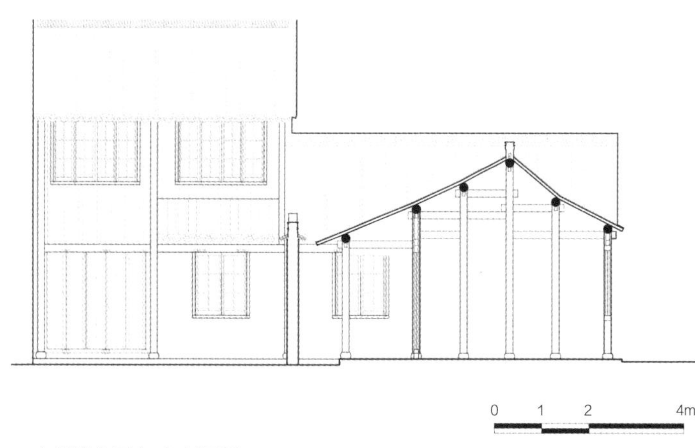

六灶钱家厅 A–A 剖面图

进厅的明间和次间三个开间六架椽，方砖铺地，雕梁画栋，是之前的厅堂。据居民回忆，堂中有牌匾，名曰风超堂。

建筑以双坡屋顶形式为主，青瓦硬山，建筑之间都相互连接。其中有两处值得一提，第一处是沿街西侧尽间，该部位的屋顶因沿街转角，做了一个歇山和单坡的碰撞。第二处是在第二进东侧次间后廊步处，屋顶单坡转角接二进东厢房。此处做法既让开了旁边的原有建筑，又延续了整体格局，富有特点。

门窗为木板门和格栅门，室外以青砖席纹侧铺为主，室内多以方砖和青砖铺地，但大多破损严重，其中东厢房两间在 20 世纪 30 年代改成了木地板铺地。

细部和装饰

六灶钱家厅主要体现了中国传统民居装饰特色，尤其二进厅的大木作和木装饰是整个房屋最亮眼的地方，中间大梁两侧刻有如意祥云纹饰，正下方刻有喜报三元的喜鹊和多子多福的石榴，取喜乐多福的寓意。大梁两端架在步柱上，梁端一字科一斗三升拱，梁垫、蜂头、棹木应有尽有。蜂头雕刻如意卷草纹饰。前后檐步设有廊川，下有夹底。山界梁设在大梁之上，两端有梁垫和寒梢拱的做法。脊檩下有山雾云和抱梁云，雕刻形态各不相同，题材以喜上眉梢、喜报三元为主，均体现了主人的个人追求及对家族子孙美好的愿望。

该宅局部带有明显的民国时期的建筑风格，如东侧立面的门头、窗楣、窗台、山花等，无不体现民国特色。运用了砖、石与木材等建筑材料及其相关工艺。

保存现状

2017 年 1 月 25 日，六灶钱家厅被公布为浦东新区文物保护点。

历经时代变迁，六灶钱家厅的建筑格局依然可见，房屋内梁架风貌较好，但是临街门面房破损严重，靠西门面房已经被拆除，且房屋已被分割成多个空间，加减改建严重。2018 年对其进行了保护修缮。

新场屈氏住宅

地　　址：新场镇新场大街 53 号

建造年代：民国初期

占地面积：564m²

建筑面积：408m²

保护级别：文物保护点

屈氏住宅屋顶俯瞰

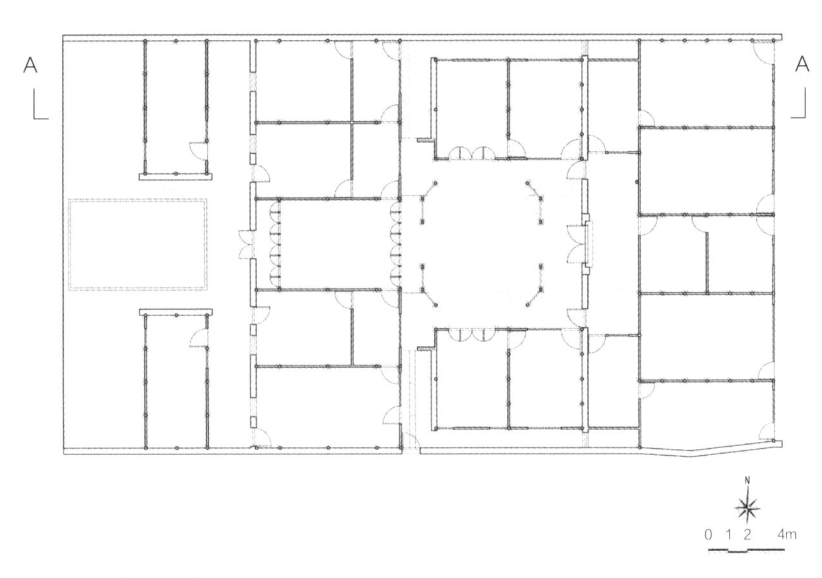

屈氏住宅一层平面图

历史沿革

屈氏住宅原宅主为屈平章，他生于浙江嘉兴，1893 年 13 岁时随家乡人乘船来到新场正顺酱园学生意。他吃苦耐劳、勤奋好学，深得老板喜爱，有意让他读书识字学做管理。当他学会技术、识文断字、样样拿得起的时候，老板让他担任老大先生（即账房先生），代理老板统管正顺酱园。屈平章由此逐渐发家致富。

如同新场镇的有钱人一样，屈平章发迹之后，也想到了置地造房这一事。他没有建造二层厢房楼，而是建造了极具江南民居特色的石库门大宅院。因与经商有缘，他还沿街建造了五开间房，中华人民共和国成立前租给人家卖嫁妆。中华人民共和国成立后嫁妆店不开了，就租给人家居住。后因政府政策规定，多余房屋为房管部门代管，现部分房屋仍为屈家后代居住。

建筑特征

平面和院落空间布局

屈氏住宅具有清末民初江南民居的典型特征，布局为院落式，共三进。东立面临街的五开间建筑，原与主体建筑分离，为临街店面，后搭建厢房，将其与主体相连，构成了现在的第一进院落。于是最初作为正门的石库门，而今处于整个住宅的内部。中轴线上第二进为正房，明间为厅堂，次间和梢间作卧室用。正房和厢房围合成主要院落，并在前檐处形成回廊，在建筑内部形成了紧凑实用、变化丰富的空间形式。

屈氏住宅在布局上还体现了江南民居在排水上的良好做法，该宅西侧有河，宅院建筑外的廊道呈倾斜状，将水流引入河中。该宅平面高于街道 10cm 左右，并且在天井中，均有下水口将水汇集直接排入河道。

构造和外形

屈氏住宅为传统木结构体系。临街店面，五开间，穿斗式结构，采用柱径小于正堂的柱子，仍用鼓磴，屋内装饰较少。

二进院落位于整个建筑重要区域，占有重要地位。仪门位于第二进院落围墙正中位置，为西式石库门形式，墙内侧有双步架，单坡廊与两侧厢房连接形成回廊，高约 6m，宽约 3m，左右各有边门入内。以前此门曾作为住宅的主要入口。

第二进正房为整座宅院的主体建筑，穿斗抬梁混合式大木构架。小青瓦硬山屋面，两侧山墙出屋面做观音兜。

明间为正厅，其开间尺寸明显大于次间，作会客起居之用。堂前有门廊通往次间和梢间，明间、次间和梢间均建有阁楼。明间向室外开有八扇门，堂后面河同样开有一扇大门，其内侧还开有八扇屏门。前后三道门均向西开，正厅向两个次间开有侧门，次间、梢间开窗位置和式样基本相同。

天井地面为青砖席纹式图案，正厅除明间采用青砖铺地

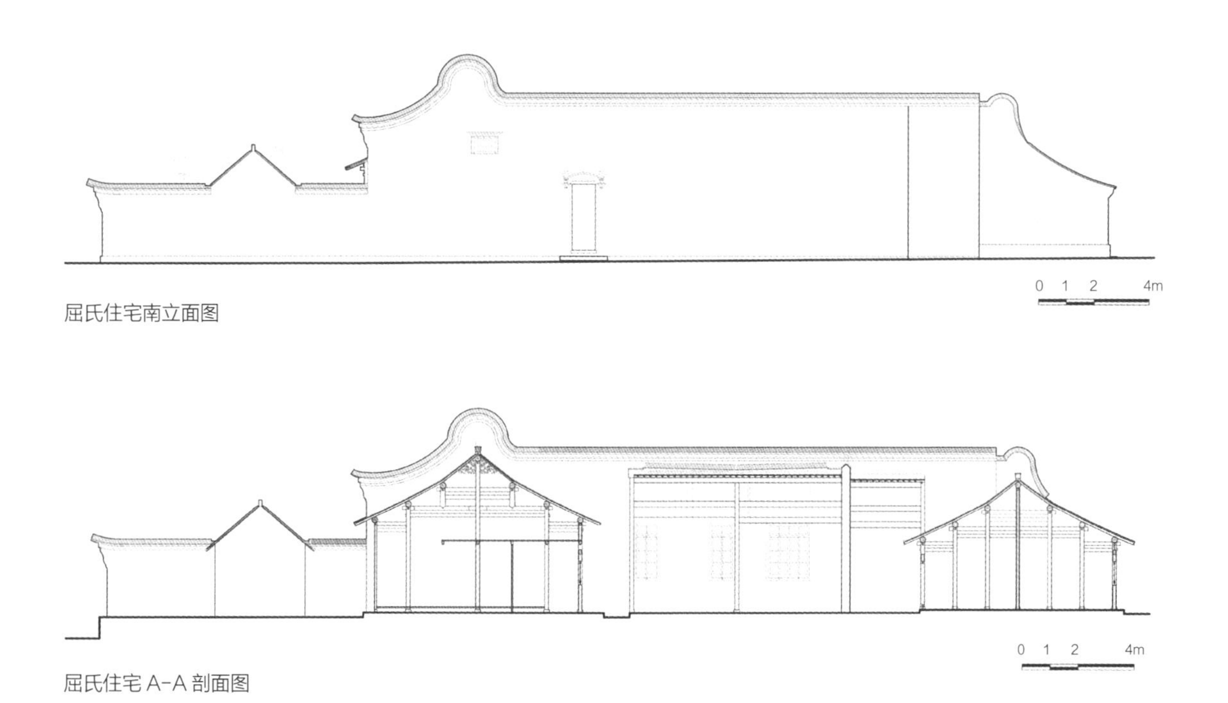

屈氏住宅南立面图

屈氏住宅 A-A 剖面图

外，次间、梢间的铺地均为木地板，故地面较明间高。

细部和装饰

屈氏住宅采用传统装饰手法，正厅明间面向天井一侧看枋内外均有精细雕花，图案为福禄寿三星等传统题材。仪门带有近代西方装饰特征，青砖砌筑壁柱与券洞，表面纸筋灰抹面，并做西式卷草图案灰塑，显得工艺精湛、雕饰精美。

该建筑大部分采用了砖、木材料，部分采用了铁制材料，如位于前廊的换气口，采用铁制网格作为盖子。

保存现状

2010 年 3 月 23 日，屈氏住宅被公布为浦东新区登记不可移动文物。2017 年 1 月 25 日，被公布为浦东新区文物保护点。

屈氏住宅整体保存状态较好，残损较轻。

屈氏住宅最初作为正门的石库门

屈氏住宅山墙观音兜

郑氏新宅

地　　址：新场镇新场大街 190 号

建造年代：1912 年

占地面积：617m^2

建筑面积：750m^2

保护级别：文物保护点

郑氏新宅建筑形式及山墙观音兜

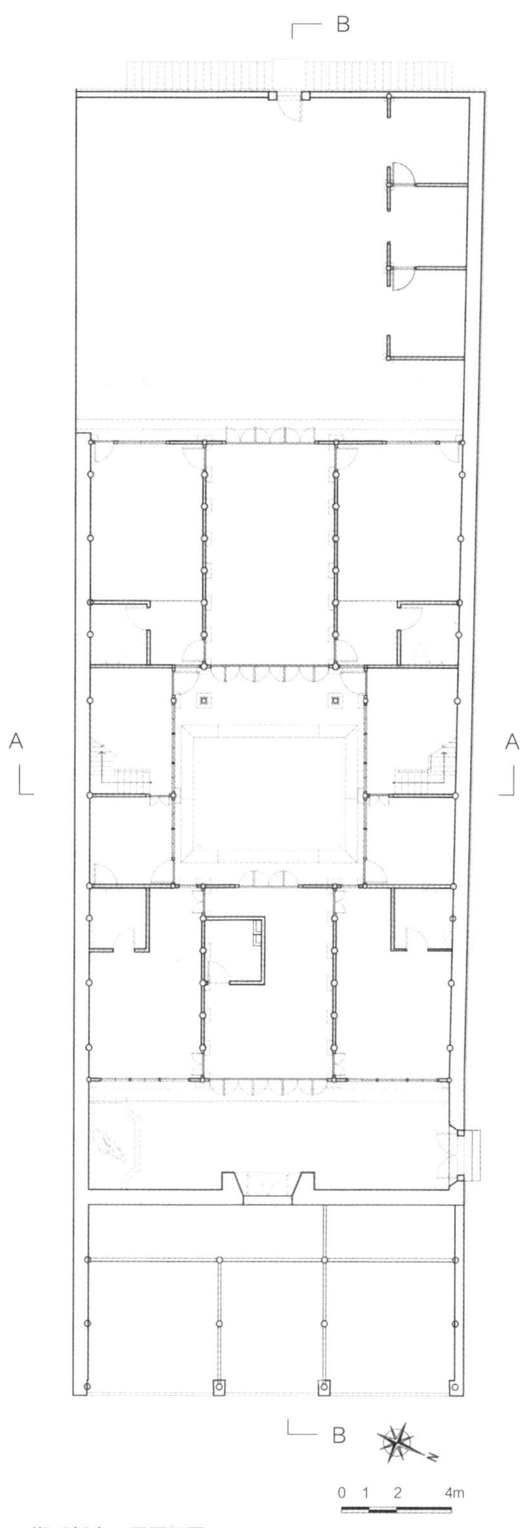

郑氏新宅一层平面图

历史沿革

郑氏新宅宅主为郑生官，该宅由其祖上所建，当时新场造三层楼四合院宅院的大户人家就数他们一家。郑生官荫承祖上家业后，觉得房屋空闲不少，就动了出租赚钱的心思。他让人在楼里开办达明小学，办学时间持续了近20年。课堂在河东，操场在河西，于是河上架起桥梁，方便通行。

抗战爆发后，学校停办。新中国成立前夕，郑生官本人离开新场。新中国成立后，该宅一直由部队使用和管理，后被用作职工宿舍等，现仍存有“团结紧张、严肃活泼”的部队标语。

建筑特征

平面和院落空间布局

郑氏新宅面临新场大街，背靠小河浜，建筑坐西朝东，三开间三进三庭心，第一进为沿街的两层楼门面房，经仪门进入前院，前后两进正房与两侧厢房均为三层楼房，正房与厢房围合形成天井。主楼后为后院，出后门为河道，有马鞍水桥一座。

建筑整体空间都具有当地典型的民居特色，加之主体建筑均为三层楼房，体量巨大，使之成为当时当地出名的建筑。应该承认的是，民居中做三层木结构，上海不是很多见，应是主人的大胆尝试。

构造和外形

郑氏新宅为穿斗式传统木立贴结构梁架，外墙为纸筋灰浑水墙，围墙高度接近8m，体量巨大。仪门处在中轴线上，靠墙单面布置，高6.15m，雕花精美，上采用哺鱼脊。主体建筑屋脊为哺鸡脊，山墙出观音兜。

由于建筑高度较大，其山墙厚度达550mm，建筑屋顶皆

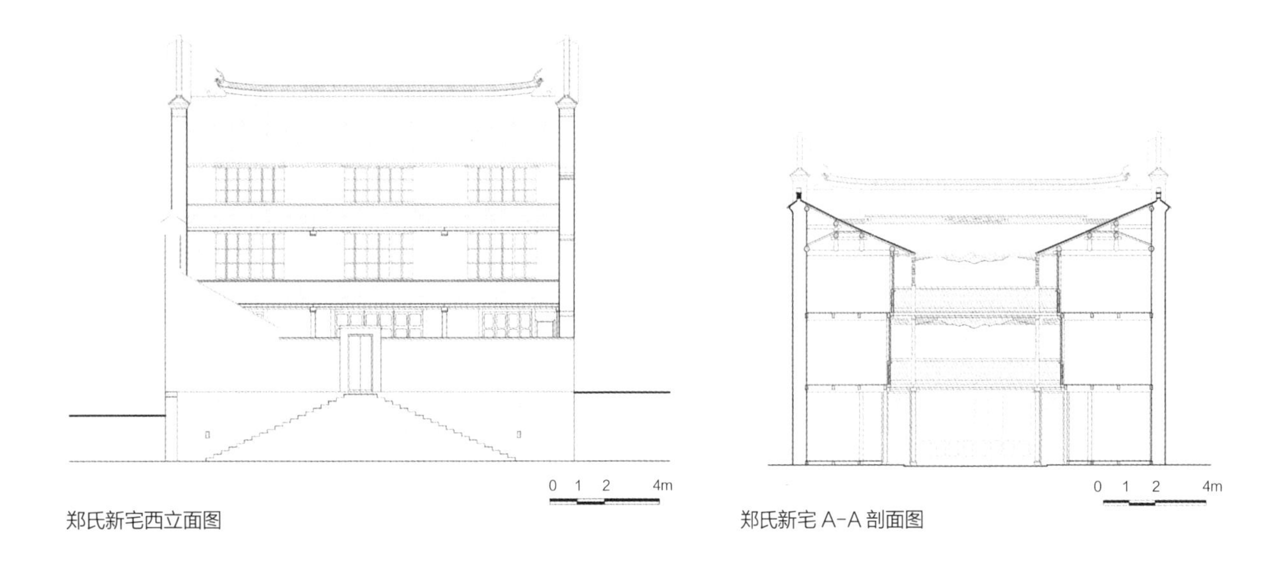

郑氏新宅西立面图　　郑氏新宅 A-A 剖面图

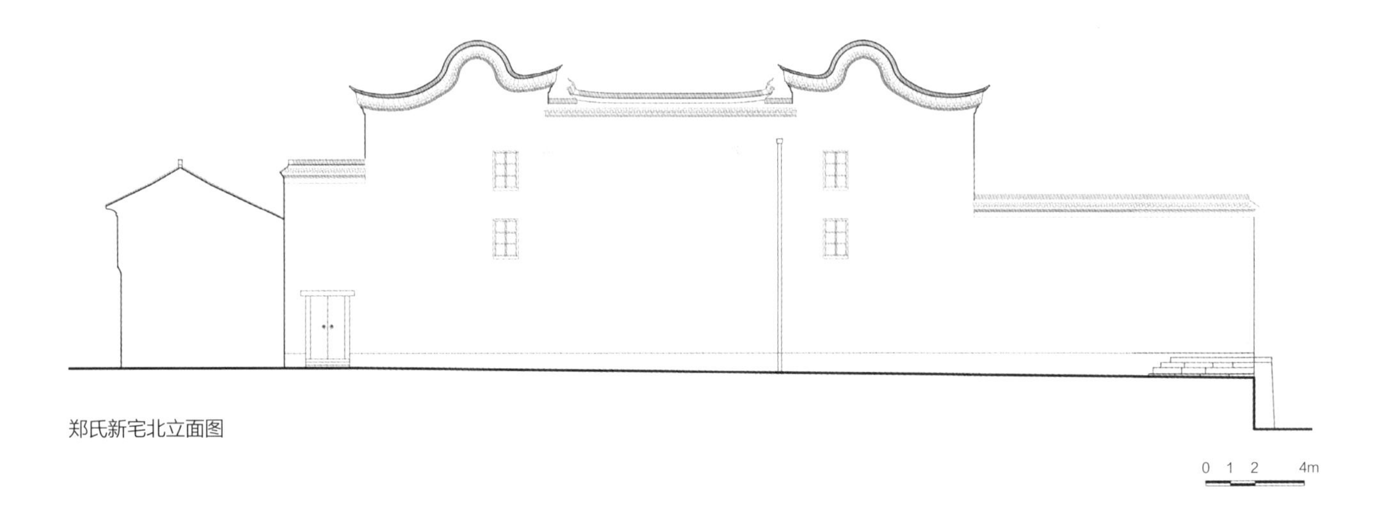

郑氏新宅北立面图

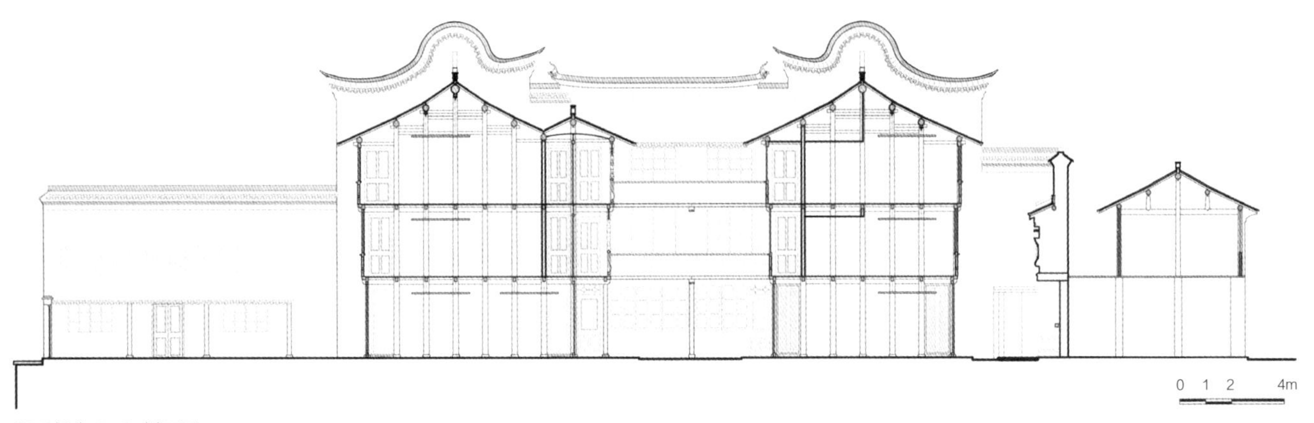

郑氏新宅 B-B 剖面图

为硬山顶，青瓦，瓦下铺望砖。主楼的东一进为6架，双坡屋面，南北厢房为单坡屋面，坡向内院；西一进为8架，前2架和后6架各自出中脊，为勾连搭做法，两屋面相交处采用水平天沟排水，其余各面采用自然排水。

建筑正厅采用方砖铺地，次间及厢房采用架空的木地板铺地，前院及天井采用水泥丁字轧花地面，有着平整的金山石阶沿，后院则是小青砖席纹铺地。门窗更换颇多，原状较难详细考证。

细部和装饰

郑氏新宅布局规整，建筑单体体量较大。整个建筑粉墙黛瓦，檐廊下有雕花挂落及铁花栏杆，具有民国时期建筑特色。

该建筑虽然采用了传统的砖、木材料，但是整组建筑有部分出现了水泥和铁艺等新型材料，如采用水泥轧花铺地、使用铁栏杆等，体现出民国时期新材料、新工艺较为成熟的运用。

保存现状

2010年3月23日，郑氏新宅被公布为浦东新区登记不可移动文物。2017年1月25日，被公布为浦东新区文物保护点。

在长期的使用中，郑氏新宅出现了搭建改建、风化破损等诸多问题。2009年对其实施了保护修缮，现保存状况良好。

郑氏新宅主楼三层结构形式

郑氏新宅入口仪门

新场
新和酱园店

地　　址：新场镇新场大街 349~359 号

建造年代：清代

占地面积：475m²

建筑面积：344m²

保护级别：文物保护点

新和酱园店建筑外观

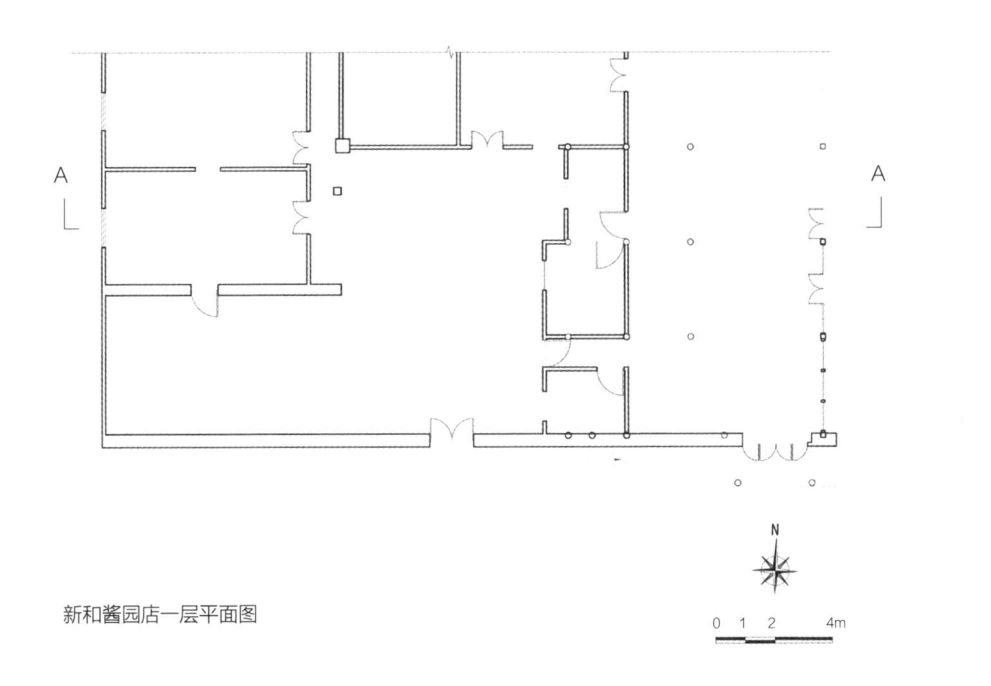

新和酱园店一层平面图

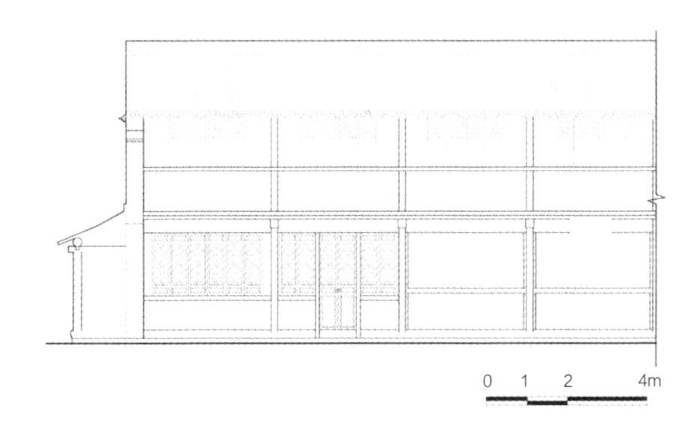

新和酱园店东立面图

历史沿革

新和酱园店原由叶氏于清康熙年间建造，系叶氏大来堂旧址。道光年间，浙江人钱鑫道为创建酱园而购此房并改建。

该建筑位于新场大街西侧中段，北临新场景观河道，南临朝阳路，地理位置优越，交通便利，商业价值高，这也造成了原建筑空间改动较大、加建严重的状况。

建筑特征

平面和院落空间布局

新和酱园店原为前店后作坊形式，共四进，有房60间。现仅存两进，六上六下门面房十二间，面阔六间，每间七梁架，后院为新建建筑，是新场地区保存下来的少数传统店铺作坊式建筑之一。

构造和外形

新和酱园店坐西朝东，木立贴结构，沿街外立面保存较为完整，正房和厢房屋面为硬山小青瓦顶。正房为两层建筑，二层为木楼板。外墙青砖砌筑，纸筋灰抹面。

临街楼房一层南侧两开间为木质花格槅扇门窗，北侧两开间为传统店铺活动门板。二层为木质障水板外墙结合木槅扇窗的形式。

细部和装饰

因建筑后期经过较多的改造，其原始的装饰已几乎无存，但整体风貌依旧保存了新场地区传统临街商铺的建筑特征。

保存现状

2010年3月23日，新和酱园店被公布为浦东新区登记不可移动文物。2017年1月25日，被公布为浦东新区文物保护点。

新和酱园店历经百年沧桑，房屋损坏严重，建筑构件老

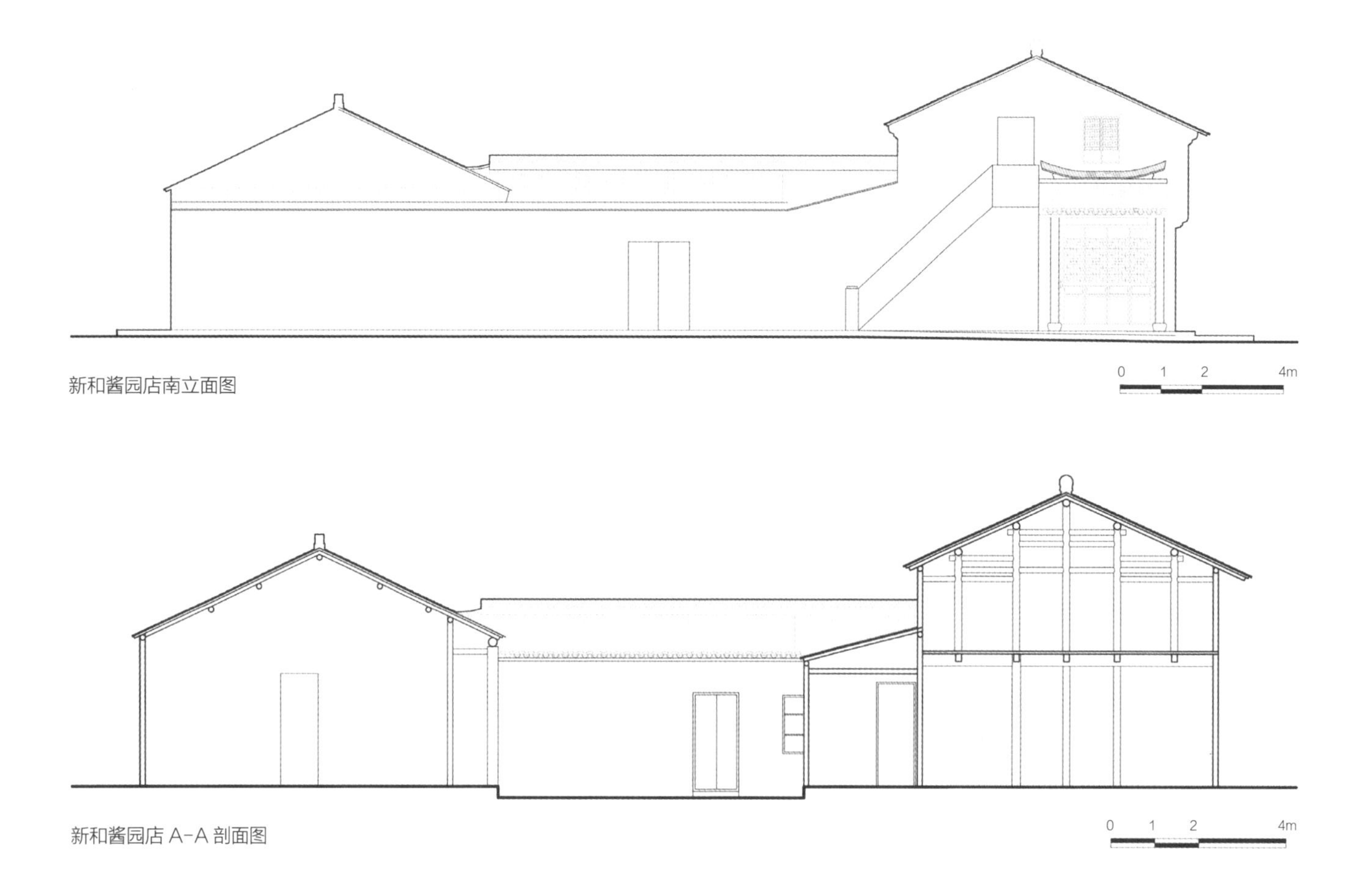

新和酱园店南立面图

新和酱园店 A-A 剖面图

化，居民增建、改建现象严重，大大影响了建筑的艺术价值和历史价值。为了更好地再现历史建筑的固有价值，并做到合理利用，2013 年，对其进行了保护修缮设计。该建筑现仍作为商铺使用，保存状况良好。

新和酱园店沿街外观

新场
陆氏住宅

地　　址：新场镇洪东街 80 弄

建造年代：清末

占地面积：450m^2

建筑面积：417m^2

保护级别：文物保护点

陆氏住宅院落内景

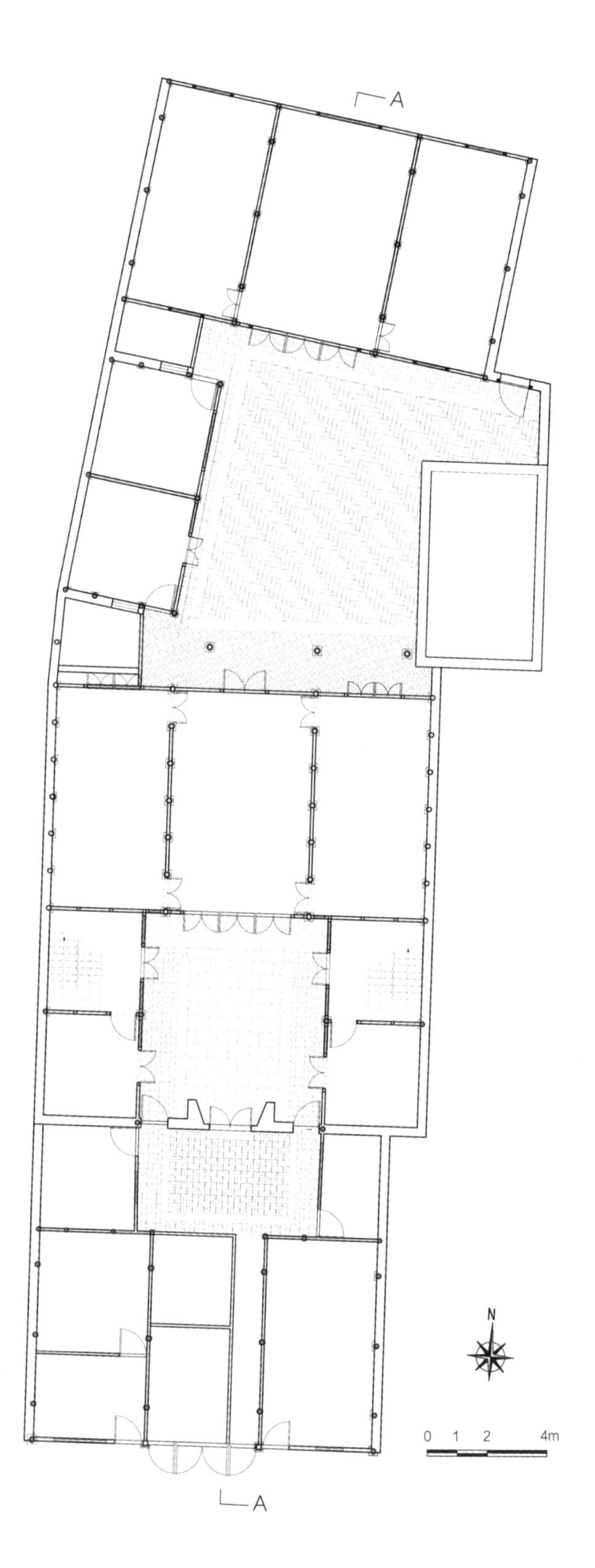

陆氏住宅一层平面图

历史沿革

陆氏住宅始建于清末，原主人为陆勤、陆静，具体情况不详。

这里位于新场古镇新场大街东侧，新场古建筑“奚家厅”以东，洪福桥和青龙桥所在河道洪桥港的北岸，从优越的地理位置和建筑的考究精良来看，原主人经济实力应比较雄厚。

建筑特征

平面和院落空间布局

陆氏住宅为院落式布局，共两进。前面为临洪东街的门面房，中间为门厅，两侧为店铺。临街房屋边上有一人宽的小弄，通往后进院落。穿过小弄可见中门墙，整个墙面呈“凸”字形，中间有歇山式砖雕仪门一座。仪门左右两边各设一角门。内院为一正两厢式三合院布局，正房与两侧厢房均为二层楼房。内院正屋东侧有通道通往后院，后院另有平房六间。

构造和外形

陆氏住宅建筑坐北朝南，为木立贴结构。房屋构架形式灵活，不拘于一种，立柱都为圆柱，柱础有鼓磴和四边形两种形式。建筑均为小青瓦硬山屋面。

外侧为墙门，内侧为歇山顶的砖雕门楼，门楼檐口下为砖雕斗栱，斗栱间雕刻有蝙蝠、万年青等图案，上枋和兜肚面上砖雕多已损毁或缺失，但可推测原貌工艺精湛，雕饰精美。

内宅正房为穿斗式，房屋结构基本对称布置，二楼窗户下建有围栏，围栏内有木板遮挡，木槅扇门窗。屋内都是木地板铺地，院落中用金山石板铺地，室内外高差约 10cm，在东北和西北两角有两个地漏。

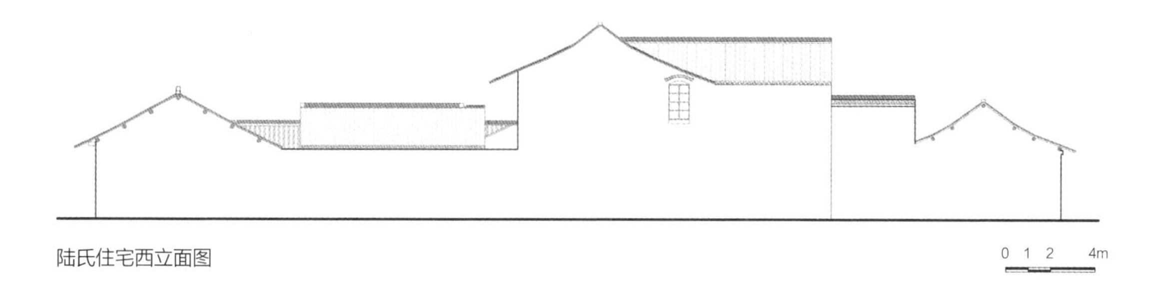

陆氏住宅西立面图

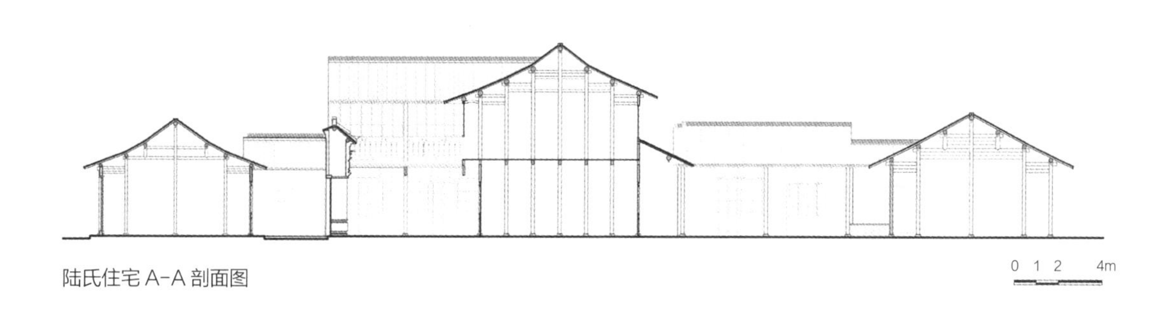

陆氏住宅 A-A 剖面图

陆氏住宅砖雕门楼与房屋建筑形式

细部和装饰

陆氏住宅的砖雕和木雕，具有很高的装饰性和观赏价值。其仪门的砖雕装饰，雕刻精美。内院正房二楼围栏底部的垂花柱，之间有横枋相连，垂花柱与横枋上都刻满细密的花草图案，为整个内院建筑增添了富丽堂皇的感觉。建筑二层现存木槅扇门，窗棂与夹堂板上木雕精美，应为清代遗存。

建筑较注重细节的打造，无论是木雕还是门窗上的五金件，如铺首、门环等形式多样，做工精美，体现出新场建筑的装饰特色。

保存现状

2010 年 3 月 23 日，陆氏住宅被公布为浦东新区登记不可移动文物。2017 年 1 月 25 日，被公布为浦东新区文物保护点。

从总体来看，陆氏住宅虽有部分人为搭建及破坏情况，但整体保存尚好，目前仍有人居住。

新场
奚家厅

地　　址：新场镇洪东街 122 号

建造年代：清代

占地面积：1352m²

建筑面积：940m²

保护级别：文物保护点

新场奚家厅建筑形式

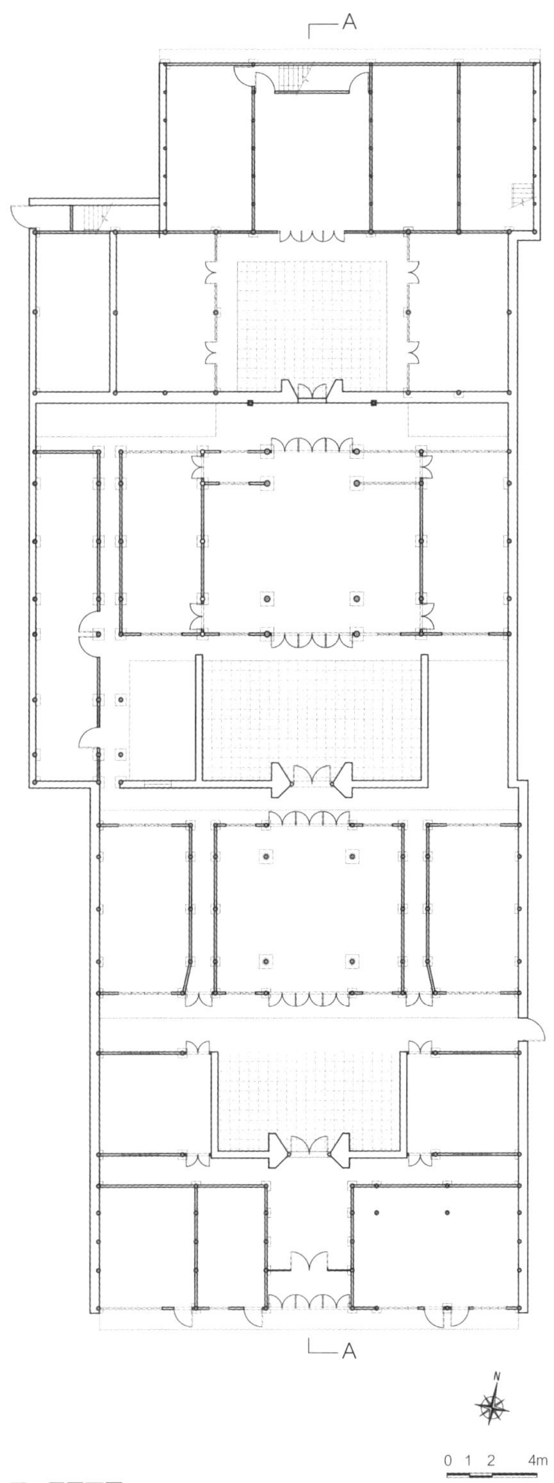

新场奚家厅一层平面图

历史沿革

奚家厅由新场奚氏于清代所建。明万历三年（1575年）由奚懋儒于川沙始创“奚长生药店”，以秘制中成药“紫金锭”起家，奚氏于明末迁至新场。奚长生老店就设在奚家厅。

建筑特征

平面和院落空间布局

奚家厅为院落式布局，三进院落，坐北朝南。宅院最前面为临街的二层楼门厅，面阔五间，二层房屋为住房，一层中间为穿堂大门。

穿过门厅，为第一道仪门，过第一道仪门是天井及茶房。经茶房入内是第二道仪门。整个院内以仪门为中轴，分为东西两边，各建有独立的一层建筑，并以围墙相对，中间为小天井，过小天井即为面阔三开间的正厅。再进去为内宅，四开间二层楼，两侧有厢房。

建筑内部的门廊和弄堂，可从一进直通三进，与外部街道弄堂相接，从布局上体现了良好的防火疏散意识。

构造和外形

奚家厅具有江南传统民居风格，为木立贴结构，临街二层楼街面房为穿斗结构，简单实用，屋顶是带飞椽的硬山小青瓦顶。最具特色的是街面门楣精雕细刻，上下共有四层，顶上一层是斗栱和镂花，第二层是双狮子舞绣球的浮雕，第三层雕的是凤凰、寿星和花卉图案，第四层是人物故事浮雕，均雕刻得线条流畅、栩栩如生。

两道仪门均为歇山小青瓦顶。大厅为九架梁，前出廊，弯椽，大梁均为圆作，带精美的月梁雕花，大厅门额也有精致雕刻。后门内侧有船篷轩，前门内侧为鹤颈轩，明间有一斗六升的斗栱，额枋板、梁架上有植物木雕。檐柱均为圆形

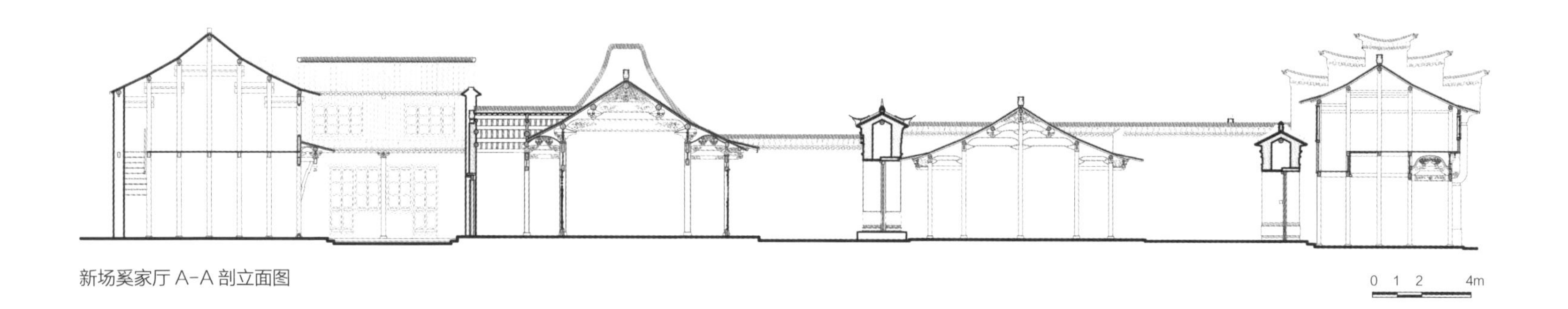

新场奚家厅 A-A 剖立面图

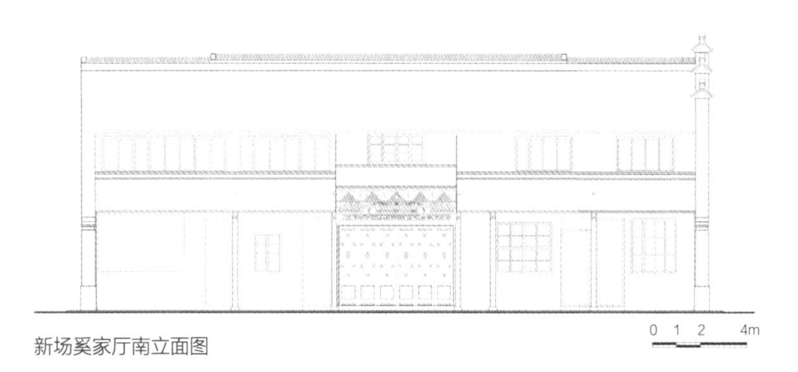

新场奚家厅南立面图

新场奚家厅大门门楣的木雕

木，金山石鼓磴为圆形。东西山墙为观音兜形式，且东面较高。大厅前为一级花岗石阶沿。

内宅为一横二厢的二层楼内眷住宅，屋架基本完好，穿斗式次间，梁架均为圆作，檐柱均为方形木，金山石鼓磴为圆形。东西两厢为浑水墙，硬山灰瓦顶。

细部和装饰

奚家厅使用了砖、木、石等传统材料，其砖雕和木雕工艺精湛，如大门门楣上极具艺术性的木雕装饰。在新场古镇，像奚家厅这样在临街门厅装饰上大做文章的宅院是较为少见的。大厅门额与月梁、仪门等处也都有精致雕刻，令人能够窥见当年的奢华与雍容。

保存现状

历经时代变迁，奚家厅院内房屋有部分已经翻新，茶房明间已被拆除，里面正厅被用作当地老年活动室。

2010 年 3 月 23 日，奚家厅被公布为浦东新区登记不可移动文物。2017 年 1 月 25 日，被公布为浦东新区文物保护点。

新场 叶氏花行

地　　址：新场镇洪西街 120 号

建造年代：清光绪年间

占地面积：685m²

建筑面积：544m²

保护级别：文物保护点

叶氏花行观音兜

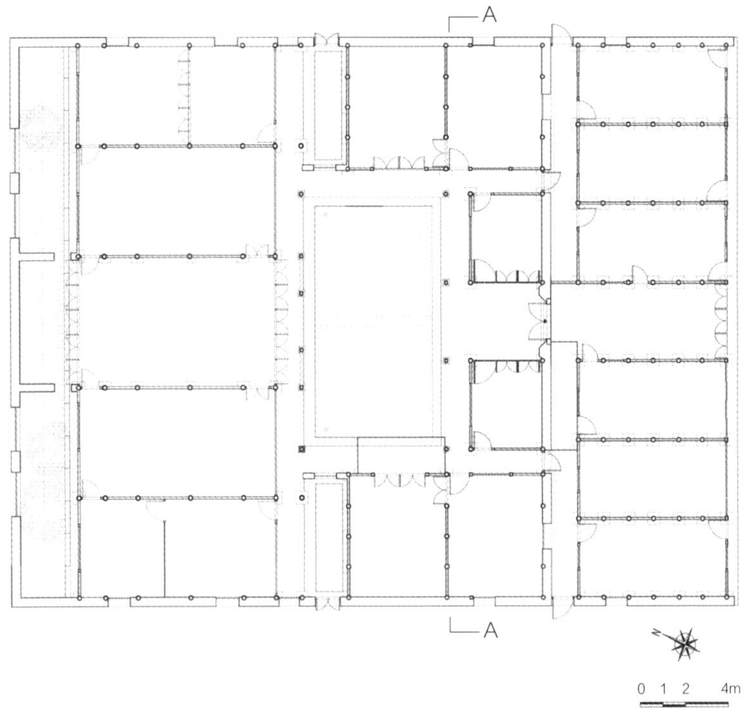

叶氏花行一层平面图

历史沿革

叶氏花行由叶氏祖先建造于清光绪年间，因其曾开设过花行（棉花），因此被称为“叶氏花行”。

叶氏在新场古镇属名门望族，曾有“南沙石笋古滩头，千家万户人烟稠，从来望族，张叶朱闵周”一说。明清时期，叶氏和张氏名望最大，两家在洪西街上有多处房屋。此宅即为叶氏宅第的重要建筑。

建筑特征

平面和院落空间布局

叶氏花行为四合院式布局，坐北朝南，共18间。前面是临街门厅，为古镇民居常见的墙门间建筑，面阔七间，进深8m，临街一面不设大门。穿过墙门间，为石库门式中门墙，跨过中门墙，便是次门厅和天井内院。次门间东西两侧各有房屋，屋面向院内延伸，形成一排檐廊，檐廊与庭院内正屋和两侧厢房檐廊相通，晴雨天在院内行走，可不受日晒雨淋。正屋面阔五间，两侧厢房四间。

由于叶氏花行主入口采用墙门间的形式，有效地隔绝了临街的杂音，整个内院显得尤为安静、舒适，体现了布局的合理性。

构造和外形

叶氏花行具有江南民居风格的典型特征，皆为木立贴结构，一层建筑。建筑单体均为传统木构架，整体上结构比较简洁，除正屋次间局部为抬梁结构外，其他为穿斗做法。

屋顶皆为硬山顶加西式观音兜，青瓦，瓦下铺望砖。屋面采用自然排水和水泥排水天沟两种排水方式。槅扇门窗，门楣有精细雕刻，花边滴水瓦，沿口挂落，东西围墙建有屏风式的马头墙。

正屋明间为金山石铺地，次间、梢间为木板铺地，东西厢房原为木板铺地，现为金山石铺地。

细部和装饰

叶氏花行使用了砖、木、石等传统材料，雕刻工艺精湛，装饰精美。次门间檐下看枋上有雕工精美的人物和山水图案，看枋上部五个斗眼间有镂空雕饰的骏马图案，各个造型都不同。次门间两侧房屋用六扇落地木格门隔开，木格门上部格窗上嵌有寿桃和蝙蝠的木雕装饰，寓意多福多寿。正屋房檐下的木雕挂落装饰，精致美观，东侧厢房墙壁上开有漏花窗。山墙观音兜很是精致，优美的曲线和凹凸的线脚体

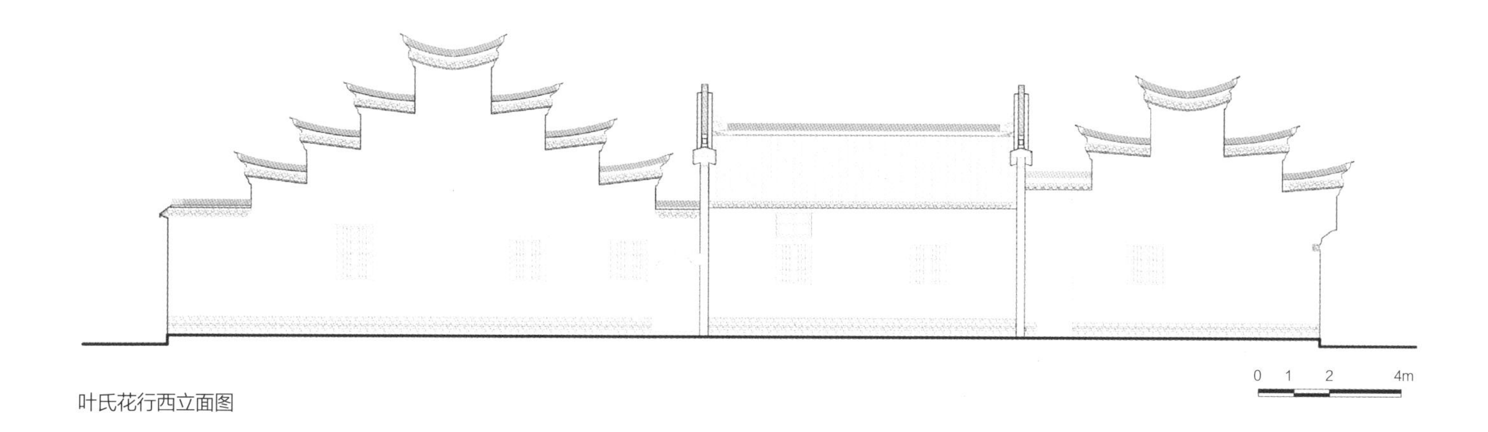

叶氏花行西立面图

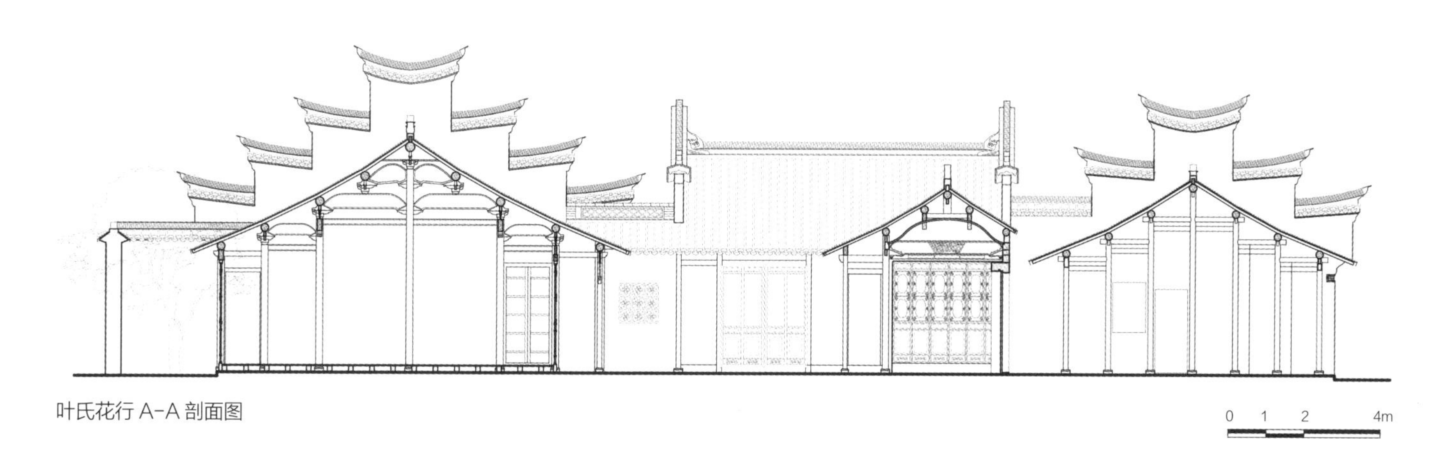

叶氏花行 A-A 剖面图

现了当时工匠们的高超技艺。

保存现状

叶氏花行基本保持了建筑的本来面貌，布局没有很大改变，结构也较为完整，仅局部有损毁和拆除。

2010 年 3 月 23 日，叶氏花行被公布为浦东新区登记不可移动文物。2017 年 1 月 25 日，被公布为浦东新区文物保护点。

叶氏花行马头墙

新场崇修堂

地　　址：新场镇新场大街 350 号

建造年代：民国时期

占地面积：752m²

建筑面积：864m²

保护级别：无

新场崇修堂入口仪门

历史沿革

崇修堂最早为康碧梅所建，后来的主人是郑绍康。1947 年，郑绍康任新场镇镇长，其住宅是新场地区民国时期历史发展的重要见证之一，建筑规模较大，为当时当地较为考究的民宅。

根据该宅墙壁遗留的“病房”等字样，推测此宅曾被作为战时医院、宿舍等使用。后因破损严重，建筑构件大量丢失、糟朽，致使该宅闲置了一段时期。

建筑特征

平面和院落空间布局

崇修堂现存建筑为五进二层楼的中式格局围合庭院。坐西朝东，第一进为沿街的一层楼轿厅，第二进为前厅，第三进为正厅，第四进为后厅，第五进为附属用房，主体建筑部分规则有序，为纵向发展的传统院落式格局。第二进院落左右布置南北厢房，南侧为一备弄通全宅。第二进与第三进院落以连廊与前厅、正厅相连接，进深为二柱，两侧形成回廊。第二、三进院落以仪门分割，庭院里还设有天井、散水，其各自构成幽静的庭院，各自成组而又宛然相通。

构造和外形

崇修堂为木立贴结构，建筑高度较大，其山墙厚度达 400mm，建筑主体为穿斗式构架体系，梁架体系基本完整，除后厅部分外廊柱为方柱外，其余均为圆柱。

外立面采用纸筋灰浑水墙，建筑屋顶皆为硬山顶，青瓦，瓦下铺望砖。屋面为哺鸡脊，山墙出观音兜，屋脊较平缓，仅哺鸡处略微起翘。

第一进及第二进天井采用金山石铺地，第三进及第四进院落采用水泥轧花铺地，最后一进院落采用小青砖墁地。建筑正厅及次间采用方砖铺地，厢房采用架空的木地板铺地。

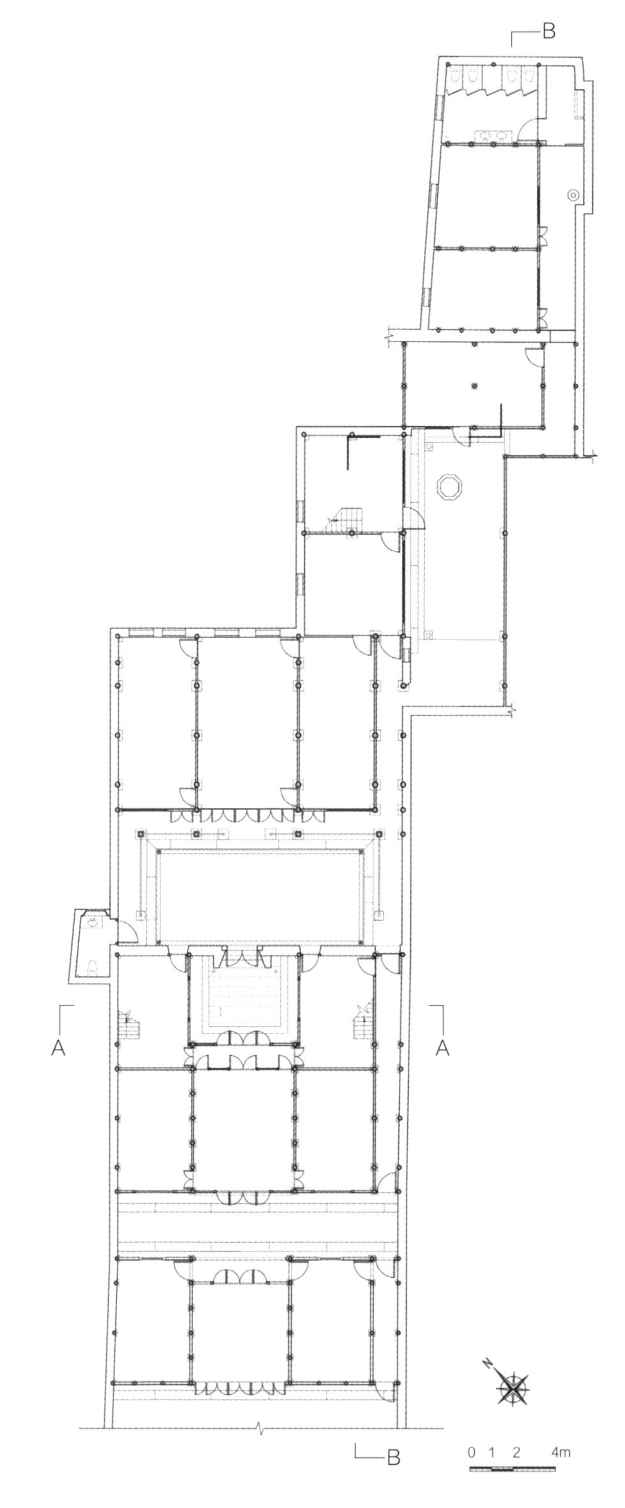

新场崇修堂一层平面图

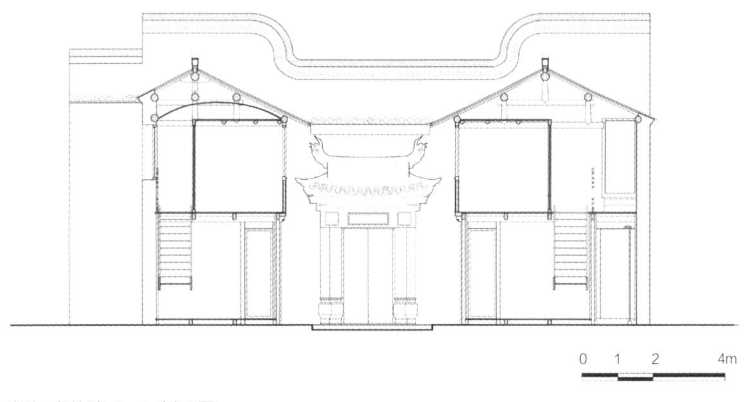

新场崇修堂 A-A 剖面图

新场崇修堂建筑形式

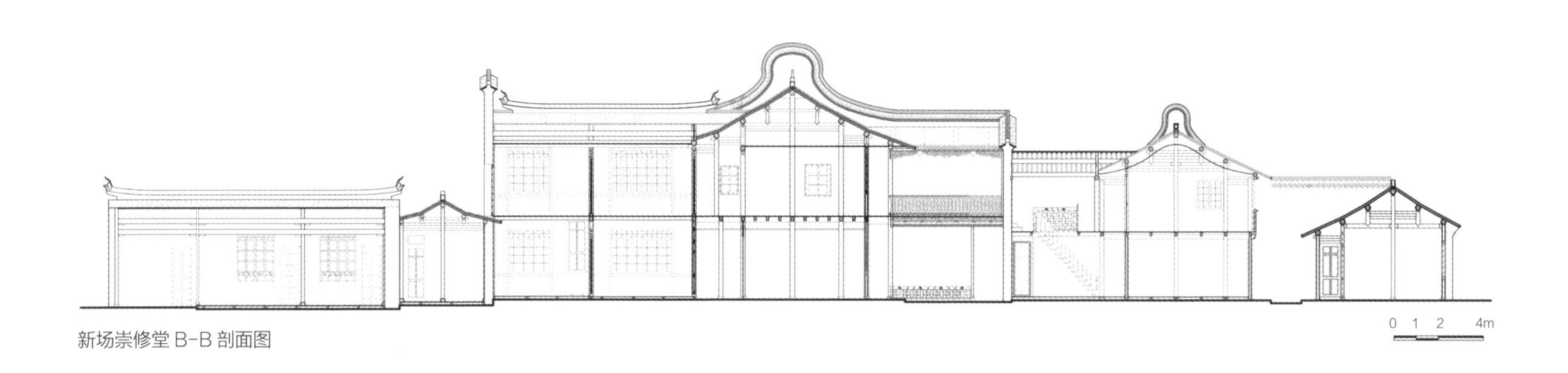

新场崇修堂 B-B 剖面图

细部和装饰

崇修堂具有民国时期的建筑特色，在细节装饰上引入了西方文化元素。整个建筑粉墙黛瓦，采用铸铁雕花栏杆，部分栏杆扶手为西式风格，正厅的小木作细部图案雕刻精美，刻有“喜”字、“花瓶”、斜“卐”字等有吉祥寓意的图案，最特别的是在雕刻图案上还引入了英文字母，如“A”等西方文化元素。建造中对部分细部节点的五金构造材料及形式进行了改变及优化，如槅扇门的插关由笨重的木插关转变为铁艺插销，使用了白色压花玻璃等。

该宅建筑材料除使用了砖、木、石等传统材料外，还逐渐向新型的水泥等材料过渡，铸铁栏杆的出现体现了民国时期手工工艺向机器生产工艺的过渡，对于研究当时当地的设计建造工艺具有重要意义。

保存现状

崇修堂由于历史变迁，受到一定程度的损坏，现有的平面布局改动较大，构件大量遗失。为使其历史信息更加完善，再现原有风貌，2008 年对其进行了保护修缮，目前作为新场生活展示馆使用。

新场叶氏宅

地　　址：新场镇洪西街 10 弄

建造年代：清光绪年间

占地面积：980m²

建筑面积：367m²

保护级别：文物保护点

新场叶氏宅仪门

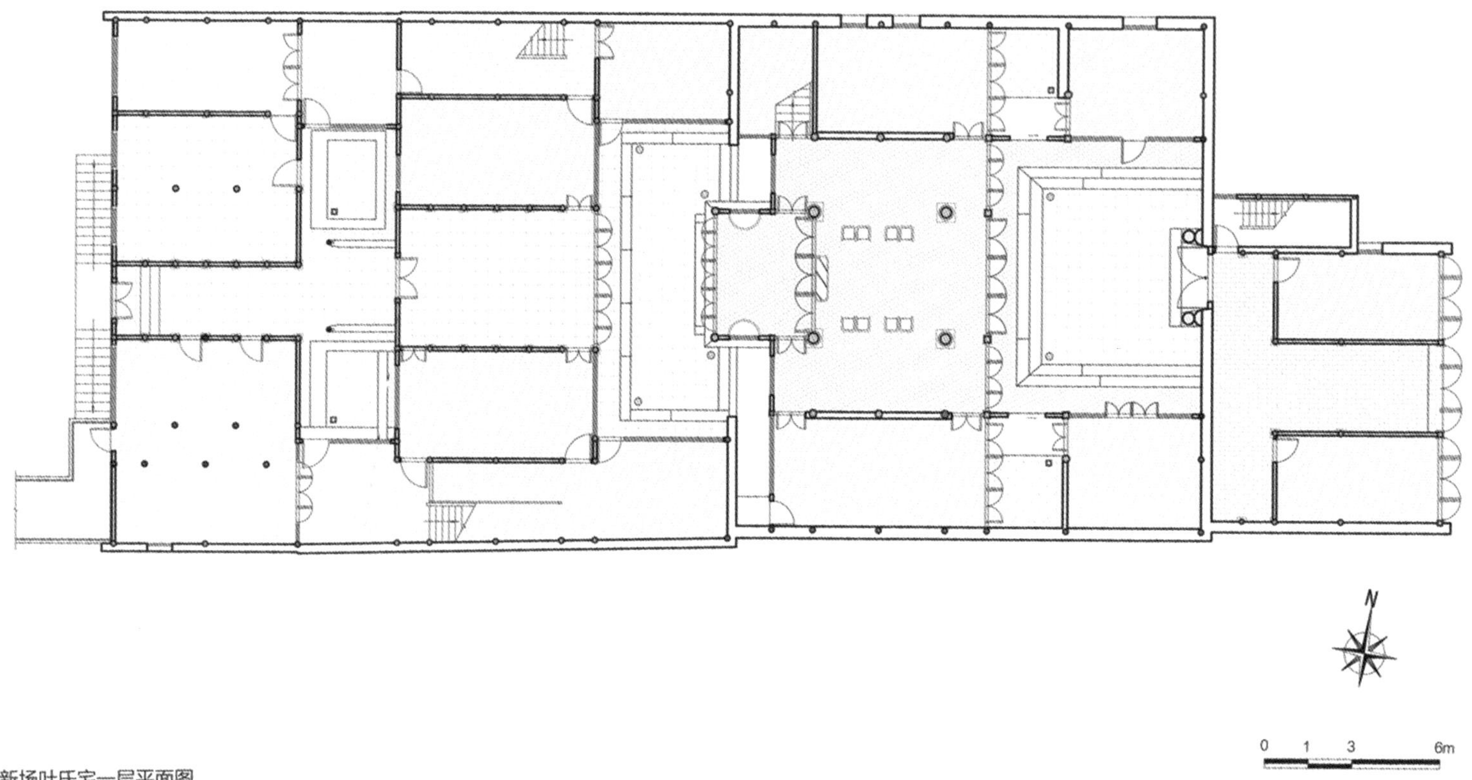

新场叶氏宅一层平面图

历史沿革

新场叶氏宅是新场的旺族大姓叶家的祖先于清光绪年间所建的宅第，原由我国药学界的老前辈叶汉丞管业。

叶汉丞（1882-1961）是浦东地区的最后一位举人。叶汉丞与黄炎培交往甚深，1903 年新场“党狱事件”中，即是由他请人出面交涉，才使黄炎培等四人被及时释放。1907 年，叶汉丞东渡日本留学期间，加入了孙中山先生领导的中国同盟会。1922 年，孙中山先生对叶汉丞发布“大本营技士”的大总统令。

叶汉丞对国家最大的贡献是开创了中国的药学教育，1913 年在他的多方奔走下浙江省立医药专科学校设立了药科，1921 年在北大化学系任教时设立了药学专业课程，编写了《制药化学》等讲义。中华人民共和国成立后，叶汉丞参与了我国第一部药学著作《中国药典》的编写工作。

1963 年，此宅被私房改造公管，除部分由叶姓后代居住外，其余被用作公房出租。

建筑特征

平面和院落空间布局

新场叶氏宅为院落式布局，坐北朝南，由两进院落组成，两进之间用避弄连接，正前方临洪西街处为一排三开间大小、

新场叶氏宅仪门立面图

6m 进深的门面房。入口处有石库门中式门墙，石库门北侧一进房屋为一层四开间建筑。一进房屋西侧有一通向二进房屋的避弄，二进房屋为两层建筑，正厅北侧以及院落东南角各有一楼梯可上二层。

构造和外形

新场叶氏宅为木立贴结构，屋面为灰色小青瓦，屋顶檐口为木屋架下加封檐板。全宅房屋梁柱均为木结构，椽檩放于梁上，其上铺望砖。柱础材质为石材。外墙立面原为木槅扇木窗，青砖砌筑后纸筋灰抹面。

大门为双开木门，嵌于围墙上，门楼为仪门形式。立面门均为木门，门上有木花格，部分门上部有亮子。立面窗为木窗，有窗格。建筑周围为金山石铺地，一层地面大部分原为缸砖铺地，现部分人为改用水磨石、红砖以及混凝土砖铺地。二层房间则保持原有的木地板铺装。

细部和装饰

新场叶氏宅使用了砖、木、石等传统材料，形制简洁，雕刻不多，槅扇门上有菱形和花形格纹图案。整个宅邸在艺术构成上规模虽然不大，但建筑细部制作考究，工艺精湛，细部装饰是典型的清朝时期的设计风格。

保存现状

新场叶氏宅历经历史沧桑，格局基本保持完整，但人为加建、改建现象严重，建筑原有的外立面风格和内部空间格局历经数次增改。为了更好地再现历史建筑的固有价值，并做到合理利用，2014 年对其进行了保护修缮设计。

2017 年 1 月 25 日，新场叶氏宅被公布为浦东新区文物保护点。

新场胡氏宅

地　　址：新场镇洪东街 64 号

建造年代：民国初期

占地面积：不详

建筑面积：854m²

保护级别：文物保护点

新场胡氏宅仪门

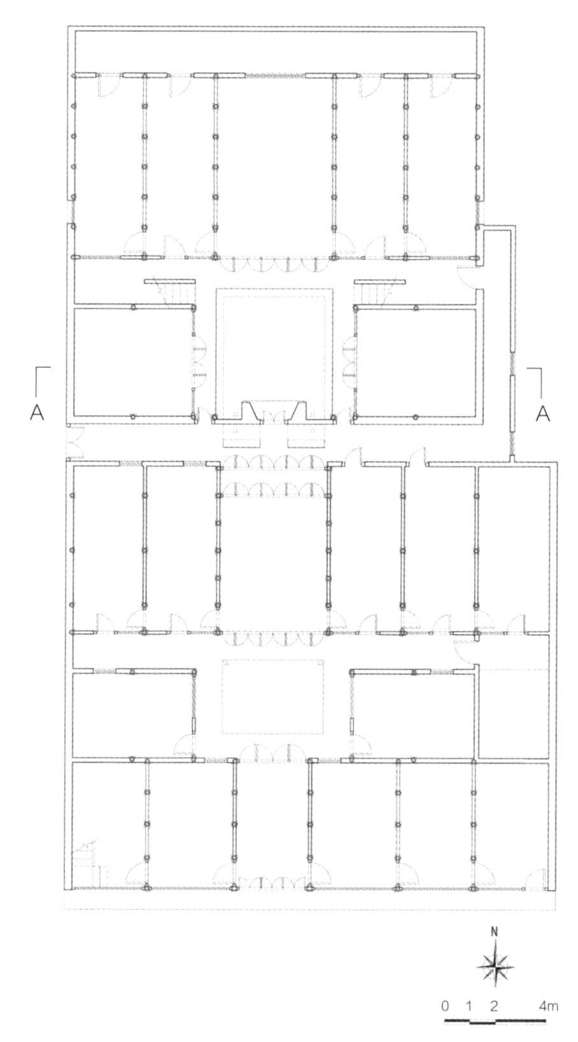

新场胡氏宅一层平面图

历史沿革

新场胡氏宅原为胡氏兄弟的私家住宅。民居第二道正门的仪门立面正中有雕花石匾，上书楷体“兄弟永怡”四个大字，昭示了这幢住宅由兄弟二人共同居住所有。

历经百年变迁，该宅仍然为胡氏子孙所有，由其租给多户人家混合使用。

建筑特征

平面和院落空间布局

新场胡氏宅为传统院落式布局，共三进。中轴线上为厅堂、院落，次间作书房与用膳等用途。除了各进院落外，还在正房与厢房连接处因地制宜地布置小天井，建筑空间紧凑实用、层次丰富。

每一进北侧设廊，其中二进北侧廊与宅外相连。第三进东侧厢房作厨房用，在山墙内侧另有一通道连接天井与东出口，体现了良好的防火疏散意识和卫生意识。

构造和外形

新场胡氏宅采用木立贴结构，主要为穿斗式构架，山墙部分结合抬梁式构架。梁架皆为圆作，房屋大梁为直径20cm的圆木。立柱除少数外，大多是直径16cm的圆木柱。所有木柱皆立于柱墩之上，房屋阶沿为花岗岩石板。各进建筑均为双坡硬山顶。

一进建筑单体为六开间，临街面二层，厢房为平房。明间为小青砖铺地，外六扇大门保留完好，仍在使用，朝内四扇已被卸除。

二进单体建筑为六开间平房，是主要的活动和居住空间，在整个建筑中占有重要地位。厅堂内朝向一进开八扇木格门，朝北有两道屏门，门槛及门扇已遗失。北侧与三进之间为东西向通向宅外的廊。

三进大堂为穿斗式结构，用材节省又实用。两侧厢房对称分布，都为双坡屋顶。为扩大二层使用面积及统一立面效果，三进的二层楼板略有挑出，其上立木板墙，墙上开窗，同时形成了楼板下的回廊。

住宅内各进天井为水泥仿小方砖式样，二进次间与梢间为木地板铺地，三进大堂明间部分为砖石铺地，次间、梢间及厢房都为木地板铺地。

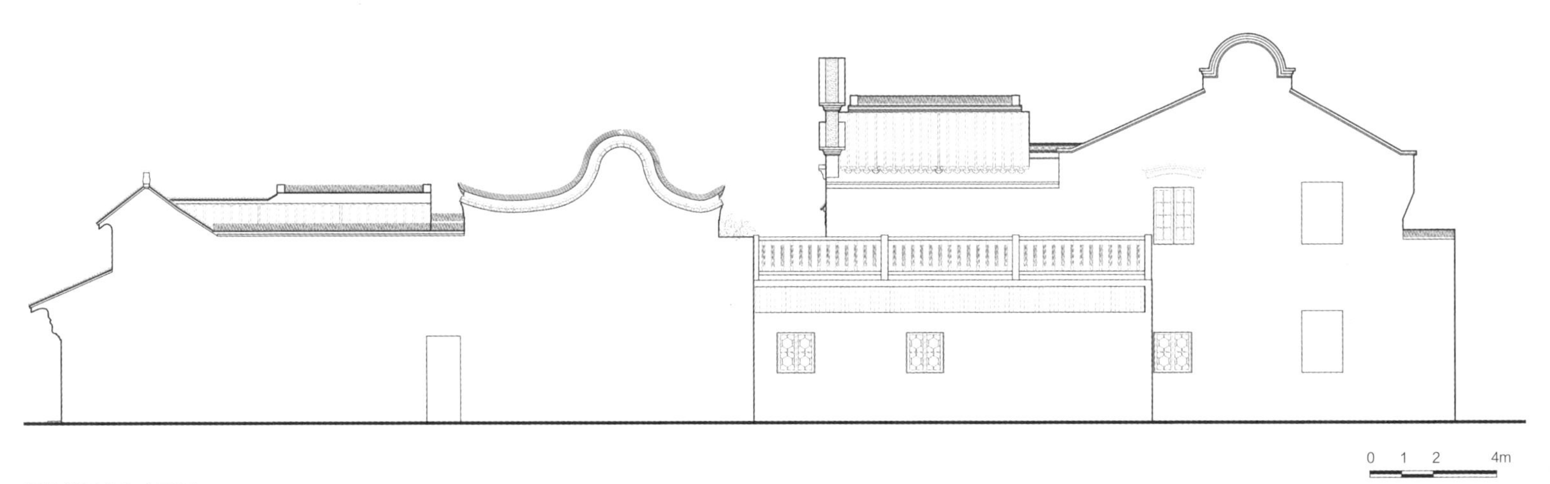

新场胡氏宅东立面图

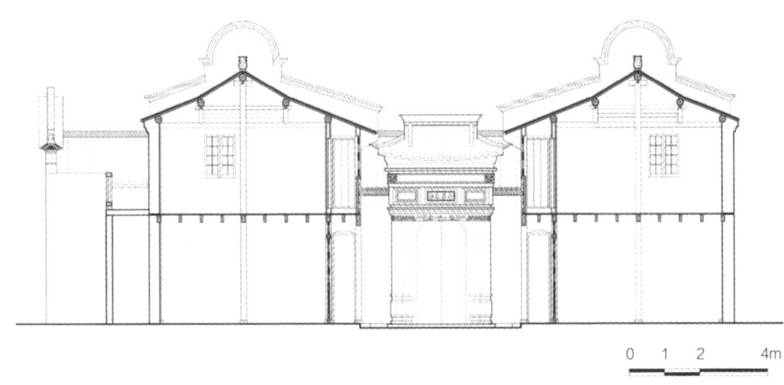

新场胡氏宅 A-A 剖面图

新场胡氏宅二层外廊

细部和装饰

新场胡氏宅主要使用了砖、木、石等传统材料，局部使用了水泥材料。屋内装饰较少，但做工精良，三进内“兄弟永怡”仪门是宅内最为出色的小品。正面石匾两侧是雕花匾，由于“文革”时期的破坏，现已模糊、不可识别。仪门上还雕刻了长幅如意牡丹图，精美细致，大多保存完好。仪门正面还有数道叠涩线，但底部雕花已毁坏，难以辨别。仪门背面刻有数道匾额叠涩线，匾额内图案不可知。

封檐板在“文革”期间因保护需要被纸筋灰填实，经过清理发现雕花保护完好，依旧生动、清晰。

保存现状

新场胡氏宅的建筑布局大体保存良好，但由于后人生活习惯的改变，平面上的隔断等大多发生了变动，很多立面也面目全非。对它的保护能够改善住户生活条件，延续老街文化风貌，对新场历史建筑的保护具有示范作用。

2017 年 1 月 25 日，新场胡氏宅被公布为浦东新区文物保护点。

附录：

浦东新区传统民居信息表

序号	名称	现地址	文物保护级别	建造年代	功能类型	平面格局	建筑风格
1	张闻天故居	祝桥镇闻居路 50 号	全国重点文物保护单位	清光绪年间	名人故、旧居	三合院	江南传统民居
2	内史第	川沙新镇新川路 218 号	上海市文物保护单位	清代	名人故、旧居	三合院	江南传统民居
3	高桥仰贤堂	高桥镇义王路 1 号	上海市文物保护单位	民国 22 年（1933 年）	民居住宅	四合院	中西合璧
4	陈桂春住宅	陆家嘴东路 15 号	上海市文物保护单位	民国 6 年（1917 年）	名人故、旧居	三进合院式民居	中西合璧
5	新场信隆典当	新场大街 367 ~ 371 号	上海市文物保护单位	清代	金融商贸建筑	三进合院式民居	江南传统民居
6	杨斯盛故居、杨斯盛墓及杨斯盛铜像	南码头街道浦三路 648 号浦东中学内	区级文物保护单位	清光绪二十九年（1903 年）	名人故、旧居	三合院	江南传统民居
7	川沙陶长青宅	合庆镇王桥路 999 号	区级文物保护单位	清光绪三十年（1904 年）	民居住宅	二进合院式民居	江南传统民居
8	杨氏民宅	高行镇洲海路、津行路路口	区级文物保护单位	20 世纪 20 年代初	民居住宅	三进合院式民居	中西合璧
9	汤氏民宅	三林镇三林路 550 号	区级文物保护单位	民国初年	民居住宅	二进合院式民居	中西合璧
10	钟氏民宅	高桥镇西街 160 号外高桥轻工技术学校	区级文物保护单位	20 世纪二三十年代	民居住宅	二进合院式民居	中西合璧
11	杜家祠堂	高行镇杨高北路 2856 号	区级文物保护单位	民国 20 年（1931 年）	名人故、旧居	三进合院式民居	中西合璧
12	喻氏民宅	高行镇庭安路、兰谷路公园内	区级文物保护单位	民国 18 年（1929 年）	民居住宅	三合院	中西合璧
13	林钧故居	川沙新镇新川路 171 号观澜小学内	区级文物保护单位	清光绪二十三年（1897 年）	名人故、旧居	一字形平房	江南传统民居
14	高桥黄氏民宅	高桥镇西街 139 号	区级文物保护单位	20 世纪初	民居住宅	三进合院式民居	江南传统民居
15	高桥敬业堂	高桥镇西街 124 弄 2 号	区级文物保护单位	民国 9 年（1920 年）	民居住宅	三合院	江南传统民居
16	陶桂松住宅	川沙新镇操场街 48 号	区级文物保护单位	民国 19 年（1930 年）	名人故、旧居	三合院	中西合璧
17	宋氏家族居住纪念地	川沙新镇新川路 218 号	区级文物保护单位	清咸丰九年（1859 年）	名人故、旧居	三进合院式民居	江南传统民居
18	吴仲超故居	大团镇南大居委永宁东路 18 号	区级文物保护单位	清代	名人故、旧居	二进合院式民居	江南传统民居
19	朱家潭子	航头镇方窖村 5 组	区级文物保护单位	民国 16 年至民国 19 年（1927 年 ~ 1930 年）	民居住宅	二进合院式民居	中西合璧
20	潘氏宅	惠南镇新华路 8 号	区级文物保护单位	民国 4 年（1915 年）	民居住宅	三合院	中西合璧
21	新场张氏宅第	新场镇新场大街 271 号	区级文物保护单位	清宣统年间	民居住宅	四进合院式民居	中西合璧

续表

序号	名称	现地址	文物保护级别	建造年代	功能类型	平面格局	建筑风格
22	傅雷旧居	周浦镇东大街48号	区级文物保护单位	清末	名人故、旧居	三合院	江南传统民居
23	苏家宅	周浦镇牛桥村10组	区级文物保护单位	清代	民居住宅	三进合院式民居	江南传统民居
24	陈氏住宅	陆家嘴街道钱仓路350号	文物保护点	20世纪30年代	民居住宅	三合院	中西合璧
25	其昌栈花园住宅	陆家嘴街道东方路9号	文物保护点	民国24年（1935年）	工业建筑及附属物	自由平面	西式住宅
26	凌氏民宅	高桥西街167号	文物保护点	民国7年（1918年）	民居住宅	三进合院式民居	中西合璧
27	小湾区公所	唐镇小湾村北街11号	文物保护点	民国23年（1934年）	民居住宅	三合院	江南传统民居
28	培德商业学校旧址	唐镇一心村	文物保护点	民国9年（1920年）	民居住宅	三进合院式民居	江南传统民居
29	高东黄氏民宅	高东镇革新二队花园子42号	文物保护点	民国20年（1931年）	民居住宅	四合院	中西合璧
30	蔡氏民宅	高桥镇季景北路714弄11号	文物保护点	清光绪三十四年（1908年）	民居住宅	三进合院式民居	江南传统民居
31	高桥至德堂	高桥镇石家街12号	文物保护点	民国时期	民居住宅	二进合院式民居	江南传统民居
32	王氏民宅	高桥镇界浜路19弄12~22号（王新街25号）	文物保护点	清光绪三十二年（1906年）	民居住宅	三合院	江南传统民居
33	曹氏民宅	川沙新镇牌楼村4队曹家宅51~72号	文物保护点	民国20年至21年（1931年~1932年）	民居住宅	三合院	中西合璧
34	李氏民宅	洋泾街道泾南路34号	文物保护点	20世纪30年代	民居住宅	三合院	中西合璧
35	艾氏民宅	张江镇中心村61号	文物保护点	清道光二十二年（1842年）	民居住宅	四合院	江南传统民居
36	凌桥杨氏民宅	高桥镇龙叶村吴家湾76号	文物保护点	民国18年至20年（1929年~1931年）	民居住宅	四合院	中西合璧
37	由隆花园住宅	陆家嘴街道滨江1号	文物保护点	清光绪二十八年至民国9年（1902年~1920年）	民居住宅	自由平面	西式住宅
38	黄月亭旧居	高东镇航津路（外环绿带内）	文物保护点	民国8年（1919年）	民居住宅	三合院	江南传统民居
39	王剑三故居	高东镇金光村	文物保护点	民国时期	名人故、旧居	三合院	江南传统民居
40	北街店铺	高桥镇北街286~298号	文物保护点	民国时期	店铺作坊	一字形楼房	江南传统民居
41	北街朱氏宅	高桥镇北街291~293号	文物保护点	1949年	民居住宅	三进合院式民居	江南传统民居
42	北街翁氏宅	高桥镇北街295~297号	文物保护点	清末	民居住宅	三进合院式民居	江南传统民居
43	北街钟氏宅	高桥镇北街338、340号	文物保护点	清末	民居住宅	二进合院式民居	江南传统民居
44	北街瞿氏宅	高桥镇北街343、345、347号	文物保护点	20世纪初	民居住宅	三进合院式民居	江南传统民居
45	北街黄氏宅（北街353号）	高桥镇北街353号	文物保护点	清末	民居住宅	二进合院式民居	江南传统民居

续表

序号	名称	现地址	文物保护级别	建造年代	功能类型	平面格局	建筑风格
46	北街孙氏益氏宅	高桥镇北街 354~362 号	文物保护点	待定	民居住宅	三进合院式民居	江南传统民居
47	北街印氏宅	高桥镇北街 357 号	文物保护点	20 世纪 20~30 年代	民居住宅	二进合院式民居	江南传统民居
48	淳裕堂	高桥镇北街 365 号	文物保护点	清末	民居住宅	四进合院式民居	江南传统民居
49	北街黄氏宅（北街 382 ~ 386 号）	高桥镇北街 382、384、386 号	文物保护点	清末	民居住宅	四合院	江南传统民居
50	洽康德米行旧址	高桥镇陈家弄 2 ~ 10 号	文物保护点	民国时期	金融商贸建筑	一字形楼房	江南传统民居
51	高桥成德堂	高桥镇陈家弄 28 弄 1 号	文物保护点	民国 20 年（1931 年）	民居住宅	四合院	中西合璧
52	东街陆氏宅	高桥镇东街 34 号	文物保护点	清末	民居住宅	一字形楼房	江南传统民居
53	东街印氏宅（印长林）	高桥镇东街 48 弄 8~18 号	文物保护点	清嘉庆五年（1800 年）	民居住宅	三合院	江南传统民居
54	奚章清住宅	高东镇高东新村二居委海徐路 649 号	文物保护点	民国初年	民居住宅	二进合院式民居	中西合璧
55	东街印氏宅（印敬铭）	高桥镇东街 56 ~ 58 号	文物保护点	清代太平天国时期	民居住宅	五进合院式民居	江南传统民居
56	张家花园	高桥镇东街 48 弄 9~ 13 号	文物保护点	清代太平天国时期	民居住宅	三合院	江南传统民居
57	东街 60~72 号店铺	高桥镇东街居委东街 60~72 号	文物保护点	1950 年左右	金融商贸建筑	一字形楼房	江南传统民居
58	东义王路金氏宅	高桥镇东义王路 24~30 号	文物保护点	民国时期	民居住宅	三合院	江南传统民居
59	高桥印家花园	高桥镇海高二村	文物保护点	20 世纪 20 年代	民居住宅	三进合院式民居	江南传统民居
60	季景北路黄氏宅（季景北路 772~780 号）	高桥镇季景北路 772~780 号	文物保护点	待定	民居住宅	五进合院式民居	江南传统民居
61	季景北路李氏宅	高桥镇季景北路 796 号	文物保护点	清末	民居住宅	三进合院式民居	江南传统民居
62	季景北路杨氏宅	高桥镇季景北路 808 号	文物保护点	清代	民居住宅	一字形楼房	江南传统民居
63	季景北路黄氏宅（季景北路 782 弄）	高桥镇季景北路 782 弄 1~5 号	文物保护点	清末	民居住宅	三进合院式民居	江南传统民居
64	高桥李氏宅	高桥镇石家街 27 弄 3 号	文物保护点	20 世纪 40 年代	民居住宅	三合院	中西合璧
65	树德街谢氏宅	高桥镇树德街 19 号	文物保护点	民国时期	民居住宅	三合院	中西合璧
66	西街朱氏宅	高桥镇西街 108 号内	文物保护点	清末	民居住宅	二进合院式民居	江南传统民居
67	西街张氏住宅	高桥镇西街居委西街 124 弄 4 ~ 7 号	文物保护点	清末	民居住宅	曲尺形民居	江南传统民居
68	西街孙氏宅	高桥镇西街 136 弄 4~8 号	文物保护点	20 世纪 40 年代	民居住宅	一字形楼房	中西合璧
69	西街凌氏宅	高桥镇西街 142 弄 1 号	文物保护点	清末	民居住宅	三合院	江南传统民居
70	西街店铺	高桥镇西街 22~40 号	文物保护点	民国时期	民居住宅	一字形楼房	江南传统民居
71	高桥养和堂	高桥镇西街 42~46 号	文物保护点	清光绪三十一年（1905 年）	民居住宅	三进合院式民居	江南传统民居

续表

序号	名称	现地址	文物保护级别	建造年代	功能类型	平面格局	建筑风格
72	蔡玉润故居	高桥镇西街 56 弄 1~12 号	文物保护点	清末	民居住宅	二进合院式民居	江南传统民居
73	北街益氏宅	高桥镇北街 260~268 号	文物保护点	清末	民居住宅	二进合院式民居	江南传统民居
74	张家弄民居	高桥镇张家弄 14 号	文物保护点	民国时期	民居住宅	一字形楼房	中西合璧
75	张家弄黄氏宅	高桥镇张家弄 17 弄 10 号	文物保护点	清代后期	民居住宅	二进合院式民居	江南传统民居
76	高桥夏氏宅	高桥镇张家弄 36 号	文物保护点	民国时期	民居住宅	四合院	江南传统民居
77	高桥沈氏宅	高桥镇张家弄 4 号	文物保护点	民国时期	民居住宅	一字形楼房	中西合璧
78	张家弄民宅	高桥镇张家弄 5~11 号	文物保护点	民国时期	民居住宅	二进合院式民居	江南传统民居
79	高桥丁氏宅	高桥镇张家弄 64~68 号	文物保护点	民国时期	民居住宅	二进合院式民居	江南传统民居
80	小浜路蔡氏宅	高桥镇小浜路 21 号	文物保护点	清末	民居住宅	三进合院式民居	中西合璧
81	凌桥范氏宅	高桥镇凌桥村韩家角东 75 号	文物保护点	20 世纪二三十年代	民居住宅	三合院	中西合璧
82	凌桥谢氏宅	高桥镇韩家角 35 号	文物保护点	民国 13 年（1924 年）	民居住宅	二进合院式民居	江南传统民居
83	北街沈氏宅	高桥镇北街 257~261 号	文物保护点	清末	民居住宅	二进合院式民居	中西合璧
84	高桥孙家花园	高桥镇胡家街 64 弄 10 号	文物保护点	民国 36 年（1947 年）	民居住宅	自由平面	西式住宅
85	久丰村徐氏住宅	三林镇久丰村徐家宅 53 号东	文物保护点	清代	民居住宅	四进合院式民居	江南传统民居
86	欧高路朱氏宅	高桥镇欧高路 51 号	文物保护点	民国初期	民居住宅	三合院	江南传统民居
87	欧高路宋氏宅	高桥镇欧高路 89 弄 32~42 号	文物保护点	民国初期	民居住宅	二进合院式民居	中西合璧
88	高桥恭寿堂	高桥镇季景北路 816 号内	文物保护点	清咸丰年间（1851 年 ~ 1861 年）	民居住宅	四进合院式民居	江南传统民居
89	以道堂以德堂	川沙新镇北城壕路 84~88 号	文物保护点	民国 23 年（1934 年）	民居住宅	二进合院式民居	中西合璧
90	连城别墅	川沙新镇北城壕路 110 号	文物保护点	民国 22 年（1933 年）	民居住宅	三合院	中西合璧
91	华氏风梧堂	川沙新镇黄楼村川周路 6173 弄	文物保护点	清末	民居住宅	五进合院式民居	江南传统民居
92	大洪村饶氏宅	川沙新镇大洪村六组	文物保护点	民国 12 年（1923 年）	民居住宅	三合院	江南传统民居
93	东门街黄氏宅	川沙新镇东门街 55 弄 36 号	文物保护点	民国 21 年（1932 年）	民居住宅	三合院	江南传统民居
94	丁家花园	川沙新镇东泥弄 9 号	文物保护点	20 世纪 30 年代	民居住宅	三合院	中西合璧
95	华星村连氏民宅	合庆镇华星村 7 队	文物保护点	民国 26 年（1937 年）	民居住宅	三合院	中西合璧
96	华星村连宅	合庆镇华星村 7 队	文物保护点	民国 13 年（1924 年）	民居住宅	三合院	中西合璧
97	合庆顾氏宅	合庆镇前哨路 89 号	文物保护点	民国 24 年（1935 年）	民居住宅	三合院	江南传统民居
98	大洪村唐家宅	川沙新镇大洪村杨家宅 22 号	文物保护点	民国 23 年（1934 年）	民居住宅	三合院	中西合璧
99	南市街陈氏宅	川沙新镇南市街 110 号	文物保护点	中华人民共和国成立后	民居住宅	三合院	中西合璧

续表

序号	名称	现地址	文物保护级别	建造年代	功能类型	平面格局	建筑风格
100	王文魁旧宅	川沙新镇中市街 66 弄 1 ~ 13 号	文物保护点	民国时期	民居住宅	四进合院式民居	江南传统民居
101	凝秀堂	三林镇东林街 73 弄 10 号	文物保护点	民国 17 年（1928 年）	民居住宅	一字形楼房	中西合璧
102	久丰村徐氏宅	三林镇久丰村桃园生产队	文物保护点	民国时期	民居住宅	四合院	中西合璧
103	庞松舟住宅	三林镇中林街 57 弄 51 号	文物保护点	民国 22 年（1933 年）	民居住宅	自由平面	中西合璧
104	郭家花园	三林镇灵岩南路 728 号	文物保护点	清末	民居住宅	一字形平房	江南传统民居
105	新西街杨氏宅	张江镇新西街 88 号	文物保护点	清末	民居住宅	一字形楼房	江南传统民居
106	杜家花园	张江镇江欣路居委江东路 23 号	文物保护点	民国时期	民居住宅	二进合院式民居	西式住宅
107	沈氏私人诊所旧址	陆家嘴街道商城路 679 号	文物保护点	清宣统三年（1910 年）	店铺作坊	二进合院式民居	江南传统民居
108	吴氏民宅	陆家嘴街道钱仓路 316 号	文物保护点	民国 13 年（1924 年）	民居住宅	四合院	江南传统民居
109	合庆周氏宅	合庆镇永红村永红六队龚家宅 121 号	文物保护点	清光绪二十九年（1903 年）	民居住宅	四合院	江南传统民居
110	永宁路民居	金桥镇永宁路 114 号	文物保护点	民国时期	民居住宅	三合院	中西合璧
111	凌家圈民宅	曹路镇光明村凌家圈 111 号	文物保护点	民国 37 年（1948 年）	民居住宅	三合院	江南传统民居
112	光明村民宅	光明村双盘宅 27 号	文物保护点	民国 16 年（1927 年）	民居住宅	三合院	江南传统民居
113	顾三村陶家宅	曹路镇顾三村顾三 2 队卫家宅 32 ~ 33 号	文物保护点	20 世纪 30 年代	民居住宅	三合院	江南传统民居
114	达民老堂旧址	合庆镇春雷村朱家宅 71 号	文物保护点	清光绪十五年（1889 年）	民居住宅	一字形平房	江南传统民居
115	永乐村民宅	曹路镇永乐村永乐 10 队	文物保护点	19 世纪末	民居住宅	三合院	江南传统民居
116	民建村曹家宅	曹路镇民建村 2 队曹家宅 85 号	文物保护点	民国 22 年（1933 年）	民居住宅	三合院	江南传统民居
117	光明村顾家宅	曹路镇光明村顾家宅 59 ~ 62 号	文物保护点	民国 19 年（1930 年）	民居住宅	四合院	江南传统民居
118	永和村陆家宅	曹路镇永和村 3 队	文物保护点	清嘉庆年间	民居住宅	曲尺形民居	江南传统民居
119	顾三村蔡家宅	曹路镇顾三村顾三 3 队	文物保护点	民国时期	民居住宅	三合院	江南传统民居
120	顾三村胡家宅	曹路镇顾东村顾东二队胡家宅 55 号	文物保护点	20 世纪初	民居住宅	三合院	江南传统民居
121	大洪村康家宅	川沙新镇大洪村一队康家宅 33 ~ 34 号	文物保护点	清末	民居住宅	四合院	江南传统民居
122	小杨房子	合庆镇青山村东川公路 7070 号	文物保护点	民国 16 年（1927 年）	民居住宅	二进合院式民居	中西合璧
123	东林街张氏宅	三林镇东林街 73 弄 6、8 号	文物保护点	民国时期	民居住宅	三合院	中西合璧
124	乐安别墅	张江镇横沔江路 174 弄 25 号	文物保护点	民国 23 年（1934 年）	民居住宅	三合院	中西合璧
125	合庆薛家宅	合庆镇永红路薛家宅 30 号	文物保护点	民国 24 年（1935 年）	民居住宅	一字形平房	江南传统民居

续表

序号	名称	现地址	文物保护级别	建造年代	功能类型	平面格局	建筑风格
126	同善堂	三林镇东林街 157 弄 1~9 号	文物保护点	民国时期	民居住宅	二进合院式民居	江南传统民居
127	川沙储家宅	川沙新镇六团新浜村 65~68 号	文物保护点	民国时期	民居住宅	三合院	江南传统民居
128	惠南张氏宅（张兰生）	惠南镇沿河径北路 16 号	文物保护点	民国 21 年（1932 年）	民居住宅	三合院	江南传统民居
129	惠南苕溪别墅	惠南镇新华路 16 号	文物保护点	民国 21 年（1932 年）	民居住宅	四合院	江南传统民居
130	惠南姚氏宅	惠南镇永乐村 29 组	文物保护点	民国	民居住宅	三合院	江南传统民居
131	惠南张氏宅（张大鹏）	惠南镇人民东路 3328 号	文物保护点	民国 18 年（1929 年）	民居住宅	三合院	江南传统民居
132	惠南鹤令堂	惠南镇黄路六灶湾村	文物保护点	清代	金融商贸建筑	一字形楼房	江南传统民居
133	惠南朱氏宅	惠南镇老街 14、15 号	文物保护点	民国 20 年（1931 年）	民居住宅	一字形楼房	江南传统民居
134	惠南倪氏宅	惠南镇老街 145~148 号	文物保护点	民国 27 年（1938 年）	民居住宅	曲尺形楼房	江南传统民居
135	惠南马氏宅	惠南镇新华路 21 号	文物保护点	清代	民居住宅	三合院	江南传统民居
136	惠南曹氏宅	惠南镇老街 119 号	文物保护点	民国 29 年（1940 年）	民居住宅	一字形楼房	江南传统民居
137	惠南沈氏宅	惠南镇老街 101~105 号	文物保护点	民国	民居住宅	四合院	江南传统民居
138	惠南夏氏宅	惠南镇人民东路 3218 号	文物保护点	民国	民居住宅	四合院	中西合璧
139	惠南顾家宅	惠南镇黄路六灶湾村 4 组	文物保护点	清宣统二年（1910 年）	民居住宅	三进合院式民居	江南传统民居
140	大团吴建功故居	大团镇邵宅村庙西 803 号	文物保护点	清代	名人故、旧居	三合院	江南传统民居
141	大团邵氏宅	大团镇永春西二路西首	文物保护点	清末民初	民居住宅	—	江南传统民居
142	大团韩氏宅	大团镇永春西一路 46 弄 17 号	文物保护点	民国	民居住宅	曲尺形平房	江南传统民居
143	大团香烛店	大团镇永春北路 122 号	文物保护点	清代	金融商贸建筑	一字形楼房	江南传统民居
144	大团龚家宅	大团镇北大居委永春北路 202 号	文物保护点	清代	民居住宅	三进合院式民居	江南传统民居
145	大团奚氏宅	大团镇永春北路 95 号	文物保护点	清代	民居住宅	四合院	江南传统民居
146	大团王振升宅	大团镇北大居委永春北路 119 号	文物保护点	清代	民居住宅	四合院	江南传统民居
147	大团马氏宅	大团镇永春北路 278 号	文物保护点	民国	民居住宅	三合院	中西合璧
148	大团小洋房	大团镇永春北路 268 弄 18 号	文物保护点	民国	民居住宅	自由平面	中西合璧
149	大团王氏宅	大团镇永春西二路 98 号	文物保护点	清代	民居住宅	二进合院式民居	江南传统民居
150	徐氏住宅	大团镇永春北路 88 弄 28~30 号	文物保护点	清代	民居住宅	并联合院式民居	中西合璧
151	大团潘氏宅	大团镇永春北路 180 弄 22 号	文物保护点	民国	民居住宅	四合院	江南传统民居

续表

序号	名称	现地址	文物保护级别	建造年代	功能类型	平面格局	建筑风格
152	大团友恭堂	大团镇永春中路 56 号	文物保护点	清代	民居住宅	五进合院式民居	江南传统民居
153	林石城故居	康桥镇沔青村五组	文物保护点	民国 15 年（1926 年）	名人故、旧居	三合院	江南传统民居
154	华氏宅	康桥镇横沔花园街 42、44 号	文物保护点	民国 24 年（1935 年）	民居住宅	三合院	中西合璧
155	傅雷故居	航头镇下沙社区王楼村 5 组	文物保护点	清末	名人故、旧居	三合院	江南传统民居
156	航头刘氏宅	航头镇沪南公路 36 号	文物保护点	民国	民居住宅	自由平面	中西合璧
157	航头储家楼	航头镇下沙储楼村东北 400m	文物保护点	清代	民居住宅	三进合院式民居	江南传统民居
158	周浦统战之家	周浦镇文康路 48 号	文物保护点	中华人民共和国	民居住宅	二进合院式民居	中西合璧
159	周浦闾邱氏宅	周浦镇南油车弄 41 号	文物保护点	清光绪九年（1883 年）	民居住宅	三合院	江南传统民居
160	周浦沈家宅	周浦镇顾家宅弄 66、68 号	文物保护点	民国	民居住宅	一字形楼房	江南传统民居
161	周浦顾家宅	周浦镇周南村周市路东南新村一村顾家宅 96、98 号	文物保护点	民国 22 年（1933 年）	民居住宅	平面格局待明确	江南传统民居
162	张氏住宅	周浦镇川周公路 4436 号	文物保护点	清代	民居住宅	三合院	中西合璧
163	周浦胡氏宅	周浦镇南八灶 153 号	文物保护点	清代	店铺作坊	三进合院式民居	江南传统民居
164	六灶钱家厅	川沙新镇六灶鹿溪村向学街 126 号	文物保护点	清代早期	民居住宅	三进合院式民居	江南传统民居
165	六灶聚滋堂	川沙新镇六灶路 319 弄 2 号	文物保护点	清代	民居住宅	—	—
166	老港杨定故居	老港镇日新村 4 组 718 号	文物保护点	清代	民居住宅	四合院	江南传统民居
167	老港林达故居	老港镇成一村	文物保护点	清代	名人故、旧居	一字形平房	江南传统民居
168	书院李雪舟故居	书院镇李雪村 6 组	文物保护点	清代	名人故、旧居	曲尺形平房	江南传统民居
169	周冲宅	宣桥镇三灶北街 6 号	文物保护点	清光绪二十四年（1898 年）	民居住宅	三合院	江南传统民居
170	祝桥瞿家宅	祝桥镇祝东村华星二组	文物保护点	民国 29 年（1940 年）	民居住宅	三合院	江南传统民居
171	李氏住宅	祝桥镇东大街 57 弄 71 号	文物保护点	民国 23 年（1934 年）	民居住宅	三合院	中西合璧
172	祝桥钱氏宅	祝桥镇卫民村 5 组	文物保护点	民国 20 年（1931 年）	民居住宅	三合院	江南传统民居
173	新场唐氏宅	新场镇洪西街 69 号	文物保护点	民国	民居住宅	四合院	江南传统民居
174	新场康氏宅	新场镇新场大街 179 号	文物保护点	清代	民居住宅	三合院	江南传统民居
175	屈氏住宅	新场镇新场大街 53 号	文物保护点	民国初期	民居住宅	四合院	江南传统民居
176	朱氏住宅（朱正源）	新场镇新场大街 71 号	文物保护点	清代	民居住宅	四进合院式民居	江南传统民居
177	朱氏住宅（朱玉林）	新场镇新场大街 87 号	文物保护点	明代	民居住宅	四进合院式民居	江南传统民居
178	杨家厅	新场镇新场大街 131 号	文物保护点	明代	民居住宅	三进合院式民居	江南传统民居
179	正顺（官）酱园	新场镇新场大街 137 号	文物保护点	清代	店铺作坊	四进合院式民居	江南传统民居

续表

序号	名称	现地址	文物保护级别	建造年代	功能类型	平面格局	建筑风格
180	王氏住宅（王老九）	新场镇新场大街 187 号	文物保护点	民国	民居住宅	四进合院式民居	江南传统民居
181	郑氏新宅	新场镇新场大街 199 号	文物保护点	民国元年（1912 年）	民居住宅	三进合院式民居	江南传统民居
182	王氏住宅（王和生）	新场镇新场大街 195 号	文物保护点	民国	民居住宅	四进合院式民居	江南传统民居
183	庆祉堂	新场镇新场大街 233 号	文物保护点	清代	民居住宅	四进合院式民居	江南传统民居
184	嘉乐堂	新场镇新场大街 260 号	文物保护点	清光绪二十二年（1896 年）	民居住宅	三进合院式民居	江南传统民居
185	张氏住宅	新场镇新场大街 283 号	文物保护点	清代	民居住宅	三合院	中西合璧
186	方氏住宅	新场镇新场大街 290 号	文物保护点	清代	民居住宅	三进合院式民居	江南传统民居
187	潘氏南宅	新场镇新场大街 302 号	文物保护点	清代	民居住宅	四进合院式民居	江南传统民居
188	潘氏北宅	新场镇新场大街 308 号	文物保护点	清代	民居住宅	三进合院式民居	江南传统民居
189	李氏住宅	新场镇新场大街 317、319 弄 321 号	文物保护点	民国 23 年（1934 年）	民居住宅	三合院	中西合璧
190	新和酱园店	新场镇新场大街 349~359 号	文物保护点	清代	店铺作坊	一字形楼房	江南传统民居
191	朱氏住宅（朱梦荣）	新场镇新场大街 375~379 号	文物保护点	清代	民居住宅	三进合院式民居	江南传统民居
192	谢氏北店	新场镇新场大街 399 号	文物保护点	清代	金融商贸建筑	一字形楼房	江南传统民居
193	易氏住宅	新场镇洪东街 42~46 号	文物保护点	明代	民居住宅	四进合院式民居	江南传统民居
194	陆氏住宅	新场镇洪东街 80 号	文物保护点	清末	民居住宅	二进合院式民居	江南传统民居
195	奚家厅	新场镇洪东街 122 号	文物保护点	清代	民居住宅	三进合院式民居	江南传统民居
196	叶氏花行	新场镇洪西街 120 号	浦东新区文物保护点	清光绪年间	店铺作坊	四合院	江南传统民居
197	王氏住宅（王正泰）	新场镇包桥街 86 弄 6~39 号	文物保护点	民国	民居住宅	四进合院式民居	江南传统民居
198	王氏住宅（王树滋）	新场镇包桥街 139 弄	文物保护点	清代	民居住宅	四进合院式民居	江南传统民居
199	王氏住宅（王道）	新场镇新场朝阳路 16 号	文物保护点	清代	民居住宅	四合院	江南传统民居
200	新场崇修堂	新场镇新场大街 350 号	文物保护点	清光绪三十三年（1907 年）	民居住宅	四进合院式民居	江南传统民居
201	新场程氏宅	新场镇新场大街 348 号	文物保护点	清代	民居住宅	三合院	江南传统民居
202	新场江倬云宅	新场镇洪西街 106 号	文物保护点	清代	民居住宅	三进合院式民居	江南传统民居
203	新场康氏宅	新场镇港东街 22 弄	文物保护点	清代	民居住宅	三合院	江南传统民居
204	新场日照堂	新场镇新场大街 281 弄	文物保护点	清代	民居住宅	三进合院式民居	江南传统民居
205	新场大本堂	新场镇新场大街 331 号	文物保护点	清代	民居住宅	二进合院式民居	江南传统民居
206	新场行素堂	新场镇新场大街 476 号	文物保护点	清代	民居住宅	五进合院式民居	江南传统民居
207	新场叶氏宅	新场镇洪西街 10 弄	文物保护点	清光绪年间	民居住宅	三进合院式民居	江南传统民居

续表

序号	名称	现地址	文物保护级别	建造年代	功能类型	平面格局	建筑风格
208	新场胡氏宅	新场镇洪东街 64 号	文物保护点	民国初年	民居住宅	二进合院式民居	江南传统民居
209	新场郑氏宅	新场镇新场大街 303 号	文物保护点	民国	民居住宅	四进合院式民居	江南传统民居
210	新场奚长生药材店	新场镇新场大街 432~434 号	文物保护点	明代	店铺作坊	一字形楼房	江南传统民居
211	坦直康家宅	新场镇坦东村 13 组 755~758 号	文物保护点	清道光三十年（1850 年）	民居住宅	四合院	江南传统民居
212	坦直吴氏宅	新场镇坦东村 14 组	文物保护点	民国 12 年至民国 14 年（1923 年 ~1925 年）	民居住宅	一字形平房	江南传统民居
213	南码头临江民宅	南码头街道胶南路 93 号	文物保护点	20 世纪 40 年代	民居住宅	三合院	江南传统民居
214	合庆吴氏宅	合庆镇集镇北街 16 号	文物保护点	清末民初	民居住宅	四合院	江南传统民居
215	棋杆村顾家宅	周浦镇棋杆村 18 组	文物保护点	清道光年间（约 1830 年）	民居住宅	四合院	江南传统民居
216	棋杆村张家宅	周浦镇棋杆村 24 组	文物保护点	清代	民居住宅	四合院	江南传统民居
217	周浦姚家宅	周浦镇琥珀路 399 号	文物保护点	清代	民居住宅	二进合院式民居	江南传统民居
218	新场张氏宅（张沛君）	新场大街 301 号	文物保护点	清末民初	民居住宅	四进合院式民居	江南传统民居
219	高行张氏宅	高行东弄 36 弄 7 号	文物保护点	清末民初	民居住宅	四进合院式民居	江南传统民居
220	马氏民宅	兰谷路 500 号“新牡丹园”内	文物保护点	民国	民居住宅	二进合院式民居	江南传统民居
221	奚氏民宅	兰谷路 500 号“新牡丹园”内	文物保护点	清末民初	民居住宅	二进合院式民居	江南传统民居
222	川沙小洋楼	兰谷路 500 号“新牡丹园”内	文物保护点	民国	民居住宅	自由平面	中西合璧
223	周浦老宅	兰谷路 500 号“新牡丹园”内	文物保护点	清末民初	民居住宅	二进合院式民居	江南传统民居
224	景运堂	兰谷路 500 号“新牡丹园”内	文物保护点	清末民初	民居住宅	二进合院式民居	江南传统民居
225	航头启秀堂	航头镇沈家庄沈庄街 114 弄 2~14 号	文物保护点	清末民初	民居住宅	三合院	中西合璧
226	航头王氏宅	航头镇王楼村 1 组	文物保护点	晚清	民居住宅	三进合院式民居	江南传统民居
227	大星村顾家宅	合庆镇大星村青墩镇 24 号	文物保护点	清末民初	民居住宅	二进合院式民居	江南传统民居
228	沈家高房子	唐镇虹三村	文物保护点	清乾隆年间	民居住宅	三进合院式民居	江南传统民居

参考文献

[1] 王绍周，陈志敏 . 里弄建筑 [M]. 上海：上海科学技术文献出版社，1987.

[2] 沈华 . 上海里弄民居 [M]. 北京：中国建筑工业出版社，1993.

[3] 伍江 . 上海百年建筑史 [M]. 上海：同济大学出版社，2008.

[4] 娄承浩，陶祎珺 . 寻访上海古镇民居 [M] . 上海：同济大学出版社，2017.

[5] 吴永甫 . 沪上明清名宅 [M]. 上海：上海书店出版社，2010.

[6] 王绍周 . 上海近代城市建筑 [M]. 南京：江苏科学技术出版社，1989.

[7] 上海市浦东新区文物保护管理所编 . 浦东文化遗产：不可移动文物 [M]. 上海：上海古籍出版社，2016.

[8] 上海市浦东新区发展计划局，上海市浦东新区规划设计研究院，上海市浦东新区文物保护管理署编 . 上海浦东新区老建筑 [M]. 上海：同济大学出版社，2005.

[9] 乔漪，袁文炯 . 浦东门厅文化 [M]. 上海：上海远东出版社，2018.

[10] 黄国新，沈福煦 . 名人 · 名宅 · 轶事——上海近代建筑一瞥 [M]. 上海：同济大学出版社，2003.

[11] 郑时龄 . 上海近代建筑风格 [M]. 上海：上海教育出版社，1999.

[12] 上海市文化广播影视管理局，上海市文物局编 . 上海百处名人故居品鉴 [M]. 上海：上海书店出版社，2014.

[13] 石四军主编 . 古建筑营造技术细部图解 [M]. 沈阳：辽宁科学技术出版社，2010.

[14] 田永复编著 . 中国古建筑知识手册 [M]. 北京：中国建筑工业出版社，2013.

[15] 上海市浦东新区政协文史资料委员会，上海市浦东新区文物保护管理署编 . 浦东名宅 [C]，2004.

[16] 上海市浦东新区政协文史资料委员会编 . 浦东近代营造 [C]，2004.

[17] 曹永康 . 近代建筑文化在浦东的民间传播 [J]. 同济大学学报（自然科学版），2005，33（4）.

[18] 陈磊，曹永康 . 上海浦东高桥民居研究 [C]. 第 13 届中国民居学术会议暨无锡传统建筑发展国际学术研讨会论文集，2004.

[19] 曹永康，冯浩 . 高桥仰贤堂——浦东石库门建筑初探 [J]. 上海文博论丛，2005（2）.

[20] 冯浩 . 近代历史条件下的浦东民居研究 [D]. 上海：上海交通大学船舶海洋与建筑工程学院硕士学位论文，2007.

[21] 王静伟 . 上海浦东新区登记历史建筑的干预策略研究 [D]. 上海：上海交通大学船舶海洋与建筑工程学院硕士学位论文，2011.

[22] 王琨 . 民国时期上海华人营造业群体研究 [D]. 上海：上海师范大学硕士学位论文，2011.

[23] 上海市规划和国土资源管理局编 . 上海江南水乡传统建筑元素普查和提炼研究 [C]，2018.

后记

在上海人心目中，浦东不仅仅是一个行政区划的概念。当陆家嘴超高层建筑群取代外滩成为上海今天之形象的时候，浦东是国际金融中心、高档办公区、高尚居住区，与浦西实现了无障碍沟通，保存了成片传统民居的新场古镇则成了周末休闲地；三十年前的1990年，浦东刚刚改革开放的时候，这里是“县城 + 集镇 + 农村”的郊区，黄浦江上刚刚有了第一座大桥——南浦大桥，陆家嘴地块的陈桂春老宅幸存了下来；一百年前的1920年，浦东除了沿江有一些仓储码头，剩下的都是江南农村景象，但此时很多浦东的建筑匠人坐着汽船轮渡，往返于浦西、浦东之间，营造商钟惠山正在家乡高桥准备大兴土木，用“洋灰”修建自己的大宅子；两百年前的1820年，黄浦江边两侧都是滩涂地，浦东这边村子里的人们偶尔遥望着对岸的商船会馆，但基本不会考虑乘舢板过去，而是驾船走小河去浦东这边的川沙县城，此时的新场古镇还在做着煮盐的营生。

回溯历史，我们才知道浦东开放以来变化之大，拔地而起的高楼，新兴的城区，意味着大片乡村和集镇的消失，大片民居的拆除，大量原住民的离开。近15年来，笔者带着团队从事调查、测绘、修缮浦东传统民居的工作，深切感受到了它们的数量这些年在急剧减少，所剩下的其保存状态还在快速恶化。如果说以新场、川沙、高桥等几个集镇为中心的历史文化风貌区还有少量成片的传统民居得以保存，那么其他广大乡村地区能保存下来的则寥寥无几，那些曾经随处可见的绞圈房，在今天几乎成了活化石。作为浦东几百年历史见证的农居生活场景基本难觅踪迹了。所以，笔者一直以来有一个使命：写一本记录浦东传统民居的书，在它们被改变甚至拆除之前。

只是没想到这个准备工作的时间跨度会这么大！这是因为同浦西近代的公共建筑、石库门民居、花园洋房等中华人民共和国成立后大量的研究成果相比较，上海郊区传统民居的研究工作较少得到关注，最多也是落到历史街区保护规划层面，作为建筑史学角度的调查工作非常少，而最耗时间、精力的建筑测绘资料几乎是空白。所以，这本书首先应该是完成了浦东的建筑学资料收集工作，其来源主要有笔者为了保护修缮工作所作的基础测绘和法式特征研究，还有一部分是在2008年~2010年全国第三次文物普查时，笔者负责了浦东地区北片（不含当时的南汇区）列入名录的所有历史建筑的现场调查和简单测绘，最后还有一小部分是带着上海交通大学本科学生做的两次测绘实习成果，后面两部分工作因为深度不够，笔者近来又作了修正和深化。

测绘和调查是一个非常花时间的工作，一幢建筑调查测绘的完成往往需要1~2周的跑现场，4~5周的做内业，才能把基本的图纸和文字工作完成。最脏累的自然是现场测绘，在落满灰尘的梁架上爬上爬下，有时老房子已经无人居住，垃圾满地，甚至一些老房子已经处于危险状态，比如屋顶部分坍塌、结构歪闪、楼板朽烂等，使得工作过程还要冒点风险。而冬寒暑热，刮风下雨时继续工作就是家常便饭了。近几年虽然可以用三维激光扫描或者照相建模等辅助手段来帮助测绘，但是很多工作还是需要手工解决。内业最难的是描绘雕花灰塑大样，这需要耐心，还有就是年代的判断，因为绝大多数传统民居建筑缺少文献资料，基本要从建筑材料、做法细节等方面去判断。15年来，笔者和团队成员完成了70余处浦东传统民居的详细调查测绘和200余处传统民居的普查，虽然对进度很不满意，但确实不容易。

本书首先是在所掌握的上述资料的基础上，从建筑史学的角度重新进行的梳理、补缺和分析研究工作，算是初步完成了对现存浦东传统民居的史料收集工作。不过限于篇幅，不能对每一处都作详细发表，最后挑选了价值较高、同时代表不同类型的给予出版。

其次，这本书是浦东传统民居的建筑史书，在现状调查的基础上，概括了浦东传统民居的地理历史背景、历史发展沿革和动因、各时期以及集镇与乡村不同类型民居的法式特征，探索了其背后的历史成因，并且用专业的建筑测绘图档来阐释这些特征，这对后续研究浦东民居、上海民居乃至上海建筑史是一个很有必要的基础工作。

虽然自己瓦缶已久，大器无成，但还是非常感谢这15年来自己的坚守。更要感谢和我一起参与到浦东传统民居调查和保护工作的团队成员，以及上海交大建筑系的其他师生。也要感谢在浦东新区的调研工作中，来自各个古镇和街道工作人员的无私帮助。

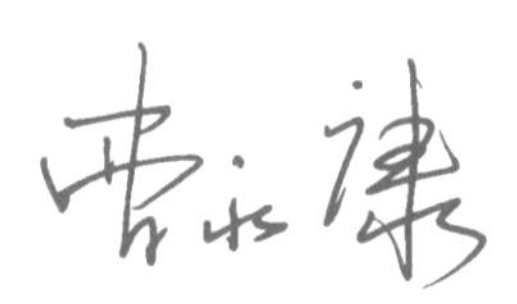